面向新工科普通高等教育系列教材

Python 数据分析与应用

赵志宏　王学军　王　辉　主　编
李乐豪　李　晴　马新娜　副主编
张　然　刘克俭　吴冬冬　参　编

机 械 工 业 出 版 社

本书共 10 章，内容包括 Python 基本语法、Python 科学计算、数据分析、数据处理、数据可视化等，通过图像分析、视觉分析、时序分析等方面的例子指导读者进行数据分析方面的工作。

本书与数据分析应用紧密结合，语言通俗易懂、案例实用性强，能够使读者对 Python 数据分析有一个较为全面的认识。除综合案例外，本书每章后面附有习题和作业，便于读者了解自己对内容的掌握程度。

本书可作为计算机科学与技术、人工智能、大数据、统计学及相关专业的本科生、研究生教材，也可以作为从事人工智能、大数据相关研究的科研人员的参考书。

本书配有授课电子课件，需要的教师可登录 www.cmpedu.com 免费注册，审核通过后下载，或联系编辑索取（微信：15910938545，电话：010-88379739）。

图书在版编目（CIP）数据

Python 数据分析与应用/赵志宏，王学军，王辉主编 . —北京：机械工业出版社，2022.4（2025.1 重印）
面向新工科普通高等教育系列教材
ISBN 978-7-111-70364-8

Ⅰ.①P… Ⅱ.①赵… ②王… ③王… Ⅲ.①软件工具-程序设计-高等学校-教材 Ⅳ.①TP311.561

中国版本图书馆 CIP 数据核字（2022）第 041846 号

机械工业出版社（北京市百万庄大街 22 号　邮政编码 100037）
策划编辑：郝建伟　　责任编辑：郝建伟　王　斌
责任校对：张艳霞　　责任印制：郜　敏
北京富资园科技发展有限公司印刷

2025 年 1 月第 1 版·第 4 次印刷
184mm×260mm·15.75 印张·388 千字
标准书号：ISBN 978-7-111-70364-8
定价：65.00 元

电话服务　　　　　　　　　　网络服务
客服电话：010-88361066　　　机　工　官　网：www.cmpbook.com
　　　　　010-88379833　　　机　工　官　博：weibo.com/cmp1952
　　　　　010-68326294　　　金　书　网：www.golden-book.com
封底无防伪标均为盗版　机工教育服务网：www.cmpedu.com

前　言

　　百年大计，教育为本。习近平总书记在党的二十大报告中强调"教育、科技、人才是全面建设社会主义现代化国家的基础性、战略性支撑"，首次将教育、科技、人才一体安排部署，赋予教育新的战略地位、历史使命和发展格局。需要紧跟新兴科技发展的动向，提前布局新工科背景下的计算机专业人才的培养，提升工科教育支撑新兴产业发展的能力。

　　计算机科学是建立在数学、物理等基础学科之上的一门基础学科，对于社会发展以及现代社会文明都有着十分重要的意义。

　　数据分析是大数据、计算机类相关专业必修的专业课之一。

　　本书的目标是使读者能够运用 Python 编程语言进行数据分析工作，能够使用 Python 的数据分析工具包对数据进行可视化分析，利用 Python 进行图像处理、视觉分析、时序分析。

　　本书对 Python 数据分析相关的知识点进行了梳理和组织。为了帮助读者掌握所学内容，本书设计了丰富的实例，每章的最后都有大量的习题和作业，帮助读者掌握相关内容。本书与当前人工智能最新技术相结合，介绍了 Python 用于深度学习的工具包，以及卷积神经网络、Faster R-CNN 网络模型、YOLO 网络模型、LSTM 网络以及 GRU 网络等深度神经网络模型。

　　本书共 10 章，内容如下。

　　第 1 章"Python 简介"，介绍了 Python 的主要特点、发展历史、常用工具包、运行环境以及常见问题，重点介绍 Python 中的常用工具包，使读者对 Python 的易用性与进行数据分析的方便性有初步的认识，产生进一步深入学习 Python 的兴趣。

　　第 2 章"Python 语法"，介绍了 Python 常用数据结构，包括列表、元组、集合、字典、分支与循环结构，还介绍了 Python 中的函数、类和模块。使读者能够掌握 Python 中最基本的数据结构和程序结构。

　　第 3 章"Python 科学计算"，介绍了 Python 提供的基本计算功能，包括算术运算、比较运算、赋值运算、逻辑运算、成员运算符。介绍了 NumPy 科学计算包，NumPy 包中的多维数组、广播特性、遍历轴、数组操作和矩阵运算。还介绍了 Scipy 工具包，以及如何利用 Scipy 工具包进行图像处理、快速傅里叶变换、函数插值以及优化。使读者掌握利用 Python 进行常用科学计算的方法。

　　第 4 章"Python 数据分析"，介绍了利用 Python 进行数据分析时广泛使用的 Pandas 工具包，以及如何利用 Pandas 进行文件读取、数据显示、数据基本操作。介绍了机器学习工具包 Scikit-learn，以及如何利用 Scikit-learn 实现特征降维、聚类、分类。另外，还介绍了如何利用 Python 进行频谱分析、时频分析以及动力学分析。使读者掌握利用 Python 进行数据分析的常用操作。

　　第 5 章"Python 数据处理"，介绍了数据清洗、数据预处理、统计分析和网络数据采集等知识。数据清洗对数据分析的效果非常重要，网络数据采集是获取数据的一个重要渠道。本章可以让读者对如何利用 Python 进行数据处理有基本的了解。

　　第 6 章"Python 数据可视化"，介绍了数据可视化的基本概念，Python 数据可视化的工具包 Matplotlib，介绍如何利用 Matplotlib 绘制图表、绘制统计图形。使读者对数据可视化有直观和清晰的认识。

第 7 章 "Python 图像分析"，图像是一种非常重要的数据形式，本章介绍了当前图像分析中应用广泛的卷积神经网络和经典卷积网络架构，使读者对 Python 进行图像分析的方便性有直观的认识。通过手写数字识别和猫狗大战两个案例帮助读者了解 Python 图像分析的具体应用。

第 8 章 "Python 视觉分析"，介绍了视觉分析中的目标检测技术，通过讲解目标检测中重要的两种深度神经网络技术 R-CNN 系列和 YOLO 系列，重点介绍了 Faster R-CNN 和 YOLOv4 两种算法模型。目标检测案例使读者可以了解基本的 Python 视觉分析方法和技术。

第 9 章 "Python 时序分析"，介绍了数据分析的一类重要应用——时序分析，详细讲解了当前 Python 进行时序分析的主要技术——循环神经网络，通过高铁乘客预测和飞机乘客预测的案例说明了用 Python 进行时序分析的方法和技术。

第 10 章 "综合案例"，介绍了 Python 进行数据分析的两个综合案例——人脸识别和 PM2.5 预测，使读者对数据分析有较为综合与清晰的认识。

本书体现了计算机类、电子信息类、大数据类专业课程改革和实践的方向。本课程建议授课学时为 32 小时。除综合案例外，本书每章后附有习题和作业，并且附有课外阅读材料供读者拓展知识面。

参加本书编写工作的有赵志宏、王学军、王辉、李乐豪、李晴、马新娜、张然、刘克俭、吴冬冬。参与整体和校对工作的有李春秀、孙诗胜、周晓宁、窦广鉴、张敏茹、丁铂栩、魏宇涛。

本书的顺利出版要感谢机械工业出版社给予的支持，特别感谢郝建伟老师对本书提出的宝贵建议。

感谢国家自然科学基金项目（11972236）对本书的资助。

由于时间仓促，书中难免存在不妥之处，请读者原谅，也希望得到各位读者的支持和帮助。为了使这本书能够随着大数据的不断发展而得到改进，我们热切盼望收到您宝贵的意见。

编　者

目　　录

第 1 章　Python 简介

提到编程，很多人望而却步，认为编程很难，遥不可及，但随着科学技术的快速发展，越来越多的行业需要通过编程来解决一些实际问题。Python 语言简单易学，是继 Java、C++以后的第三大语言，拥有丰富的库，被广泛应用于图形图像、文本处理、计算机视觉、网络编程等方面。本章介绍 Python 的特点、发展现状、起源、各个版本、常用工具包和使用中的常见问题等，让读者对 Python 有简单了解。

本章学习目标

❖ 了解 Python 主要特点
❖ 了解 Python 语言的历史
❖ 了解 Python 常用的工具包
❖ 掌握 Python 的安装
❖ 掌握 Python 工具包的安装方法

1.1　Python 概要介绍

Python 语言自从 20 世纪 90 年代初诞生至今，已经被广泛应用于系统管理任务的处理和 Web 编程。最近几年，随着人工智能概念的火爆，Python 也迅速升温，成为众多人工智能从业者的首选语言。

1.1.1　Python 主要特点

Python 是一种面向对象的、解释性的、通用性的、开源的脚本编程语言，具有以下特点。

1. 语法简单，可读性强，易学易用

Python 专注于解决问题而不是去搞明白语言本身，相比传统语言（例如 C/C++、Java 等）没有严格的代码格式要求，关键字相对较少，结构简单，语法定义明确，可读性强。初学者可以下载官方发布的学习文档，使学习使用变得更加简单。

2. 免费、开源性

开源软件和免费软件是两个概念，开源并不等于免费，但 Python 是一种既开源又免费的语言。Python 是自由/开源软件，使用者可以自由地发布其副本、阅读其源代码、对其改动、把其一部分用于新的自由软件中。Python 的开源性体现在两个方面：

1）程序员使用 Python 编写的代码是开源的。

2）Python 解释器和模块是开源的。用户个人或者作为商业用途使用 Python 进行开发或者发布自己的程序，无需考虑版权或者费用问题，Python 是免费的。

3. 高层语言

Python 封装性强，很多底层细节被屏蔽，用 Python 语言编写程序的时候无需考虑如何管理程序使用的内存等底层细节。

4. 可解释性

解释型语言无需事先编译，每次运行前直接将源代码解释成机器码并立即执行，通过相应的解释器即可运行该程序，使程序易于移植，但每次运行都需要将源代码解释为机器码并执行，其效率较低。Python 简单并易于移植的主要原因在于：在计算机内部，Python 解释器把源代码转换为字节码的中间形式，再将其翻译成计算机可以使用的机器语言。

5. 可移植性

可以在任何带有 ANSIC 编译器的平台上运行，Python 使用 C 编写，而 C 具有可移植性。这种可移植性适用于不同的架构和不同的操作系统。因此在各种不同的系统上都可以看到 Python 的身影。

6. 多范式

Python 是支持面向过程、面向对象、面向函数的编程。面向过程编程由过程或仅仅是可重用代码的函数构建程序。面向对象编程支持将特定的行为、特性以及功能，与其要处理或所代表的数据结合在一起。

7. 丰富的库

Python 具有庞大的标准库和其他高质量的库。它可以帮助处理各种工作，包括正则表达式、文档生成、单元测试、线程、数据库、网页浏览器、CGI、FTP、电子邮件、XML、XML-RPC、HTML、WAV 文件、密码系统、GUI（图形用户界面）、Tk 和其他与系统有关的操作。

8. 可扩展性

Python 具有可扩展性主要通过其模块实现，Python 具有脚本语言中最丰富和强大的类库，当对于代码运行速度要求较高或者某些算法不公开时，可使用 C 或 C++编写，通过 Python 程序调用。

9. 可嵌入性

Python 通过嵌入 C/C++程序向用户提供脚本功能。

1.1.2 Python 不足

凡事都是一把双刃剑，当获得某些东西之时，必将丢失一些东西，编程语言亦是如此。Python 作为一种解释型语言，拥有以上提到的优点，在获得以上优点的过程中，存在以下缺点。

1）运行速度慢：Python 是解释型语言，屏蔽了很多底层细节。当读者要求运行速度时，可以使用 C++编写关键部分。

2）源代码加密困难：Python 作为开源的语言不能加密。Python 直接运行源程序，不像编译型语言的源程序会被编译成目标程序。

下面举一个大家都熟悉的例子。

相信大家在学习 C 语言时，最初编程实现的应该是输出"Hello, World!"。以下将分别用 C 语言和 Python 实现。

【例 1-1】C 语言：输出"Hello, World!"

```
#include <stdio. h>
int main( )
```

```
{
    // printf( )中的字符串需要引号
    printf("Hello, World!");
    return 0;
}
```

输出结果：

```
Hello, World!
```

Python 语言：输出 "Hello, World!"

```
>>>print("Hello, World!")
```

输出结果：

```
Hello, World!
```

1.1.3　Python 发展现状

自从 2003 年开始，Python 始终位于 TIOBE 编程社区索引前十名。在 2019 年 1 月，Python 第三次被评为 TIOBE 2018 年度编程语言。2020 年 12 月的 TIOBE 指数如图 1-1 所示，Python 在 TIOBE 编程语言榜中排名第三，前五分别为：C、Java、Python、C++和 C#。

Dec 2020	Dec 2019	Change	Programming Language	Ratings	Change
1	2	⌃	C	16.48%	+0.40%
2	1	⌄	Java	12.53%	-4.72%
3	3		Python	12.21%	+1.90%
4	4		C++	6.91%	+0.71%
5	5		C#	4.20%	-0.60%
6	6		Visual Basic	3.92%	-0.83%
7	7		JavaScript	2.35%	+0.26%
8	8		PHP	2.12%	+0.07%
9	16	⌃⌃	R	1.60%	+0.60%
10	9	⌄	SQL	1.53%	-0.31%

图 1-1　2020 年 12 月的 TIOBE 指数

2020 年 GitHub 年度报告中的顶级语言排名如图 1-2 所示。

HackerRank 团队于 2020 年 2 月 4 日发布了开发人员技能报告，该报告基于 2019 年 11 月和 12 月对来自于 162 个地区的 116648 位软件开发人员的在线调查，在最流行的语言榜单中 Python 位列第四；在最著名的 Web 开发框架榜单中基于 Python 的 Django 框架稳步上升，升至第四名；在开发人员计划学习的编程语言榜单中，Python 位列第二；在开发人员计划学习的 Web 开发框架中，基于 Python 的 Django 框架位列第三。

2020 年，Python 官方社区针对开发者的年度报告中，数据分析是 Python 最主要的用途，数据分析、Web 开发和机器学习的占比分别为 59%、51%和 40%；Linux 是 Python 开发人员最青睐的平台，Linux、Windows 和 Mac OS 的占比分别为 68%、48%和 29%。

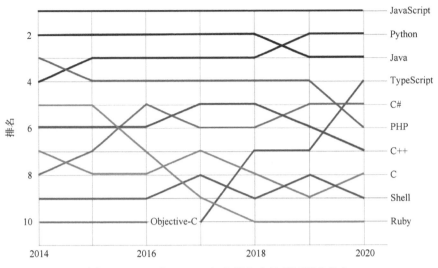

图 1-2　2020 年 GitHub 年度报告中的顶级语言排名

在很多操作系统中，Python 作为标准的系统组件不可或缺。Ubuntu 的 Ubiquity 安装器和 Gentoo Linux 的 Portage 软件包都是由 Python 来编写。一些著名的互联网公司在内部大量使用 Python，开发了很多著名应用，如 Plone、Fabric、MoinMoin、trac、Blender 和 Sage 等。

Python 是当今最流行的编程语言之一，凭借其简单易用、资源众多、用处广泛等优点，不仅在互联网公司中普遍使用，在高校中也越来越流行，是科研过程中重要的数据分析工具。

不仅开发人员和高校学生因为工作或者科研学习 Python，一些中小学教育也对 Python 编程提出了要求。

1.2　Python 发展历史

有人说，Python 语言的发展史是一部典型的励志大片。Python 语言从名不见经传到跃居编程语言排行榜首位（2017 年 7 月），现在 Python 基本稳住了前十名的地位。

1.2.1　Python 起源

Python 的创始人为荷兰人吉多·范罗苏姆（Guido van Rossum）。Guido 参加设计了一种教学语言 ABC，他认为 ABC 语言非常优美和强大，是专门为非专业程序员设计的。但 ABC 语言没有获得成功，Guido 认为是由于其非开放。1989 年圣诞节期间，Guido 为了打发无趣的圣诞节，开发了一个新的脚本解释程序，作为 ABC 语言的继承。Python 作为 ABC 语言的继任者，避免了 ABC 语言存在的缺点，增加其尚未实现的功能。Guido 喜欢英国 20 世纪 70 年代 BBC 首播的电视喜剧《蒙提·派森的飞行马戏团》（*Monty Python's Flying Circus*），所以取名 Python 作为该编程语言的名字。

Python 各个版本发布时间如表 1-1 所示。1991 年，第一个 Python 解释器诞生，它是用 C 语言实现的，并能够调用 C 语言的库文件。1994 年 1 月发布 Python 1.0。这个版本主要的新特征是包括了函数式编程工具 Lambda、Map、Filter 和 Reduce。Python 1.4 受 Modula-3 影响，支持关键字参数和对复数的内建。

2000 年 10 月 16 日发布 Python 2.0, 其支持 Unicode, 引入函数式编程语言 SETL 和 Haskell 中的列表推导式, 在垃圾收集系统加入循环检测算法。Python 2.1 支持了嵌套作用域。 Python 2.2 将 Python 的类型 (用 C 写成) 和类 (用 Python 写成) 统一入一个层级, 加入了受 CLU 启发的迭代器、受 Icon 启发的生成器和描述器协议。Python 2.4 增加了集合数据类型和函数修饰器。Python 2.5 加入了 with 语句。

2008 年 12 月 3 日发布 Python 3.0, 它对 Python 有较大修订而不能完全后向兼容。

表 1-1 Python 各个版本发布时间

时　间	事　件	时　间	事　件
1980 年	Guido 构思 Python	2006 年 12 月 19 日	Python 2.5
1989 年	Python 雏形	2008 年 10 月 1 日	Python 2.6
1991 年	Python 第一个解释器诞生	2010 年 7 月 3 日	Python 2.7
1994 年 1 月	Python 1.0 发布	2008 年 12 月 3 日	Python 3.0
1995 年 4 月 10 日	Python 1.2	2009 年 6 月 27 日	Python 3.1
1995 年 10 月 12 日	Python 1.3	2011 年 2 月 20 日	Python 3.2
1996 年 10 月 25 日	Python 1.4	2012 年 9 月 29 日	Python 3.3
1997 年 12 月 31 日	Python 1.5	2014 年 5 月 16 日	Python 3.4
2000 年 9 月 5 日	Python 1.6	2015 年 9 月 13 日	Python 3.5
2000 年 10 月 16 日	Python 2.0	2016 年 12 月 23 日	Python 3.6
2001 年 4 月 17 日	Python 2.1	2018 年 6 月 27 日	Python 3.7
2001 年 12 月 21 日	Python 2.2	2019 年 10 月 14 日	Python 3.8
2003 年 7 月 29 日	Python 2.3	2020 年 10 月 5 日	Python 3.9
2004 年 11 月 30 日	Python 2.4		

Python 2.x 和 Python 3.x 版本的区别主要在语句输入、输出、编码和运算等方面。以下通过代码实例说明。

1. input 函数

Python 2.x 的 raw_input 得到数据类型为 str, Python 2.x 的 input 得到数据类型为 int, Python 3.x 的 input 得到数据类型为 str。

2. 输出

Python 3.x print 使用函数取代了 Python 2.x print 语句。

在 Python 2.x 中, print 语句输出代码如下:

```
>>> print(1,2)
(1,2)
或者
>>> print "1,2"
1,2
```

在 Python 3.x 中, print 语句被 print 函数代替, 输出代码如下:

```
>>> print(1,2)
```

3. 编码

Python 2.x 默认使用 ASCII 编码; Python 3.x 默认使用 UTF-8 编码, 支持中文或者其他非英文字符。

Python 2.x 默认使用 ASCII 编码。

```
>>>str ="石家庄铁道大学"
>>>str
'C\xe8\xaf\xad\xe8\xa8\x80\xe4\xb8\xad\xe6\x96\x87\xe7\xbd\x91'
```

Python 3.x 默认使用 UTF-8 编码。

```
>>>str ="石家庄铁道大学"
>>>str
'石家庄铁道大学'
```

4. 运算

Python 除法运算包含 2 个运算符，分别为 / 和 //，在 Python 2.x 和 Python 3.x 的代码实例如下：

（1）运算符/

在 Python 2.x 中运算符 /除法运算方式：整数相除的结果是一个整数，浮点数除法保留小数点部分。

```
>>>3/2
1
>>>3.0/2
1.5
```

在 Python 3.x 中运算符/除法运算方式：整数相除结果也是浮点数。

```
>>>3/2
1.5
```

（2）运算符 //

运算符 //除法运算称为 floor 除法，即向下取整（运算输出不大于结果值的一个最大的整数）。

#Python 2.x

```
>>>3//2
1
>>>3//2.0
1.0
```

#Python 3.x

```
>>>3//2
1
>>>3//2.0
1.0
```

📖 思考：Python 3.x 与 Python 2.x 不再兼容，选 Python 3.x 版本还是 Python 2.x 版本？为什么？

1.2.2 Python 各版本

Python 实际上是一个可以用许多不同的方式来实现的语言。按照实现的方式不同，Python

可以分为 CPython、PyPy、Jython、IronPython 等。

1）CPython 是用 C 语言实现的 Python 解释器，是 Python 的参考实现，也是官方的并且是最广泛使用的 Python 解释器，运行方式为把 Python 代码编译成字节码，然后交给虚拟机解释。

2）PyPy 是用 RPython 实现的解释器，采用了及时编译（JIT, Just In Time）技术，显著提高了 Python 代码的执行速度，在保证了最大兼容性的同时，运行速度比 CPython 快 5 倍以上。

3）Jython 是 Python 语言在 Java 中的完全实现，可以直接把 Python 代码编译成 Java 字节码执行。得益于通过 Java 语言实现，Jython 不仅可以使用 Python 全部的标准库，也可以使用由 Java 语言实现的类，使得 Jython 的资源十分丰富。

4）IronPython 是一种在 .NET 和 Mono 上实现的 Python 语言，可以使用 Python 和 .NET framework 的库。

1.3　Python 常用工具包

Python 的应用非常广泛，在 Web 应用开发、操作系统管理、服务器运维的自动化脚本、桌面软件、科学计算、数据分析和机器学习等领域都有非常成熟的应用，针对这些应用，大量开源社区和公司开发了很多实用的工具包，常用的工具包如表 1-2 所示。

表 1-2　Python 常用工具包

类　型	扩展库	简　　介
科学计算	NumPy	提供矩阵运算支持，以及相应高效的处理函数
	Scipy	提供矩阵支持，可用于数学、科学、工程学等领域
	Sympy	提供一套强大的符号计算体系，可以完成求导、微分方程等复杂运算
机器学习、数据分析	Scikit-learn	支持回归、分类、聚类等强大的机器学习工具包
	PyBrain	包括神经网络、强化学习（及二者结合）、无监督学习、进化算法及其学习工具包
	mlpy	机器学习工具包，提供了监督和无监督机器学习算法
	Pandas	基于 NumPy 数据分析工具包，纳入了大量的库和标准的数据模型
	StatsModels	用于统计数据分析的工具包，具有统计模型估计、执行统计测试等功能
深度学习	TensorFlow	是一个端到端开源机器学习工具包，拥有强大的生态系统和社区支持
	PyTorch	基于 Torch 的机器学习库，提供 GPU 加速的张量计算和自动求导系统的深度神经网络
	Keras	开源人工神经网络库，可以作为 TensorFlow、Microsoft-CNTK 和 Theano 的高阶应用程序接口，进行深度学习模型的设计、调试、评估、应用和可视化
	Theano	出身于学术界的深度学习框架，十分适合与其他深度学习库结合
Web、爬虫	Django	重量级 Web 应用服务器框架，采用 MTV 结构
	Flask	轻量级 Web 应用服务器框架，具有灵活、轻便且高效等特点
	Tornado	采用 epo 非阻塞 IO 的 Web 应用服务器框架，响应速度快，适用于实时 Web 服务
	FastAPI	用于构建 API 的高性能 Web 框架
	Requests	生成、接受、解析 HTTP 请求的工具包
	lxml	处理 XML 和 HTML 数据的工具包
	Scrapy	用于创建扫描网站页面和收集结构化数据的爬虫工具包，具有可扩展性和可移植性

类 型	扩展库	简 介
文本处理	NLTK	最常用的自然语言处理工具包，包含各种文本处理和分析文本、标记文本、提取信息等
	TextBlob	文本处理工具包，提供文本处理功能的接口
	MBSP	文本分析工具包，具备句子分割、词性标注、分开等功能
	Gensim	自然语言处理工具包，用于抽取文档语言主题
	SpaCy	工业级自然语言处理工具包，包含众多优秀的 demo、API 文档和演示应用程序等
图像处理	PIL/Pillow	提供基本图像处理功能的工具包
	OpenCV-Python	强大的图像处理和计算机视觉 OpenCV 工具包的 Python 实现，集成了众多高效的算法
	Mahotas	图像处理和计算机视觉工具包，代码简洁、速度快、依赖少
信号处理	PyEMD	经验模态分解工具包
	PyWt	小波变换工具包
	RadioDSP	无线通信领域的数字信号处理工具包
	ThinkDSP	数字信号处理工具包
GUI 开发、可视化	PyQt	创建 GUI 应用程序的工具包，是 Python 语言和 Qt 库的成功融合
	Tkinter	Python 的标准 GUI 工具包，可以快速地创建 GUI 应用程序
	wxPython	跨平台 GUI 工具包 wxWidgets 的 Python 实现
	Matplotlib	用于在 Python 中创建静态、动画和交互式可视化的工具
	Seaborn	Seaborn 是基于 Matplotlib 的图像可视化包，作图更容易，图片更优美
	pyecharts	Echarts 的 Python 实现，具有良好的交互性，精巧的图表设计

1.4 Python 常见问题

很多人在使用 Python 语言过程中，会遇到安装的问题。本节主要介绍 Python 语言、IDE 环境，以及工具包的安装。

1.4.1 Python 安装

工欲善其事，必先利其器。在学习使用 Python 之前，需要先安装 Python。本小节主要讲述在常用的 Windows 系统和 Ubuntu 系统下的安装情况，可以根据计算机的实际情况进行安装。

1. Windows 下安装

Python 安装包下载地址：https://www.Python.org/downloads/。单击打开该链接，可以看到各种操作系统版本的 Python 下载连接，如图 1-3 所示。

为了兼容绝大多数工具包，本节以 3.6.x 版本为例演示 Windows 环境下 Python 的安装。单击图 1-3 中的"Windows"即可进入 Windows 版本的下载页面，可以看到各个版本的 Python 安装包，向下浏览即可找到 3.6.x 版本的下载链接，Python 3.6.x 的下载链接如图 1-4 所示。

对图 1-4 说明如下。

1）前缀：以"Windows x86-64"开头的是 64 位的 Python 安装程序；以"Windows x86"开头的是 32 位的 Python 安装程序。

图 1-3　Python 下载页面截图

- Python 3.6.8 - Dec. 24, 2018

Note that Python 3.6.8 *cannot* be used on Windows XP or earlier.

- Download Windows help file
- Download Windows x86-64 embeddable zip file
- Download Windows x86-64 executable installer
- Download Windows x86-64 web-based installer
- Download Windows x86 embeddable zip file
- Download Windows x86 executable installer
- Download Windows x86 web-based installer

图 1-4　各个版本的 Python 安装包

2）后缀：“embeddable zip file”表示格式为 .zip 绿色免安装版本，可直接嵌入到其他应用程序中；“executable installer”表示格式为 .exe 的可执行程序，即完整的离线安装包，一般选择此类型的安装包；“web-based installer”表示是通过网络安装的，即安装过程中仍需要联网下载相关内容。

本小节选择的是“Windows x86-64 executable installer”，即 64 位的完整的离线安装包。单击此版本即可下载，双击 Python-3.6.8-amd64.exe，开始安装 Python，安装页面如图 1-5 所示。Python 支持两种安装方式：默认安装和自定义安装。默认安装：安装所有组件在计算机系统 C 盘；自定义安装：手动选择安装哪些组件和自定义安装位置。建议读者选择自定义安装，将 Python 安装在 C 盘外的目录下。如果勾选“Add Python 3.6 to PATH”，会将 Python 命令工具所在目录添加到计算机系统 Path 环境变量中，可以更方便地在 Windows 命令提示符中使用 Python。单击“Customize installation”按钮，勾选所有 Python 组件，如图 1-6 所示。

勾选完组件后，单击“Next”按钮，如图 1-7 所示进行安装目录设置，单击“Install”按钮，等待几分钟即可完成 Python 3.6.x 的安装。

图 1-5　Python 安装页面

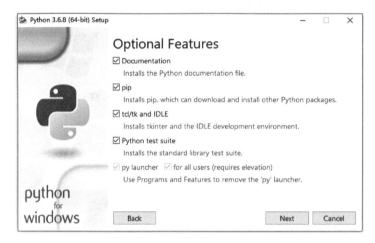

图 1-6　自定义安装下选择需要安装的 Python 组件

图 1-7　选择安装目录

　　安装完成后，运行 cmd，进入 Windows 的命令行窗口，输入 Python 命令，如图 1-8 所示，若出现 Python 版本信息，并看到命令提示符>>>，则表示安装成功了。

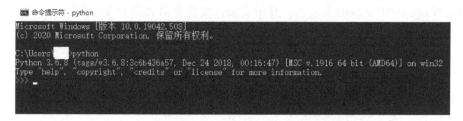

图 1-8　Windows 运行 Python

2. Ubuntu 操作系统下安装

在 Ubuntu 18.04 操作系统中，已经附带了 Python 3.6 的开发环境，如图 1-9 所示，只需在终端中输入 Python 就可以进入交互式编程环境。

```
ubuntu@ubuntu:~$ python3
Python 3.6.7 (default, Oct 22 2018, 11:32:17)
[GCC 8.2.0] on linux
Type "help", "copyright", "credits" or "license" for more information.
>>>
```

图 1-9　Ubuntu 运行 Python

1.4.2　Python IDE 安装

在 Windows 下安装 Python 时会附带一个名为 "IDLE" 的集成开发环境，但是 IDLE 过于简陋，使用 IDLE 进行学习和开发并不是很方便，下面将介绍两种不同风格的 Python 集成开发环境——PyCharm 和 Jupyter 的安装。

1. PyCharm

PyCharm 带有一整套可以帮助用户在使用 Python 语言开发时提高其效率的工具，比如调试、语法高亮、Project 管理、代码跳转、智能提示、自动完成、单元测试、版本控制。此外，该 IDE 还提供了一些高级功能，以用于支持 Django、Flask 等框架下的专业 Web 开发。

（1）Windows 版本下载和安装

如图 1-10 所示，读者可通过下载地址 https://www.jetbrains.com/pycharm/download/#section=windows 找到 Windows 版下载链接，在这里选择开源的免费版本进行下载，单击 "Download Free, open-source" 按钮即可进行下载。

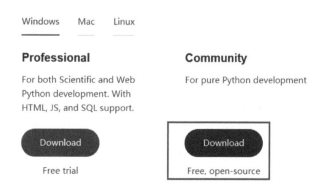

图 1-10　PyCharm 的 Windows 下载页面

下载完成后，双击下载的安装包，开始安装，安装界面如图 1-11 所示。

图 1-11　PyCharm 安装页面

单击"Next"按钮，可以看到如图 1-12 所示，在此设置 PyCharm 安装路径，建议不要安装在 C 盘，单击"Browse"按钮选择其他更合适的安装路径。

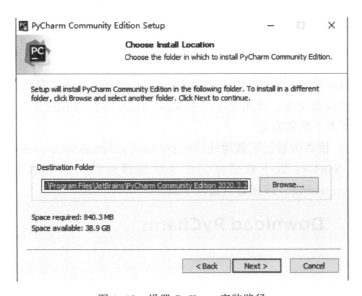

图 1-12　设置 PyCharm 安装路径

单击"Next"按钮，如图 1-13 所示，此处对于安装进行一些设置，可根据需要的功能在图中进行勾选。

单击"Next"按钮，进入图 1-14 所示的界面进行 PyCharm 安装。安装结束后进入如图 1-15 所示界面，此时表示 PyCharm 已彻底安装完成。

图 1-13　PyCharm 安装设置

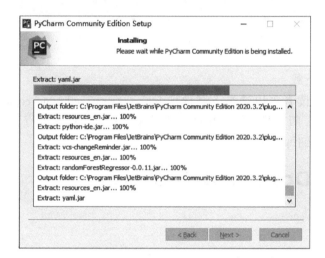

图 1-14　PyCharm 正在安装

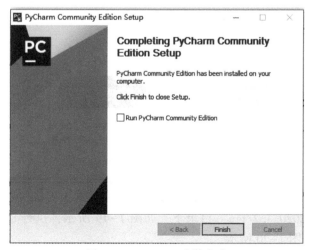

图 1-15　PyCharm 安装完成

运行 PyCharm 进入如图 1-16 所示界面。

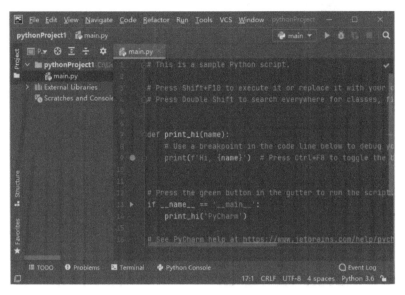

图 1-16　Windows 下运行 PyCharm 界面

（2）Ubuntu 版本下载

如图 1-17 所示，读者可以通过下载地址 https：//www. jetbrains. com/pycharm/download/#section=linux 找到 Linux 版下载链接，在这里选择开源的免费版本进行下载，单击"Download Free，open-source"按钮即可进行下载。

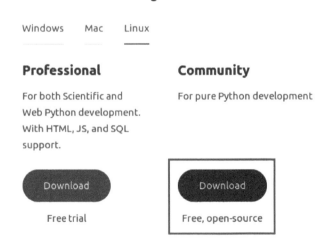

图 1-17　PyCharm 的 Linux 下载页面

如图 1-18 所示，下载后解压 pycharm-community-2020. 3. 2. tar. gz 文件。进入解压后的"pycharm-community-2020. 3. 2/bin"目录下，如图 1-19 所示，执行"sh ./pycharm"命令，即可打开 PyCharm，如图 1-20 所示。

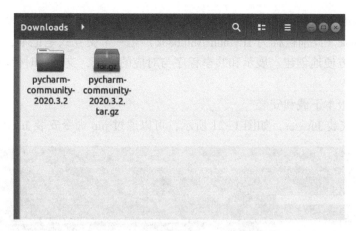

图 1-18　下载的 Linux 安装包

```
ubuntu@ubuntu:~/Downloads/pycharm-community-2020.3.2/bin$ sh ./pycharm.sh
OpenJDK 64-Bit Server VM warning: Option UseConcMarkSweepGC was deprecated in v
ersion 9.0 and will likely be removed in a future release.
Jan 01, 2021 11:40:37 PM java.util.prefs.FileSystemPreferences$6 run
WARNING: Prefs file removed in background /home/ubuntu/.java/.userPrefs/prefs.x
ml
2021-01-01 23:40:38,572 [    1177]   WARN - llij.ide.plugins.PluginManager - Res
ource bundle redefinition for plugin 'com.jetbrains.pycharm.community.customiza
tion'. Old value: messages.ActionsBundle, new value: messages.PyBundle
```

图 1-19　执行 "sh ./pycharm" 命令

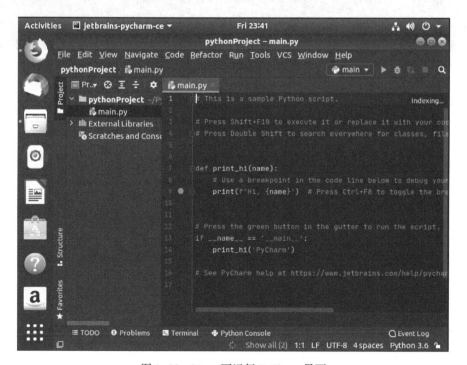

图 1-20　Linux 下运行 PyCharm 界面

2. Jupyter Notebook

Jupyter Notebook（此前被称为 IPython Notebook）是一个交互式笔记本，是一个 Web 端的应用程序，可以很方便地创建、展示和共享程序与对应的文档，支持实时代码、数学公式、可视化和 markdown。

（1）Windows 版本下载和安装

Windows10 下安装 Jupyter，如图 1-21 所示，可以通过 pip 命令安装 Jupyter。

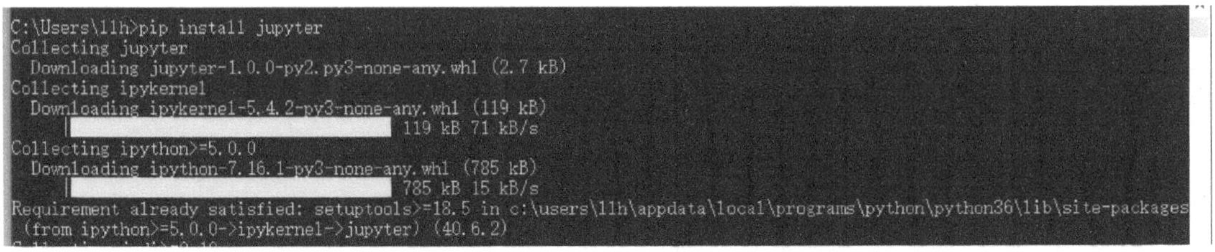

图 1-21　通过 pip 命令安装 Jupyter

安装完成后，如图 1-22 所示，在命令行中输入"jupyter notebook"，即可启动 Jupyter Notebook。

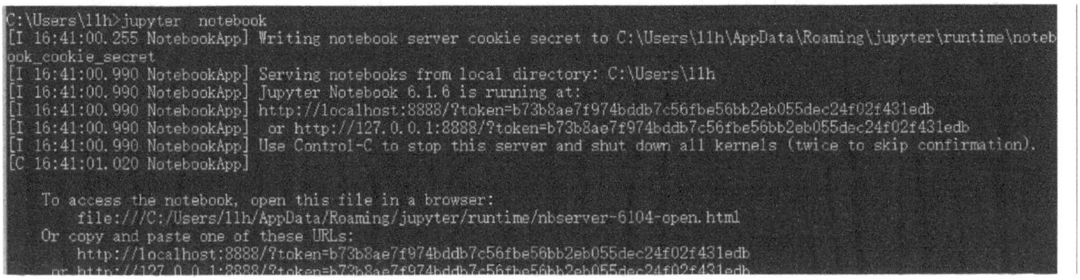

图 1-22　在命令行中输入"jupyter notebook"

如图 1-23 所示，Jupyter Notebook 启动成功。

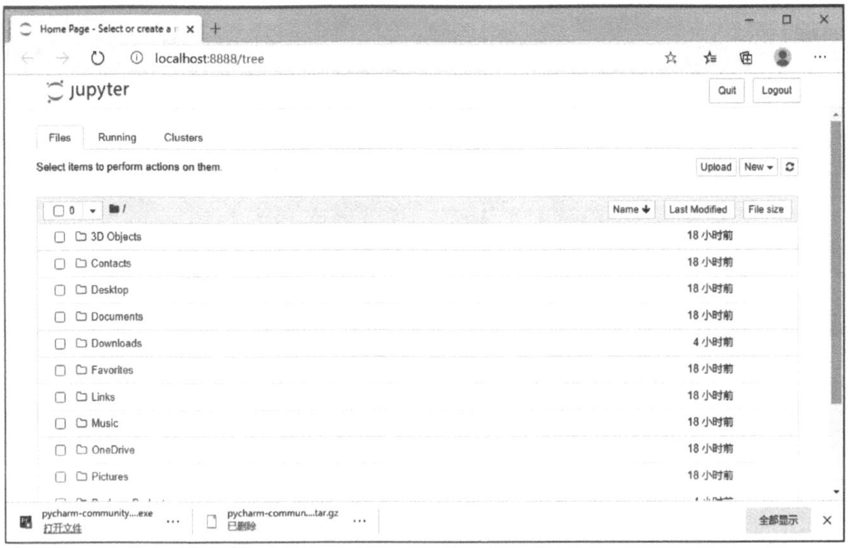

图 1-23　Windows 下 Jupyter Notebook 启动成功

(2) Ubuntu 版本下载

Ubuntu 下安装 Jupyter，通过 pip 命令安装 Jupyter，如图 1-24 所示，需要先安装 pip3。

```
ubuntu@ubuntu:~$ sudo apt install python3-pip
[sudo] password for ubuntu:
Reading package lists... Done
Building dependency tree
Reading state information... Done
The following additional packages will be installed:
  build-essential cpp cpp-7 dh-python dpkg-dev fakeroot g++ g++-7 gcc gcc-7
  gcc-7-base gcc-8-base libalgorithm-diff-perl libalgorithm-diff-xs-perl
  libalgorithm-merge-perl libasan4 libatomic1 libc-dev-bin libc6 libc6-dbg
  libc6-dev libcc1-0 libcilkrts5 libdpkg-perl libexpat1 libexpat1-dev
  libfakeroot libgcc-7-dev libgcc1 libgomp1 libitm1 liblsan0 libmpx2
  libpython3-dev libpython3.6 libpython3.6-dev libpython3.6-minimal
  libpython3.6-stdlib libquadmath0 libssl1.1 libstdc++-7-dev libstdc++6
  libtsan0 libubsan0 linux-libc-dev make manpages-dev python-pip-whl
  python3-dev python3-distutils python3-lib2to3 python3-setuptools
  python3-wheel python3.6 python3.6-dev python3.6-minimal
Suggested packages:
```

图 1-24　安装 pip3

pip3 安装完成后，如图 1-25 所示，使用 pip3 安装 Jupyter 包。

```
ubuntu@ubuntu:~$ pip3 install jupyter
Collecting jupyter
  Using cached https://files.pythonhosted.org/packages/83/df/0f5dd132200728a861
90397e1ea87cd76244e42d39ec5e88efd25b2abd7e/jupyter-1.0.0-py2.py3-none-any.whl
Collecting nbconvert (from jupyter)
  Using cached https://files.pythonhosted.org/packages/13/2f/acbe7006548f391445
6ee47f97a2033b1b2f3daf921b12ac94105d87c163/nbconvert-6.0.7-py3-none-any.whl
Collecting ipywidgets (from jupyter)
  Using cached https://files.pythonhosted.org/packages/98/9b/c149ed1786bcbf91ca
2b7657f4014a748292e2cc6ac97e1e27774f39c587/ipywidgets-7.6.2-py2.py3-none-any.wh
l
Collecting qtconsole (from jupyter)
  Using cached https://files.pythonhosted.org/packages/ab/a0/039a8f9c733ff48f1a
b2f14d5e1a3bb9d34e038b40b82650ba8d7c5778e0/qtconsole-5.0.1-py3-none-any.whl
Collecting ipykernel (from jupyter)
```

图 1-25　使用 pip3 安装 Jupyter 包

如图 1-26 所示，使用 apt 安装 Jupyter Notebook。

```
ubuntu@ubuntu:~$ sudo apt install jupyter-notebook
Reading package lists... Done
Building dependency tree
Reading state information... Done
The following additional packages will be installed:
  fonts-font-awesome fonts-mathjax javascript-common jupyter-core
  jupyter-nbextension-jupyter-js-widgets libjs-backbone libjs-bootstrap
  libjs-bootstrap-tour libjs-codemirror libjs-es6-promise libjs-jed
  libjs-jquery libjs-jquery-typeahead libjs-jquery-ui libjs-marked
  libjs-mathjax libjs-moment libjs-requirejs libjs-requirejs-text
  libjs-text-encoding libjs-underscore libjs-xterm liblua5.1-0
  libluajit-5.1-2 libluajit-5.1-common libnorm1 libpgm-5.2-0 libzmq5 pandoc
  pandoc-data python3-bleach python3-dateutil python3-decorator
  python3-entrypoints python3-html5lib python3-ipykernel python3-ipython
  python3-ipython-genutils python3-ipywidgets python3-jinja2
  python3-jsonschema python3-jupyter-client python3-jupyter-core
  python3-mistune python3-nbconvert python3-nbformat python3-notebook
  python3-pandocfilters python3-pickleshare python3-prompt-toolkit
  python3-pygments python3-simplegeneric python3-terminado python3-testpath
  python3-tornado python3-traitlets python3-wcwidth python3-webencodings
  python3-zmq
```

图 1-26　使用 apt 安装 Jupyter Notebook

以上安装结束后，如图 1-27 所示，在命令行下输入"jupyter-notebook"，启动 Jupyter Notebook。

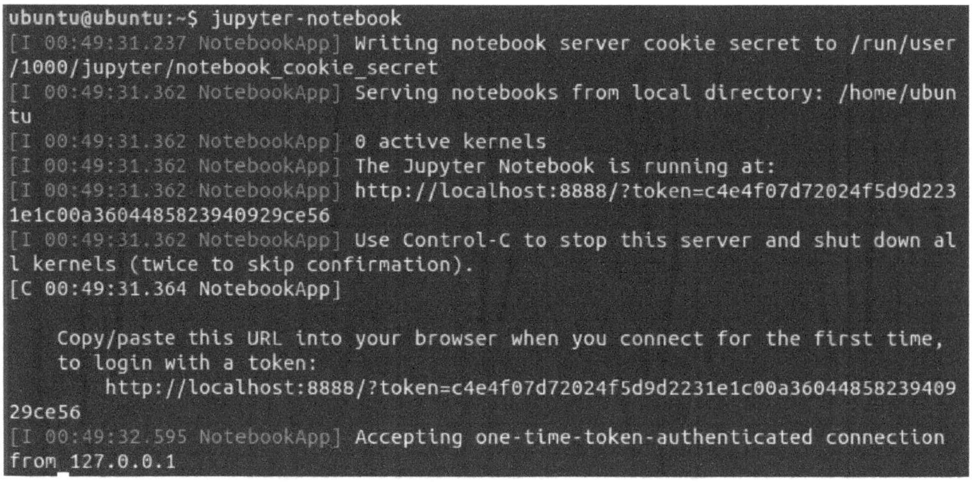

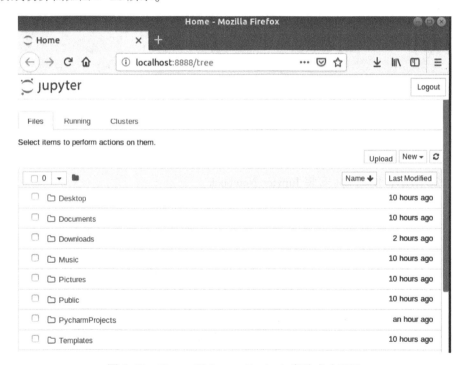

图 1-27　命令行下输入"jupyter-notebook"

启动成功界面如图 1-28 所示。

图 1-28　Ubuntu 下 Jupyter Notebook 启动成功界面

1.4.3　Python 和其他语言接口

每种语言都有各自的优势，Python 语言和其他语言混编可以加快运算速度，调用已有的库发挥各自优势，提高效率。本小节将讲述 Python 调用 C 语言和 MATLAB 的方法。

1. 调用 C 语言

ctypes 是 Python 的外部函数库, 它提供了 C 语言的兼容类型, 并且可以直接调用 C 语言封装的动态库。

Python 若想调用 C 语言代码, 被调用 C 接口先封装成库, 一般是封装成动态库, 在 Windows 环境下, 动态库文件格式为 .dll。编译动态库的指令为:

```
>>>gcc --shared -fPIC -o target. c libtarget. so
```

其中: --shared -fPIC 为编译动态库的选项; -o 为生成动态库的名称。

在 Python 中导入上面封装好的库, 以导入同目录下的 libtarget. dll 为例:

Linux 环境下是 cdll。

```
>>>import ctypes
>>>target = cdll. LoadLibrary(". /libtarget. dll")
```

而 Windows 环境下是 windll。

```
>>>import ctypes
>>>target = windll. LoadLibrary(". /libtarget. dll")
```

2. 调用 MATLAB

若需要在 Python 程序中调用 MATLAB, 需要先安装 Python 包 MATLAB 引擎 API。MATLAB 中有标准的 Python setup. py 文件, 用于通过 distutils 模块编译和安装引擎。

在安装 MATLAB 引擎 API 前, 需确认 Python 和 MATLAB 配置。

1) 检查计算机系统是否安装 Python 版本和 MATLAB R2014b 或更新的版本。

2) 将包含 Python 解释器的文件夹添加到对应路径下。

3) 启动 MATLAB, 进入 cmd 命令行窗口输入 matlabroot, 复制 matlabroot 得到的路径。

在 Windows 操作系统需要管理员特权安装引擎 API:

```
>cd "matlabroot\extern\engines\Python"
>Python setup. py install
```

在 MATLAB 命令提示符下:

```
>cd (fullfile(matlabroot,'extern','engines','Python'))
>system('Python setup. py install')
```

此时 MATLAB 引擎已安装成功, 先启动 Python, 导入 MATLAB 模块, 然后启动 MATLAB 引擎:

```
>>>import matlab. engine
>>>eng = matlab. engine. start_matlab()
```

1.4.4 工具包的安装

Python 包括已经封装好的工具包, 读者在学习使用的过程中可以通过以下方式手动安装工具包。

(1) pip install package_name = =版本号

Python 中最常用的工具包安装方式: 使用 pip 工具安装, 此方法方便快捷。读者在当前

Python 环境通过命令行的方式可以自动下载安装包。当不需要指定版本时：pip install package_name；当需要指定某个版本时：pip install package_name = =版本号。

当读者下载工具包格式为：文件名 . whl 时，也可以通过以上方式安装。

（2）pip install -r requirements. txt

在实际项目中可能需要安装的工具包较多，常用批量下载安装项目依赖包指令。读者在对应的项目 Python 环境下运行：pip install -r requirements. txt。

（3）Python setup. py install

适用于当读者安装下载后解压缩的包时，一般解压后的包文件目录中有一个文件名为 setup. py，读者通过命令行进入到 setup. py 存在的目录下运行：Python setup. py install。

（4）easy_install package_name = =版本号

当读者使用 pip 无法安装时，可以使用 easy_install 方式安装，格式 . exe、. egg 也可以用其进行安装，代码如下：

```
>>>easy_install    package_name
>>>easy_install    package. egg
>>>easy_install    package. exe
```

（5）conda install package_name = =版本号

当读者使用 Anaconda 手动安装工具包时：先打开 Anaconda Prompt，进入相应的安装环境下运行：conda install package_name = =版本号。

1.4.5　工具包的导入

工具包通过以上提到的手动方式安装后，通过以下方式即可将安装的工具包导入程序中。

（1）import package_name
整个工具包的所有的功能函数直接导入。

```
>>> import time
>>> print( time. time( ) )
1609555998. 679421
```

（2）import package_name,package_name
导入多个工具包的所有功能函数。

```
>>> import time,numpy
>>> ar=numpy. arange(3)
>>> print( ar)
[0 1 2]
>>> print( time. time( ) )
1609556327. 5076425
```

（3）from package_ name import *
整个工具包的所有功能函数直接导入，等同于 import package_name。

```
>>> from numpy import *
>>> ar=numpy. arange(3)
>>> print( ar)
[0 1 2]
```

（4）from package_name import function

导入整个工具包的部分功能函数。

```
>>> from numpy import arange
>>> ar=arange(4)
>>> print(ar)
[0 1 2 3]
```

1.5　Python 在国内的发展

现在 Python 在国内越来越普及，很多中小学已开始设置 Python 语言的课程，大学生使用 Python 的情况也已十分普遍。下面从国内镜像、中小学教育、国内使用情况三个方面说明 Python 在国内的发展情况。

1.5.1　国内镜像

通过镜像站点提供的镜像文件可以加快下载速度，为开发人员提供便利。国内有的高校和公司建立了 Python 软件的镜像站点，其中公司镜像站有阿里云、华为云和腾讯云等，高校镜像站有清华大学、中国科学技术大学和北京理工大学等。本小节以清华大学镜像源为例进行说明。

当使用 pip 安装工具包时，可能出现下载速度慢、无法安装的情况，此时可以使用清华大学镜像源。

若临时下载工具包：

```
>>>pip install -ihttps://pypi. tuna. tsinghua. edu. cn/simple package_name
```

若永久修改镜像源：

```
>>>pip install pip -U
>>>pip config set global. index-urlhttps://pypi. tuna. tsinghua. edu. cn/simple
```

1.5.2　中小学教育

2017 年《新一代人工智能发展规划》提出在我国中小学增设人工智能相关课程，一些中小学增加了 Python 方面的教学内容。

2017 年秋季，山东省正式出版的六年级教材《小学信息技术》引入了 Python 教学，小学生已经开始学习 Python 语言。

浙江省的编程教育率先改革：信息技术作为高考选考科目之一，编程内容被加入其中。2018 年开始，浙江省高考科目信息技术所用的教材从 VB 语言变为 Python 语言，这意味着 Python 语言可能被纳入高考内容。

Python 列入考试大纲：除了中小学的变动之外，教育部考试中心（现更名为"教育部教育考试院"）于 2017 年 10 月 11 日发布全国计算机等级考试（NCRE）体系调整的通知，在考试项目中纳入了 Python 语言。

1.5.3　国内使用 Python 情况

GitHub 可以反映各种编程语言的使用情况。GitHub 是在 2007 年成立的，如今已经是全球影响力最大、最权威的开源社区。2021 年底，GitHub 年度报告显示，代码仓库中近 70% 的活跃用户来自北美以外。美国以外用户数量增长最快的国家包括印度尼西亚、巴西、印度、俄罗斯、日本、德国、加拿大、英国和中国。2021 年全球新增 1600 万程序员，几乎近 60% 来自北美之外的地区。其中，中国有 755 万，位居全球第二，而 2020 年，来自中国的开发者还只有 652 万。从编程语言的使用来看，Java 连续多年稳居最受欢迎榜首的位置；Python 近年来发展强劲，将大热多年的 Java 挤了下去，来到了第二的位置。

国内方面，CSDN 是全球知名的中文 IT 技术交流平台，其发布的最新开发者调查报告《2020-2021 中国开发者调查报告》，旨在全面和深入地介绍我国开发者群体整体现状、应用开发技术以及开发工具的状况和发展趋势。报告中指出："在编程语言方面，使用 Java 的开发者数量逐渐降低，和去年 60% 用户量相比，今年 Java 开发者人数下降至 50%。与此形成鲜明对比的是，Python 在人工智能的发展及其本身的便利性等优势下，使用量正在逐渐提升，Python 开发者数量占比近三成，在常用语言中跃居第三。"

国内的大部分高校已经开设了 Python 编程语言课程。在"中国大学 MOOC"上，《Python 语言程序设计》课程（https://www.icourse163.org/course/BIT-268001？tid=1003243006）的累计学习者超过 340 万，并且有 3.1 万人对这门课程进行了评价。Python 越来越成为国内大学生的首选编程语言。

习题和作业

1. 比较 MATLAB 与 Python 的各自的优缺点？
2. 影响 Python 进一步推广的因素有哪些？
3. Python 用于数据分析的工具包有哪些？
4. 举个例子说明 Python 与 R 语言的不同。
5. Python 3.x 与 Python 2.x 的主要区别有哪些？
6. 分析 Python IDLE 交互操作与 IPython 交互操作的各自的优缺点？

第 2 章　Python 语法

本章将介绍 Python 中常用的数据类型、分支与循环、函数、类和模块。数据类型可以带来更高的运行速度或者存储效率；分支与循环是两种程序的基本结构；函数可以增加代码的复用性和可读性，类是对现实生活中一类具有共同特征的事物的抽象，是面向对象编程的基础；模块可以使程序更为方便地维护。这些内容基本覆盖了编写一个脚本进行数据分析的 Python 语法，通过这部分的学习可以基本掌握 Python 的基础知识，并且对 Python 有一个整体性的理解。

本章学习目标

❖ 掌握 Python 常用数据结构的操作
❖ 掌握分支与循环结构
❖ 掌握函数、类和模块

2.1　Python 常用数据结构

本节介绍 Python 中经常使用的列表（list）、元组（tuple）、集合（set）、字典（dict）数据结构。

2.1.1　列表

列表是 Python 中最基本的数据结构，是一个有序、可变序列，所有元素放在一对中括号"[ ]"里面。

1. 创建列表

创建一个列表，只要把"，"分隔的不同数据项使用"[ ]"括起来即可

```
>>> list1 = ['1','2','3','4','5','6','7']
>>> list2 = [1,2,3,4,5,6,7]
>>> list3 = [1,2,'3','4',5,6,'7']
>>> list4 = ['1234567']
>>> list5 = ['123',[4,'5',6,7]]
```

2. 更新列表中的元素

append（）将一个对象附加到列表末尾。

```
>>> list1.append('8')
>>> list1
['1', '2', '3', '4', '5', '6', '7', '8']
```

insert( )将一个对象插入到列表的指定下标前。

```
>>> list1.insert(3,'叁')
>>> list1
['1', '2', '3', '叁', '4', '5', '6', '7', '7']
```

extend( )将一个列表附加到另一个列表的末尾。

```
>>> list1. extend(list4)
>>> list1
['1', '2', '3', '叁', '4', '5', '6', '7', '7', '1234567']
```

3. 删除列表中的元素

clear( )清空列表的内容。

```
>>> list1 = ['1', '2', '3', '叁', '4', '5', '6', '7', '7', '1234567']
>>> list1. clear( )
>>> list1
[ ]
```

remove( )删除列表中第一个指定值的元素，不返回任何值。

```
>>> list6 = [1,2,3,4,3,2,1]
>>> list6. remove(3)
>>> list6
[1, 2, 4, 3, 2, 1]
```

pop( )删除列表中最后一个元素并返回值。

```
>>> a = list6. pop( )
>>> list6
[1, 2, 4, 3, 2]
>>> a
1
```

4. 修改列表中的元素

如果想修改指定下标的元素项，只需如下面代码所示，直接对列表下标赋值即可。

```
>>> list6 = [1,2,4,3,2,1]
>>> list6[1] = '贰'
>>> list6
[1, '贰', 4, 3, 2, 1]
```

reverse( )就地将列表中的元素逆序排列。

```
>>> list6. reverse( )
>>> list6
[1, 2, 3, 4, '贰', 1]
```

sort( )就地对列表中的元素进行升序排列。

```
>>> list6 = [1,2,3,4,3,2,1]
>>> list6. sort( )
>>> list6
[1, 1, 2, 2, 3, 3, 4]
```

5. 查找列表中的元素

index( )查找指定元素在列表中第一次出现的下标，如果指定元素不存在则报错。

```
>>> list6
[1, 1, 2, 2, 3, 3, 4]
>>> list6. index(3)
4
```

count( )计算指定元素在列表中的出现次数。

```
>>> list6. count(2)
2
```

6. 分片操作

如果想按照某些规则直接获得列表中所有元素的一部分，可以使用分片操作。分片操作可以得到原来列表的拷贝，可以获得原来列表的一部分而不修改原列表。如果想获得列表中下标 a 到下标 b-1，并且步长为 c 的所有元素，对应的分片操作为 list[a:b:c]，如果 c 为正数，则 a 必需小于等于 b；如果 c 为负数，则代表从列表中逆序抽取元素，此时 a 必需大于等于 b。如果不指定步长，第二个 ":" 可以省略。

利用分片操作获取全部元素。

```
>>>list1 = ['1', '2', '3', '4', '5', '6', '7']
>>> list1[::]
['1', '2', '3', '4', '5', '6', '7']
>>> list1[:]
['1', '2', '3', '4', '5', '6', '7']
```

利用分片操作获取下标 1 到下标 5 的所有元素。

```
>>> list1 = ['1', '2', '3', '4', '5', '6', '7']
>>> list1[1:6]
['2', '3', '4', '5', '6']
```

利用分片操作获取下标 1 之后的所有元素。

```
>>> list1[1:]
['2', '3', '4', '5', '6', '7']
```

利用分片操作获取下标 6 之前（不包括 6）的所有元素。

```
>>> list1[:6]
['1', '2', '3', '4', '5', '6']
```

利用分片操作获取下标 1 到下标 5 之间步长为 2 的所有元素。

```
>>> list1[1:6:2]
['2', '4', '6']
```

利用分片操作获取列表的逆序。

```
>>> list1[::-1]
['7', '6', '5', '4', '3', '2', '1']
```

利用分片操作获取下标 5 到下标 1 之间步长为 2 的所有元素。

```
>>> list1[5:0:-2]
['6', '4', '2']
```

2.1.2 元组

元组是一个用圆括号括起来，使用逗号分隔元素的 Python 对象。如果需要保存一些常量，并且需要对这些常量进行反复的保存操作，由于元组比列表操作速度快，那么元组是较好的选择。元组和列表最大的区别是元组不可以修改内容，元组中存储的元素都是不可变的，所以元组可以用来作字典的键（key），而列表不能。

1. 创建元组

元组与列表直观上比较直观的差异就是由方括号改为了圆括号，但是圆括号并不是必需的。定义的元组中不可以存储变量，否则会报错。

```
>>>tuple1 = ('physics', 'chemistry', 1997, 2000)
>>>tuple1
('physics', 'chemistry', 1997, 2000)
>>> tuple2 = (1, 2, 3, 4, 5 )
>>>tuple2
(1, 2, 3, 4, 5)
>>>tuple3 = "a", "b", "c", "d"
>>>tuple3
('a', 'b', 'c', 'd')
```

若只想创建包含一个元素的元组，则必需在元素后面添加逗号，否则创建的将不是元组。

```
>>>tuple4 =(1)
>>>tuple4
1
>>>tuple5 = ([1,2,3])
>>>tuple5
[1, 2, 3]
```

2. 访问元组

元组可以使用下标索引来访问元组中的值。

```
>>>tup1 = ('physics', 'chemistry', 1997, 2000);
>>>tup2 = (1, 2, 3, 4, 5, 6, 7 );
>>>tup1[3]
2000
>>>tup2[1:5]
(2, 3, 4, 5)
```

3. 删除元组

如果该元组在之后的程序中不会再使用，为了节约内存，可以使用 del 进行删除。

```
>>> a = (1, 2, 3, 4, 5)
>>> del a
>>> a
Traceback (most recent call last):
   File "<stdin>", line 1, in <module>
NameError: name 'a' is not defined
```

4. 查找元组中的元素

index()可以查找指定元素在列表中第一次出现的下标，如果指定元素不存在则报错。

```
>>>tuple2 = (1, 2, 3)
>>>tuple2
(1,2,3)
>>>tuple2. index(1)
0
```

count( )可以计算指定元素在列表中的出现次数。

```
>>>tuple2. count(2)
1
```

5. 修改元组

元组内的元素是不能直接修改的，如果进行修改则会报错。

```
>>>tuple2[1] = 3
Traceback (most recent call last):
    File "<stdin>", line 1, in <module>
TypeError: 'tuple' object does not support item assignment
```

如果想修改元组内的元素，可以通过切片操作获取元组内一部分元素，然后重新赋值给同名的元组就可以间接地实现修改元组。

```
>>>tuple2 = tuple2[0:2]
>>>tuple2
(1, 2)
```

6. 内置函数

Python 元组包含了以下内置函数：

1) len(tuple)：计算元组元素个数。

2) max(tuple)：返回元组中元素最大值。

3) min(tuple)：返回元组中元素最小值。

4) tuple(seq)：将列表转换为元组。

```
>>>tuple2 = (1,2,3,5,6)
>>>len(tuple2)
5
>>>max(tuple2)
6
>>>min(tuple2)
1
>>> tuple([1,2,3,4,5,6])
(1, 2, 3, 4, 5, 6)
```

2.1.3 集合

集合是一个无序的不重复元素序列，集合中的元素具有唯一性、稳定性和无序性。唯一性的含义为集合内不存在重复的元素；稳定性的含义为内部的元素不能是列表之类的可变对象，只能是不可变对象；无序性的含义为集合内部的元素不是顺序存储结构，因此不能通过下标直接访问。集合常用于去重和关系运算。

1. 创建集合

集合的明显标志就是花括号"{}"，通过将不可变对象用花括号括住即可实现集合创建，另外还可以用 set( )函数将可迭代对象转化为集合。

```
>>> set1 = {1, 2, 3, 4}
>>> set1
{1, 2, 3, 4}
>>> set2 = set([1, 2, 3, 4])
>>> set2
{1, 2, 3, 4}
```

2. 增加元素

使用 add( )方法，可以将不可变对象添加到集合内。

```
>>> set1. add(10)
>>> set1
{1, 2, 3, 4, 6, 10}
```

如果想增加多个元素，可以使用 update( )方法，增加的元素可以是列表、元组等可迭代对象，增加的内容是可迭代对象中的元素。

```
>>> set1. update([1,2,3],[1,2,3,4,5,6,7,8])
>>> set1
{1, 2, 3, 4, 5, 6, 7, 8, 10}
```

3. 删除元素

remove( )、discard( )、pop( )、clear( )都可以实现删除集合中的元素。remove( )可以删除指定元素，如果元素不存在则发生错误；discard( )也可以删除指定元素，如果元素不存在也不会发生报错；pop( )随机删除集合中的一个元素；clear( )清空集合。

```
>>> set1. remove(1)
>>> set1
{2, 3, 4, 5, 6, 7, 8, 10}
>>> set1. remove(1)
Traceback (most recent call last):
    File "<stdin>", line 1, in <module>
KeyError: 1
>>> set1. discard(2)
>>> set1
{3, 4, 5, 6, 7, 8, 10}
>>> set1. discard(2)
>>> set1
{3, 4, 5, 6, 7, 8, 10}
>>> set1. pop( )
3
>>> set1
{4, 5, 6, 7, 8, 10}
>>> set1. clear( )
>>> set1
set( )
```

4. 查找集合中的元素

判断元素是否在集合中存在，可以使用 in 操作符进行判断。

```
>>> set1 = {1,2,3,4,5,6}
>>> 1 in set1
```

```
True
>>> 10 in set1
False
```

5. 集合的差、并、交集

集合的一个经典用法最能体现集合的价值，那就是去除列表内重复的元素。

```
>>>a={'A','D','B'}
>>>b={'D','E','C'}
>>>a. difference(b)
{'A', 'B'}

#或者使用如下方法
>>>a-b
{'A', 'B'}

#返回 a 和 b 的并集,并集不能用 a+b 表示
>>>a. union(b)
{'A', 'B', 'C', 'D', 'E'}

#a 和 b 重复元素的集合
>>>a. intersection(b)
{'D'}
```

2.1.4　字典

字典常用于存放具有映射关系的数据。例如学生的学号和姓名，学号是学生的唯一标识，根据学号就可从学生管理系统中查询学生的姓名。但是在学生群体中重名的情况时有发生，根据姓名不一定能够确认学号，在这里学号就可以当作字典中的键（key），而姓名就可以当作值（value）。在查询操作和对象传递中常常使用字典。

1. 创建字典

字典的一个标志为 "{}"，只需将键值对用花括号 "{}" 括起来即可创建一个字典。

```
>>>dict1 = {}
>>>dict1
{}
>>>dict1 = {'001':'李明','002':'张明'}
>>>dict1
{'001': '李明', '002': '张明'}
```

2. 增加元素

想要增加元素时，只需将键放在方括号 "[ ]" 中，等号右边为对应的值即可。

```
>>>dict1['003']='赵明'
>>>dict1
{'001': '李明', '002': '张明', '003': '赵明'}
```

3. 删除元素

使用 del 即可删除键值对。

```
>>> del dict1['003']
>>>dict1
{'001': '李明', '002': '张明'}
```

4. 修改元素

想要修改键与值的对应关系时，直接重新对键进行赋值即可。

```
>>>dict1['002']='孙明'
>>>dict1
{'001': '李明', '002': '孙明'}
```

5. 查找元素

查找元素时，在字典名后的方括号"[ ]"中输入"键值"，即可返回对应的值。

```
>>>dict1['001']
'李明'
>>>dict1['002']
'孙明'
```

6. 遍历字典

字典也是一个可迭代对象，使用 for 语言即可遍历字典内的所有元素。

```
>>>dict2 = {'001':'李明','002':'张明','003':'王明'}
>>>dict2
>>>for key in dict2：
        print(key,dict2[key])
001 李明
002 张明
003 王明
```

2.2 分支与循环

程序结构可以分为顺序结构、分支结构和循环结构。顺序结构是自上而下的执行代码块；分支结构是有选择地执行部分代码块；循环结构是循环执行部分代码块。如果只用顺序结构设计程序，当然也可以设计出程序，但是程序很可能会相当地冗长，并且可读性极差，适当地选择分支和循环可以优化程序结构，加快执行速度，并且拥有比较好的可读性。

2.2.1 分支

Python 中的分支结构主要通过 if-elif-else 语句实现。一个简单的分支程序如图 2-1 所示，通过判断后可以执行不同的代码块。

if 用来判断条件以控制执行，在前面的条件不成立时，还希望继续判断条件，此时可以选择 elif 来控制执行，当前面的 if 或者 else 都为 False 时，执行对应缩进下的 else 后面的代码块。

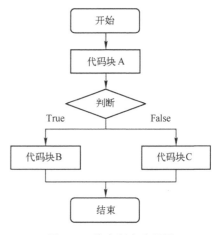

图 2-1 分支程序流程图

【例 2-1】 Python 中的条件控制分支结构。

通过嵌套 if-elif-else 语句实现针对不同输入打印不同的值，对输入数字加 50 后的值，如果小于等于 50 打印-3，如果大于 50 小于等于 125 打印-2，如果大于 125 小于等于 150 打印-1，如果大于 150 打印 0。

```
def branching1( ):
    a = input('请输入一个数字:')
    a = float( a)
    sum = 50
    sum += a
    if sum > 50:
        if sum > 150:
            sum = 0
        elif sum > 125:
            sum = -1
        else:
            sum = -2
    else:
        sum = -3
    print('sum = ',sum)
    return


if __name__ == '__main__':
    branching1( )
```

请输入一个数字:*150*

sum = 0

请输入一个数字:*80*

sum = -1

请输入一个数字:*60*

sum = -2

请输入一个数字:*0*

sum = -3

图 2-2　测试结果

多次输入不同的值测试输出结果，结果如图 2-2 所示。输入不同的值，最终 sum 将被赋予不同的值。

2.2.2 循环

Python 中的分支结构主要通过 for 或者 while 语句实现。一个简单的循环程序流程图如图 2-3 所示，在一定条件下可以执行代码块。

for 语句控制循环时，主要通过控制循环次数来控制代码块执行次数。下面通过一个寻找 100 以内素数的例 2-2 来展示 for 语句，通过 range(2,100)创建了一个范围为[2,99]的整数列表，使用 for 语句迭代遍历[2,99]就可以实现执行 98 次代码块，对每次遍历的整数进行素数判断。

【例 2-2】 通过 for 语句查找 100 以内的素数。

```
def cycle1( ):
    print('100 以内的素数有:')
    count = 0
    for i in range(2, 100):
        flg = 0
        for j in range(2, i - 1):    #
            if not (i % j):
```

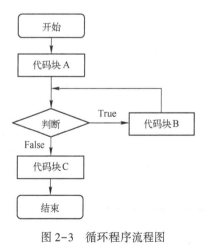

图 2-3　循环程序流程图

31

```
                    flg = 1
                    break
            if flg == 0:
                if count % 10 == 0 and count != 0:
                    print()
                print(i, end='\t')
                count += 1
        print('\n 共有%d 个质数' % count)

if __name__ == '__main__':
    cycle1()
```

查找的结果如图 2-4 所示。

while 语句控制循环时, 通过 while 语句后面的条件判断是否执行代码块。对例 2-2 进行修改, 循环的执行条件设置为 i 小于 100, 并在代码块内部对 i 加 1, 修改后的代码如例 2-3 所示。

【例 2-3】通过 while 语句查找 100 以内的素数。

```
def cycle2():
    print('100 以内的素数有:')
    i = 2
    count = 0
    while i < 100:
        flg = 0
        for j in range(2, i - 1):    #
            if not (i % j):
                flg = 1
                break
        if flg == 0:
            if count % 10 == 0 and count != 0:
                print()
            print(i, end='\t')
            count += 1
        i += 1
    print('\n 共有%d 个素数' % count)

if __name__ == '__main__':
    cycle2()
```

寻找到的素数如图 2-5 所示, 可见和图 2-4 一致。

100以内的素数有: 100以内的素数有:

2	3	5	7	11	13	17	19	23	29
31	37	41	43	47	53	59	61	67	71
73	79	83	89	97					

共有25个素数

2	3	5	7	11	13	17	19	23	29
31	37	41	43	47	53	59	61	67	71
73	79	83	89	97					

共有25个素数

图 2-4　100 以内的素数（for 语句）　　　　图 2-5　100 以内的素数（while 语句）

2.2.3　三目表达式

有时我们需要进行一些条件判断, 根据判断的结果对变量赋予不同的值, 有时判断的条件比较简单，所赋的值也比较简单，如例2-4所示，一个测试结果如图2-6所示。在C、Java等语言中存在名为三目运算符的工具，有较为简洁的实现，只需一个运算符即可实现根据条件进行赋值。不过，在Python语言中并没有三目运算符。

【例2-4】根据条件赋值。

```python
def assignment1():
    a = int(input('请输入一个数字:'))
    if a > 10:
        b = 10
    else:
        b = a
    print(b)
    return


if __name__ == '__main__':
    assignment1()
```

幸好，在Python中有三目运算符的近似实现——三目表达式。实现方法为"变量 = 值1 if 条件 else 值2"，对例2-4使用三目表达式进行改进，改进的结果如例2-5所示，测试结果如图2-7所示，与之前的结果也完全一致，可以看到核心代码由4行减少到了1行，同时也保持了比较好的可读性。

【例2-5】三目表达式。

```python
def assignment2():
    a = int(input('请输入一个数字:'))
    b = 10 if a > 10 else a
    print(b)
    return


if __name__ == '__main__':
    assignment2()
```

请输入一个数字:*8*   请输入一个数字:*11*   请输入一个数字:*8*

8   10   8

图2-6 assignment1 测试结果   图2-7 assignment2 测试结果

2.3 函数、类和模块

函数、类和模块是Python语言的重要概念。在Python语言中，除了提供丰富的内置函数外，还允许用户创建和使用自定义函数。类是面向对象程序设计的基础。模块可以将函数按功能划分到一起，以便日后使用或共享给他人。

2.3.1 函数

函数最明显的标志就是"def"，在上面的例子中，其实已经不止一次地使用了函数，在此进一步对函数进行详细说明。函数的创建和调用如例 2-6 所示，其中"实参 1，实参 2……"和"return 返回值"并不是必需的，如果没有返回值，函数会有一个默认的返回值 None。函数中形参中只代表一个位置，而调用函数时的实参才是真正传给函数的值。

【例 2-6】 函数。

```
def 函数名(形参 1, 形参 2……):
    函数体
    return 返回值


变量 = 函数名(实参 1, 实参 2……)
```

下面详细地介绍参数，Python 中的参数可以分为位置参数、关键字参数、默认参数和收集参数。

1）位置参数的形式如例 2-7 所示，形参和实参的位置一一对应，这是一个比较简单的例子，仅有 2 个参数，但是如果有 20 个参数，则实参很容易记错位置，可能会得到一个糟糕的结果。

【例 2-7】 位置参数。

```
def minus1(a, b):
    return a - b


if __name__ == '__main__':
    minus1(10, 5)   #输出 5
```

2）关键字参数是在实参中使用的参数名，这个参数名和形参的参数名是一样的，用来将实参和形参一一对应，即使实参顺序和形参顺序不一样，也可以有预想的效果，如例 2-8 所示。

【例 2-8】 关键字参数。

```
def minus2(a, b):
    return a - b


if __name__ == '__main__':
    print(minus2(b=10, a=5))   #输出-5
```

3）默认参数是在函数定义时就给参数赋值的参数，在调用的时候默认参数不是必需赋值的，如例 2-9 所示。必需要说明的是，在函数定义时，所有位置参数必需出现在默认参数前，否则就会报错。

【例 2-9】 默认参数。

```
def minus3(a, b, c=10):
    return a - b - c


if __name__ == '__main__':
    print(minus3(20, b=10))    #输出 0
```

4）收集参数也被称为可变参数。如果需要对很多整数求和，但是每次调用时整数的数量并不是固定的，虽然可以用列表、元组、集合或者集合中的一个储存整数，但是 Python 提供了更好的选择，那就是收集参数。例 2-10 为两种收集参数的定义和调用，其中实参为"＊args"的收集参数收集的是位置参数，参为"＊＊kargs"的收集参数收集的是关键字参数。

【例 2-10】收集参数。

```
def add1( * args):
    print('add1( )调用')
    print(args)
    sum = 0
    for i in args:
        sum += i
    return sum


def add2( ** kargs):
    print('add2( )调用')
    sum = 0
    print(kargs. keys( ))
    print(kargs. values( ))
    for i inkargs. values( ):
        sum += i
    return sum


if __name__ == '__main__':
    # print(minus1(10, 5))
    # print(minus3(20, b=10))
    print(add1(1, 2, 2, 100))                   #输出 105
    print(add2(a=1, b=2, c=2, d=100))           #输出 105
```

到此已经介绍完位置参数、关键字参数、默认参数和收集参数了，在此详细说明各种参数定义和调用时的顺序：首先为位置参数，之后是默认参数，然后是关键字参数最后是两种收集参数，收集位置参数的收集参数，收集关键字参数的收集参数。

2.3.2 类

说到类，就不能不提到对象，对象是什么呢？世界上的每一种事物都可以称之为对象，都有特征和行为，比如风，风有速度，可以将落叶吹起；比如猫，猫有颜色，可以喵喵叫；比如记忆，记忆有发生的时间，可以引起人的喜怒哀乐。那么类和对象的关系是什么呢？类是对象的抽象，对象是类的实例。举一个通俗的例子，类可以比作房屋的框架，框架限制了房屋的大小和屋顶的高度；类的实例化类比为对房屋进行装修，不同的人可以在框架的限制下装修出不同的风格。

类的定义和实例化方式如例 2-11 所示，其中的类中定义的变量被称为属性（对应事物的特征），类中定义的函数被称为方法（对应事物的行为）。

【例 2-11】类的定义和实例化。

```
class 类名:
    变量名 1 = 值 1
```

```
        变量名 2 = 值 2
        ……


    def 函数名 1(变量 1, 变量 2,……):
        函数体
        return 返回值

    def 函数名 2(变量 1, 变量 2,……):
        函数体
        return 返回值
    ……


if __name__ == '__main__':
    对象 = 类()
```

　　下面定义一只会说话的猫，如例 2-12 所示，会发现所有的方法都有一个参数名为 self，如果学过 C++和 Java，那么一定了解 this，这里的 self 和 C++或 Java 中 this 的功能基本一致。Python 参数中的 this 是用来将对象自身的引用作为第一个参数传递给方法，这样使得在方法中可以区分方法内定义的变量和对象内定义的属性，在使用函数内定义的变量前面没有 self，而使用对象的属性必需在前面加 self，同时在调用方法时并不需要为 self 参数赋值。

　　了解了 self 参数，此时会有一个疑惑，为什么第一个方法名为 "__init__" 呢？它其实对应于 C++称为构造函数，对应于 Java 中称为构造方法，在 Python 中也称之为构造方法，主要用于对象的初始化。这个方法在类实例化一个对象时会自动调用。下面 Cat('蓝', 'Tom') 中的 '蓝'和'Tom' 就是创建对象时传递给了构造方法__init__的形参 color 和 name。在类中并没有直接定义 color 和 name，在构造函数中可以直接对其赋值，这时在类的其他位置也可以直接对其进行调用。

　　此时疑惑并没有完全消除，因为在属性 color 的定义和使用时在前面都有两个 "_"，这个是私有的标志，在属性和方法前添加两个 "_" 时该属性和方法就为私有属性和私有方法，私有属性和私有方法只能在类内进行调用，如果用对象 . 私有属性或对象 . 私有方法直接调用就会报错。在实际的应用程序中，对象的某些属性或方法只希望在对象内部使用，如果外部进行调用的话，有可能会修改某些属性从而引发 bug，所以使用私有属性和私有方法让一些属性和方法隐藏起来是很有必要的。

　　例 2-12 运行的结果如图 2-8 所示，实例化了一个 tomcat 对象后，调用了 speak() 方法后 tomcat 说了一段话，调用 tomcat 中的属性 name 后输出了 tomcat 实例化时赋予的 name 值，但是调用属性__color 时却报错了，验证了私有对象不能直接调用。

　　【例 2-12】会说话的猫。

```
class Cat：

    def __init__(self, color, name)：
        self.__color = color
        self.name = name

    def speak(self)：
```

```
                print('我是一只' + str(self. __color) + '色的小猫,他们叫我' + str(self. name) + ',喵喵喵~~~')


if __name__ == '__main__':
    tomcat = Cat('蓝', 'Tom')
    tomcat. speak( )
    print( tomcat. name )
    print( tomcat. __color)
```

```
我是一只蓝色的小猫, 他们叫我Tom, 喵喵喵~~~
Tom
Traceback (most recent call last):
  File "C:/Users/llh/PycharmProjects/example_in_book/2.3.py", line 67, in <module>
    print(tomcat.__color)
AttributeError: 'Cat' object has no attribute '__color'
```

图 2-8　测试运行结果

2.3.3　模块

前面已经介绍了数据结构、函数和类,通过这些知识就可以构建程序了,那么程序是什么呢? 程序就是模块,编写的每个 . py 文件就是一个个模块。将例 2-12 的程序去掉 print(tomcat. name)和 print(tomcat. __color),然后保存为名为 Cat. py 的文件。在该文件的目录下打开命令行进行测试。

下面是调用的测试,导入模块的方法为 "import 模块名",使用模块中的类时,需要指明这个类是这个模块的,用 "模块名 . 类" 的方式使用,如果使用模块中的变量或函数时也需要用 "模块 . 变量/模块 . 函数( )" 的方式使用,否则就会报错。

```
>>> import animal
>>> Cat( )
Traceback (most recent call last):
  File "<stdin>", line 1, in <module>
NameError: name 'Cat' is not defined
>>> tomcat = animal. Cat( )
Traceback (most recent call last):
  File "<stdin>", line 1, in <module>
TypeError: __init__( ) missing 2 required positional arguments: 'color' and 'name'
>>> tomcat = animal. Cat('蓝', 'Tom')
>>> tomcat. speak( )
我是一只蓝色的小猫,他们叫我 Tom,喵喵喵~~~
```

导入模块的方法不仅有 "import 模块名",还有其他更灵活的方式,如下所示。比较推荐 "import animal as aml" 这种引用方法,在引用模块时为其取一个别名,这样可以减小冲突,并且可以在保持较好的可读性的同时,使程序更简洁。

```
>>>from animal import Cat
>>> import animal as aml
```

还有最后一点需要说明, "if __name__ == '__main__'" 在前面的代码中反复提及,但是没有详细说明。其实在引用模块的时候，会从上到下执行一次模块中所有的代码，执行到"if __name__ == '__main__'"时，会判断__name__是否为"__main__"，如果不等于就不会执行函数体。通过"if __name__ == '__main__'"可以判断当前的程序段是否为调用的模块，如果不等于"__main__"则判断当前的程序段为调用的模块，不需要执行"if __name__ == '__main__'"后的函数体。在下面的测试中，可以看到 animal. __name__ 为 'animal'，而当前的环境的__name__为'__main__'，所以在执行 import animal 时并不会执行 animal. py 内部的"if __name__ == '__main__'"后的函数体；而直接使用"Python animal. py"执行时，__name__ 会变为'__main__'，此时就会执行"if __name__ == '__main__'"后的函数体，输出"我是一只蓝色的小猫，他们叫我 Tom，喵喵喵～～～"。

```
>>> import animal
>>> animal. __name__
'animal'
>>> __name__
'__main__'
>>> exit( )
PS C:\Users\llh\PycharmProjects\example_in_book> Python animal. py
我是一只蓝色的小猫,他们叫我 Tom,喵喵喵～～～
PS C:\Users\llh\PycharmProjects\example_in_book>
```

2.4 Python 语言与其他语言比较

首先介绍不同类型语言的区别。强类型语言一经定义如果不经过类型转换则永远为定义时的数据类型；弱类型语言则可以根据操作自动进行类型转换。静态编程语言需要在使用变量前声明变量的数据类型；而动态编程语言则根据赋值自动选择类型。编译型语言需要将程序整体翻译为机器码，经过编译和链接这两个步骤生成可执行的机器码并保存下来，然后计算机执行机器码；而解释型语言是在执行程序时直接将程序翻译为机器码并执行，不保存机器码。

Python 与同样热门的 C/C++和 Java 一样都是强类型语言，具有类型安全性；不同的是 Python 为动态编程语言，C/C++和 Java 为静态编程语言。由于动态语言的特性，Python 在变量赋值时不需要考虑类型，使得学习成本更低，程序也更为简短，但是存在可读性较差的缺点。如果显示一段数字，使用整型或者字符串保存这段数字均可，但是当后期需要对其进行功能扩充时，如果相关文档没有具体说明，则需要重新阅读代码判断类型，这是一件非常让人头疼的事；而强类型的 C/C++和 Java 则无需考虑这个问题，因为 C/C++和 Java 在声明这段数字时就规定了这段数字的类型，在后面功能扩充时直接查看定义的类型即可。因此在构建一些大型项目时，常常优先考虑 C/C++和 Java，而在编写一些小工具、小脚本时选择 Python 更适合。

Python 和 C/C++另一个显著的不同是 Python 为解释型语言，每次执行 Python 程序时都需要翻译为机器码，所以 Python 的执行效率远低于 C/C++。虽然 Java 也为解释型语言，但是 Java 存在一个编译为字节码的过程，由于字节码较高级程序语言离机器码更近，因此 Python 在执行效率上也低于 Java。但是由于解释型语言 Python 只依赖解释器，所以只需使用为 Python 针对特定平台开发的特定解释器就可以实现一次编写、处处运行，与编译型语言 C/C++相比更容易部署，可以在不同机器上更方便地运行。

习题和作业

1. 输出所有 100 以内的素数，素数之间以空格区分。
2. 对于字符串 a = '12345'，输出字符串奇数位置的字符串。
3. 将二维结构[['x',1],['y',2],['z',3],['w',4]]转成字典。
4. 将列表['a','b','c','d']和[1,2,3,4]转成[('a',1),('b',2),('c',3),('d',4)]的形式。
5. 创建一个字典 dict1 = {'a':1,'b':5,'c':3}。
1）遍历字典 dict1，打印键值对。
2）删除字典 dict1 中的 a 键。
3）清空字典 dict1。
6. 实现自然数 n 的阶乘。例如：5! +4! +3! +2! +1!。
7. 定义列表：

list1 = ['life','is','short']，list2 = ['you','need','Python']

实现以下功能：

1）输出 Python 及其下标。
2）在 list2 后追加 '!'，在 'short' 后添加 ','。
3）将两个字符串合并后，排序并输出其长度。
4）将 'Python' 改为 'Python 3'。
5）移除之前添加的 '!' 和 ','。
8. 创建一个空列表，命名为 names。
1）往里面添加 old_driver，rain，jack，shanshan，peiqi，black_girl 元素。
2）往 names 列表里 black_girl 前面插入一个 alex。
3）把 shanshan 的名字改成中文"姗姗"。
4）往 names 列表里 rain 的后面插入一个子列表，["oldboy","oldgirl"]。
5）返回 peiqi 的索引值。
9. 创建一个 0 到 100 的一维列表 list1。
1）将列表 list1 中元素反转为 100 到 0 的一维列表 list2。
2）给出列表 list2 中元素 98 的索引号。
3）从列表 list1 中删除元素 50。
4）从列表 list1 中删除序列号为 10 的元素。
5）删除列表 list2 中索引号为奇数的元素。
6）清空列表 list1 中所有元素。

第 3 章　Python 科学计算

当今社会进入大数据时代，数据复杂且庞大，而人们对于数据处理的要求也越来越高。数据分析中利用 Python 可以很好地解决数据处理速度慢、运行时间长等问题。本章主要通过实例讲述了 Python 的基本数据运算；而在处理数组和向量问题时仅使用 Python 进行编程代码量多，此时 NumPy 应运而生，NumPy 包含库函数和操作，读者可以轻松对数据计算；但也存在 NumPy 无法解决的问题，又出现了 Scipy，Scipy 不仅可以对数据进行统计、插值、拟合和快速傅里叶变换等，还可以对图像进行旋转、高斯滤波、边缘锐化处理、中值滤波等。

本章学习目标

❖ 掌握 Python 语言的基本计算
❖ 掌握 NumPy 包的数组操作、矩阵运算
❖ 掌握 Scipy 包的常用功能
❖ 了解图像处理的一些基本操作

3.1　Python 基本计算

本节主要通过实例讲述 Python 基本计算，其中包括算术运算、比较运算、赋值运算、逻辑运算和成员运算符。

3.1.1　算术运算

"+"表示两个对象相加，不仅可以应用于数值之间的相加，也可以应用于两个字符串的拼接。

```
>>> 1010 + 1011
2021
>>> 10.1 + 10.11
20.21
>>> 20 + 0.21
20.21
>>> 'hello ' + 'Python'
'hello Python'
```

"–"表示一个数值减另一个数值。

```
>>> 2048 - 27
2021
>>> 2048.5 - -48
2096.5
>>> 2020 - -1
2021
```

"＊"表示两个数值相乘或者返回一个被重复若干次可迭代对象，"＊"不仅可以作用于数值也可以作用于列表和字符串等。

```
>>> 50 * 40
2000
>>> 5 * '2021'
'20212021202120212021'
>>> 5 * [2020, 2021]
[2020, 2021, 2020, 2021, 2020, 2021, 2020, 2021, 2020, 2021]
```

"/"表示两个数值的除法，注意，通过"/"得到的是一个浮点数。

```
>>> 2020 / 5
404.0
>>> 2020 / 6
336.6666666666667
```

"//"表示两个数值的取整除，通过"//"得到的为向下取整的整数。

```
>>> 2020 // 5
404
>>> 2020 // 6
336
```

"%"是取余操作符。

```
>>> 2020 % 5
0
>>> 2020 % 6
4
```

"**"是幂运算操作符。

```
>>> 50 ** 4
6250000
>>> 50 ** 0.4
4.781762498950186
>>> 50 ** -0.4
0.20912791051825463
>>> 50 ** 0
1
```

3.1.2 比较运算

比较运算（或者称为关系运算）是对常量、变量或者表达式结果比较大小，返回结果分为 True 和 False。Python 中常用的比较运算符如表 3-1 所示。

表 3-1 Python 中的比较运算符

运 算 符	描 述	例 子
==	等于比较运算符	（10 == 10），返回 True
!=	不等于比较运算符	（10 != 10），返回 False
<>	不等于比较运算符	（10 <> 10），返回 False
>	大于比较运算符	（10 > 10），返回 False
<	小于比较运算符	（10 < 10），返回 False
>=	大于等于比较运算符	（10 >= 10），返回 True
<=	小于等于比较运算符	（10 <= 10），返回 True

3.1.3 赋值运算

赋值运算用于变量的赋值以及数值计算，Python 中常用的赋值运算符如表 3-2 所示。

表 3-2　Python 中的赋值运算符

运　算　符	描　　述	例　　子
=	赋值运算符	A = B + C
+=	加法赋值运算符	A += B 等价于 A = A + B
-=	减法赋值运算符	A -= B 等价于 A = A - B
*=	乘法赋值运算符	A *= B 等价于 A = A * B
/=	除法赋值运算符	A /= B 等价于 A = A / B
//=	取整除赋值运算符	A //= B 等价于 A = A // B
%=	取模赋值运算符	A %= B 等价于 A = A % B
**=	幂赋值运算符	A **= B 等价于 A = A ** B

3.1.4 逻辑运算

在逻辑运算中 p、q 为两个命题。如果 p 是真命题，q 是假命题，则"命题 p 或 q 是真命题"，"命题 p 且 q 是假命题"。Python 中常用的逻辑运算符如表 3-3 所示。

表 3-3　Python 中的逻辑运算符

运算符	描　　述	基本格式	说　　明
and	逻辑与运算	a and b	当 a 和 b 两个表达式都为真时，a and b 的结果才为真，否则为假
or	逻辑或运算	a or b	当 a 和 b 两个表达式都为假时，a or b 的结果才是假，否则为真
not	逻辑非运算	not a	如果 a 为真，那么 not a 的结果为假；如果 a 为假，那么 not a 的结果为真。相当于对 a 取反

3.1.5 成员运算符

成员运算符用于查看对象是否包含在给出的范围内，返回值是 True 和 False。Python 中常用的成员运算符如表 3-4 所示。

表 3-4　Python 中的成员运算符

运　算　符	描　　述	例　　子
in	如果在可迭代对象中找到，返回 True，否则返回 False	1 in [1, 2, 3]，返回 True
not in	如果在可迭代对象中没有找到，返回 True，否则返回 False	1 not in [2, 3, 4]，返回 True

3.1.6 计算实例

现在有一个求"鞍点"的数学问题，鞍点指的是该位置上的值在该行上最大、在该列上最小。现要求编写一段程序，输入一个整数 n，再输入 n * n 个数去按行填充矩阵，输出矩阵中"鞍点"的坐标。下方为一个实现样例，当然实现的思路不止一种，也可以按照自己的思路编写程序。

【例3-1】求"鞍点"的数学问题。

```python
n = int(input())
a = []
for i in range(n):
    a.append(list(map(int, input().split())))
max_index_list = []
for i in range(n):
    for j in range(n):
        if a[i][j] == max(a[i]):
            max_index_list.append([i,j])
t = False
for i in max_index_list:
    temp = a[0][i[1]]
    for j in range(n):
        if temp > a[j][i[1]]:
            temp = a[j][i[1]]
    if temp == a[i[0]][i[1]]:
        print(i[0], i[1])
        t = True
if t == False:
    print("NONE")
```

输入一个测试样例试一下。

```
Input:
4
1 2 5 4
6 3 7 1
5 7 8 6
8 6 9 9
Output:
0 2
```

虽然实现了求"鞍点"坐标,但是实现起来感觉有一些麻烦,那么有没有更好的实现方法了呢?下面给出了一个代码量更少的实现样例。

【例3-2】代码量更少的求"鞍点"的方法。

```python
import numpy as np

n = int(input())
a = []
for i in range(n):
    a.append(list(map(int, input().split())))
a = np.array(a)
t = False
max_columIndex = a.argmax(axis=1)
for row, col in enumerate(max_columIndex):
    if row == a[:,col].argmin():
        print(row,col)
        t = True
if t == False:
    print("NONE")
```

输入一个测试样例试一下。

```
Input:
4
1 2 5 4
6 3 7 1
5 7 8 6
8 6 9 9
Output:
0 2
```

这时候读者可能发现了一些端倪,在程序开始时导入了一个名为"numpy"的包,这个"numpy"包就是 NumPy。在求每行最大值和最小值的下标时,直接调用 NumPy 对象中的方法就可以实现了,当然 NumPy 的功能不仅仅有求最大值和最小值的横纵坐标,它拥有极强的科学计算功能,更多的功能将在下一节进行讲解。

3.2 利用 NumPy 科学计算

NumPy(Numerical Python)是 Python 语言的一个扩展程序库,主要用于对多维数组执行计算。NumPy 提供了大量的库函数和操作,可以轻松进行数值计算。NumPy 的前身 Numeric 最早是由 Jim Hugunin 与其他协作者共同开发,2005 年,Travis Oliphant 在 Numeric 中结合了另一个同性质的程序库 Numarray 的特色,并加入了其他扩展而开发了 NumPy。

NumPy 由 C++语言编写而成,可以通过 Python 进行调用,这样既拥有较高的计算性能,也拥有较好的易用性。本节将会介绍 NumPy 中的重要功能和相关编程实例。

3.2.1 多维数组

NumPy 提供了一个 N 维数组对象 ndarray,它是一系列相同类型数据的集合,以 0 为下标开始进行集合中元素的索引。ndarray 是用于存放同类元素的多维数组,每个元素在内存中都有相同存储大小的区域。

1. 创建数组

下面展示了创建数组的几种不同方法。最基本的方式是将序列传递给 NumPy 的 array()函数,除此之外 arange()可以根据输入的整数创建相应长度的数组。

```
>>>ndarray1 = np. array([0,1,2,3,4,5,6,7])
>>>ndarray2 = np. array((0,1,2,3,4,5,6,7))
>>>ndarray3 = np. arange(8)
>>> print(ndarray1)
[0 1 2 3 4 5 6 7]
>>> print(ndarray2)
[0 1 2 3 4 5 6 7]
>>> print(ndarray3)
[0 1 2 3 4 5 6 7]
```

上面展示的是创建一个 1 维数组,NumPy 对数组的支持非常强大,3 维数组、4 维数组甚至 5 维数组都可以创建,只需要传递给 NumPy 对应维度的列表即可。

```
>>>ndarray4 = np. array([[1, 2, 3, 4],[2, 3, 4, 1],[3, 4, 1, 2],[4, 1, 2, 3]])
>>> print(ndarray4)
[[1 2 3 4]
[2 3 4 1]
[3 4 1 2]
[4 1 2 3]]
```

2. 创建多种类型的多维矩阵

有时候需要使用一些具有特殊性质的数组，如全 1 矩阵（ones）、零矩阵（zeros）、单位矩阵（eye）、对角矩阵（diag）、随机矩阵（random）。NumPy 也提供了直接创建的方法，代码如下：

```
>>> ones1 = np. ones((3, 2))
>>> ones1
array([[ 1. ,   1. ],
       [ 1. ,   1. ],
       [ 1. ,   1. ]])
>>> zeros1 = np. zeros((3, 2))
>>> zeros1
array([[0. , 0. ],
       [0. , 0. ],
       [0. , 0. ]])
>>> eye1 = np. eye(3)
>>> eye1
array([[ 1. ,   0. ,   0. ],
       [ 0. ,   1. ,   0. ],
       [ 0. ,   0. ,   1. ]])
>>> diag1 = np. diag([1, 2, 3])
>>> diag1
array([[1, 0, 0],
       [0, 2, 0],
       [0, 0, 3]])
>>> rand1 = np. random. randint(0, 100, (3, 3))
>>> rand1
array([[91, 70, 34],
       [58,  4, 15],
       [58, 67,  3]])
```

3. 创建空的多维数组

在很多时候，一开始并不清楚多维数组有多少行，这就需要先创建一个空的多维数组，然后再向其中插入数据。创建空矩阵的方法代码如下：

```
>>> empty_m = np. empty(shape=[0, 4])
>>> empty_m
array([], shape=(0, 4), dtype=float64)
```

3.2.2 广播特性

广播是指不同形状的矩阵之间，借助维度相容性从而便捷地进行数值计算的一类特性。最简单的广播特性体现在张量和标量的广播计算上。对于张量和标量的简单四则运算以及赋值运算，会先将标量扩充到与张量相同的尺寸，从而通过 NumPy 内部高度优化的代码完成计算任务，提升程序的效率。

```
>>>ndarray4
array([[1, 2, 3, 4],
       [2, 3, 4, 1],
       [3, 4, 1, 2],
       [4, 1, 2, 3]])
>>>ndarray4 = ndarray4 + 5
>>>ndarray4
array([[6, 7, 8, 9],
       [7, 8, 9, 6],
       [8, 9, 6, 7],
       [9, 6, 7, 8]])
>>>ndarray4 = ndarray4 - 5
>>>ndarray4
array([[1, 2, 3, 4],
       [2, 3, 4, 1],
       [3, 4, 1, 2],
       [4, 1, 2, 3]])
>>>ndarray4 = ndarray4 * 5
>>>ndarray4
array([[ 5, 10, 15, 20],
       [10, 15, 20,  5],
       [15, 20,  5, 10],
       [20,  5, 10, 15]])
>>>ndarray4 = ndarray4 / 5
>>>ndarray4
array([[ 1.,  2.,  3.,  4.],
       [ 2.,  3.,  4.,  1.],
       [ 3.,  4.,  1.,  2.],
       [ 4.,  1.,  2.,  3.]])
```

简单的广播操作能够避免显示循环的时间消耗，从而快速完成所需操作。NumPy 所提供的广播操作不仅能够对矩阵和张量进行自动广播，而且对于形状相适应的张量和矩阵之间，也能自动广播。广播的原则为：如果两个数组的后缘维度（即从末尾开始算起的维度）的轴长相符或其中一方的长度为 1，则认为它们是广播兼容的，广播会在缺失和（或）长度为 1 的轴上进行。

```
>>>ndarray4
array([[ 1.,  2.,  3.,  4.],
       [ 4.,  6.,  8.,  2.],
       [ 9., 12.,  3.,  6.],
       [16.,  4.,  8., 12.]])
>>>ndarray4 = ndarray4 * [1, 2, 3, 4]
>>>ndarray4
array([[ 1.,  4.,  9., 16.],
       [ 4., 12., 24.,  8.],
       [ 9., 24.,  9., 24.],
       [16.,  8., 24., 48.]])
```

在上面的程序片段中 ndarray4 的形状为(4,4)，[[1],[2],[3],[4]]的形状为(4,1)，从最后一位维度开始比较，[[1],[2],[3],[4]]最后一位维度为 1；比较倒数第二维的维度，都为 4；比较完毕，符合要求可以进行广播。[1,2,3,4]的形状为(4,)，其可以看作形状为(1,4)的矩阵，[1,2,3,4]最后一位维度为 4 与 ndarray4 的最后一位维度 4 相同；比较倒数第二维的维度，ndarray4 的维度为 1；比较完毕，符合要求可以进行广播。

3.2.3 遍历轴

在 NumPy 中有一个重要的参数 axis 轴参数，用于表示需要指定遍历的坐标轴。通过设置 axis 能够在许多 NumPy 对应的方法中按照指定的轴进行高效遍历，简化了代码，增加了可读性。

下面是一个求三维数组不同轴最大值的例子。

```
>>> a = np.random.randint(0, 10, size=(3, 4, 5))
>>> a
array([[[3, 7, 5, 6, 7],
        [2, 3, 6, 8, 0],
        [5, 6, 2, 3, 5],
        [6, 9, 6, 0, 0]],

       [[0, 2, 6, 5, 7],
        [9, 3, 5, 5, 6],
        [7, 3, 8, 9, 2],
        [1, 4, 0, 1, 3]],

       [[9, 2, 9, 5, 1],
        [6, 1, 1, 7, 4],
        [2, 1, 2, 4, 6],
        [6, 1, 4, 0, 6]]])
>>> np.max(a, axis=0)
array([[9, 7, 9, 6, 7],
       [9, 3, 6, 8, 6],
       [7, 6, 8, 9, 6],
       [6, 9, 6, 1, 6]])
>>> np.max(a, axis=1)
array([[6, 9, 6, 8, 7],
       [9, 4, 8, 9, 7],
       [9, 2, 9, 7, 6]])
>>> np.max(a, axis=2)
array([[7, 8, 6, 9],
       [7, 9, 9, 4],
       [9, 7, 6, 6]])
```

在例子中，首先创建了一个形状为(3,4,5)的 3 维数组，3 个维度可以理解为通道、行和列，通道、行、和列的方向就是轴 0、轴 1 和轴 2 的方向，遍历轴的方向如图 3-1 所示。求轴 0 的最大值，可以理解为将 3 维数组沿着轴 0 的方向投影，求投影重合的 3 个值中的最大值。

3.2.4 数组操作

在介绍了 NumPy 的很多特性之后，在这里进一步介绍 NumPy 更多基本操作，和 Python 中的 list、tuple 和 set 等数据结构一样，NumPy 的操作可以分为增删改查几种，接下来进行逐个介绍。

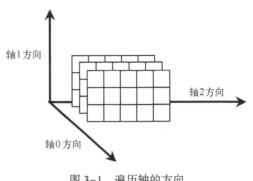

图 3-1　遍历轴的方向

1. 增加

数组的增加，分为按照水平方向增加元素和按照垂直方向增加元素。水平方向增加元素使用 np. hstack（array1，array2），垂直方向增加元素使用 np. vstack（array1，array2），其中 array1 和 array2 分别为原始数组和想要增加的内容。

```
>>> a = np. array([[1,2,3],[4,5,6]])
array([[1, 2, 3],
       [4, 5, 6]])
>>> b = np. array([[7,8,9],[1,2,3]])
>>> b
array([[7, 8, 9],
       [1, 2, 3]])
>>> np. hstack((a,b))
array([[1, 2, 3, 7, 8, 9],
       [4, 5, 6, 1, 2, 3]])
>>> np. vstack((a,b))
array([[1, 2, 3],
       [4, 5, 6],
       [7, 8, 9],
       [1, 2, 3]])
```

2. 删除

NumPy 中数组的删除操作只能删除指定行或者指定列，主要通过 np. delete（array，obj，axis）实现，其中 array 为需要删除内容的数组，obj 为需要删除的位置，如某行或某列，axis 为指定的轴。

```
>>> a = np. array([[1,2,3,4],[4,5,6,7],[7,8,9,0]])
>>> a
array([[1, 2, 3, 4],
       [4, 5, 6, 7],
       [7, 8, 9, 0]])
>>> a1 = np. delete(a, 1, axis=0)
>>> a1
array([[1, 2, 3, 4],
       [7, 8, 9, 0]])
>>> a2 = np. delete(a, 0, axis=1)
>>> a2
array([[2, 3, 4],
       [5, 6, 7],
       [8, 9, 0]])
```

3. 修改

NumPy 中数组的修改主要为元素的修改和形状的修改，元素的修改直接替换指定下标的内容就可以实现，数组形状修改的方式则较多。将多维数组转化为一维数组可以使用 np. ravel（）。将数组按照指定的形状进行更改常常使用 np. reshape（），如果指定形状的容量大于或小于数组容量则会报错。使用 np. resize( ) 也可以达到 np. reshape( ) 相同的效果，np. resize( ) 在修改形状时，如果指定形状的容量大于数组的容量时会补充，会复制原数组的内容进行填充，如果指定形状的容量小于数组的容量时会丢弃多余内容，但是为什么常常使用 np. reshape( ) 呢？因为在使用 np. resize( ) 指定的形状不是想要的形状时也不会报错，会在程序中隐含 bug，并且很难找到。需要数组转置时则使用 np. transpose( )。

```
>>> a = np. array([[1,2,3,4,5],[5,6,7,8,9]])
>>> a1 = np. ravel(a)
>>> a1
array([1, 2, 3, 4, 5, 5, 6, 7, 8, 9])
>>> a2 = np. reshape(a,(5,2))
>>> a2
array([[1, 2],
       [3, 4],
       [5, 5],
       [6, 7],
       [8, 9]])
>>> a3 = np. resize(a,(5,2))
>>> a3
array([[1, 2],
       [3, 4],
       [5, 5],
       [6, 7],
       [8, 9]])
>>> a4 = np. resize(a,(2,6))
>>> a4
array([[1, 2, 3, 4, 5, 5],
       [6, 7, 8, 9, 1, 2]])
>>> a5 = np. resize(a, (2,4))
>>> a5
array([[1, 2, 3, 4],
       [5, 5, 6, 7]])
>>> a6 = np. transpose(a)
>>> a6
array([[1, 5],
       [2, 6],
       [3, 7],
       [4, 8],
       [5, 9]])
```

4. 查询

数组中元素的查询为获取指定元素的坐标，如果数组为多维数组则获取的是将数组转化为一维数据后的坐标，或者返回和原数组具有相同结构的布尔型数组。

np. argmax( ) 和 np. argmin( ) 可以用来查找数组中第一个最大值和第一个最小值的坐标。

```
>>> a = np. array([[1,2,3],[1,2,3]])
>>> max_index = np. argmax(a)
>>> max_index
2
>>> min_index = np. argmin(a)
>>> min_index
0
```

可以使用逻辑表达式查找符合条件的元素，返回结果为一个和原数组具有相同结构的布尔型数组。

```
>>> a = np. array([[1,2,3],[1,2,3]])
>>> (a>1)&(a<3)
array([[False,  True, False],
       [False,  True, False]])
>>> (a==1)|(a==3)
array([[ True, False,  True],
       [ True, False,  True]])
```

np. where( )可以按照指定的逻辑表达式查找符合条件的坐标，返回的坐标为一个元组，元组第一个元素为符合条件的坐标的第一位，元组第二个元素为符合条件的坐标的第二位，以此类推；如果 np. where( )为 3 个参数时，第三个参数代表为不符合条件的元素所做的修改，第二个参数代表符合条件的元素所做的修改。

```
>>> a = np. array([[1,2,3,4],[2,3,4,5]])
>>> a
array([[1, 2, 3, 4],
       [2, 3, 4, 5]])
>>> np. where(a>=4)
(array([0, 1, 1],dtype=int64), array([3, 2, 3],dtype=int64))
>>> np. where(a>=4,a,a-5)
array([[-4, -3, -2,  4],
       [-3, -2,  4,  5]])
```

3.2.5　矩阵运算

矩阵运算在数学、物理学和技术科学中有各种重要应用。在计算机广泛应用的今天，计算机图像学、计算机辅助设计、密码学、虚拟现实等技术无不以矩阵运算为基础的线性代数为根基。为了解决矩阵运算问题，NumPy 提供了常用的矩阵运算方法和线性代数库 linalg。

1. 计算两个向量的内积

dot( )，向量的乘法。默认第一个向量为横向量，第二个向量为纵向量，相乘为一个标量。

```
>>> a = np. array([2,5,9])
>>> b = np. array([3,4,4])
>>> np. dot(a,b)
62
```

计算过程为 $2*3+5*4+9*4=62$。

2. 计算矩阵乘法

matmul( )，矩阵的乘法，两个矩阵可以相乘的条件为第一个矩阵的列数等于第二个矩阵的行数，矩阵相乘的结果为矩阵。

```
>>> a = np. array([[10, 2],[4, 8]])
>>> b = np. array([[8, 6],[1, 8]])
>>> np. matmul(a, b)
array([[82, 76],
       [40, 88]])
```

计算过程为：$10*8+2*1=82$，$10*6+2*8=76$，$4*8+8*1=40$，$4*6+8*8=88$。

3. 计算矩阵元素乘积

multiply()，两个形状相同的矩阵的对应位置元素相乘，结果为矩阵。

```
>>> a = np. array([[10, 2],[4, 8]])
>>> b = np. array([[8, 6],[1, 8]])
>>> np. multiply(a, b)
array([[80, 12],
       [ 4, 64]])
```

计算过程为：$10*8=80$，$2*6=12$，$4*1=4$，$8*8=64$。

4. 计算矩阵元素乘积求和

vdot()，两个形状相同的矩阵的对应位置元素相乘，然后将所有结果加和。

```
>>> a = np. array([[10, 2],[4, 8]])
>>> b = np. array([[8, 6],[1, 8]])
>>> np. vdot(a, b)
160
```

计算过程为：$10*8+2*6+4*1+8*8=160$。

5. 计算范式

linalg. norm()，计算矩阵的范数，范数是对矩阵的度量，输出是一个标量，其有一个参数 ord。ord 默认参数为 2，输出为二范数，计算方法为 $\sqrt{x_1^2+x_2^2+\cdots+x_n^2}$；ord 也可以为 1，输出为一范数，计算方法为 $|x_1+x_2+\cdots+x_n|$；ord 也可以为 np. inf，输出为无穷范数，计算方式为 $\max(|x_i|)$。

```
>>> a = np. array([[10, 2],[4, 8]])
>>> np. linalg. norm(a)
13. 564659966250536
>>> np. linalg. norm(a,ord=1)
14. 0
>>> np. linalg. norm(a,ord=2)
12. 217662798305795
>>> np. linalg. norm(a, ord=np. inf)
12. 0
```

6. 计算行列式

linalg. det()，计算行列式。

```
>>> a = np. array([[10, 2],[4, 8]])
>>> np. linalg. det(a)
72. 0
```

7. 求解线性矩阵方程

linalg. solve()，如有一元二次方程组 $10x+2y=14$、$4x+8y=20$，利用其系数矩阵可以求得 x 和 y 的值。

```
>>> a = np. array([[10, 2],[4, 8]])
>>> b = np. array([14,20])
>>>z = np. linalg. solve(a, b)   #z 为求出的解
>>>print(z)
[1. 2. ]
```

```
>>> np. dot( a, z)    #进行验证
array([ 14.,    20. ])
>>>
```

8. 计算逆矩阵

linalg. inv( )，求矩阵对应的逆矩阵，矩阵必需可逆。

```
>>> a = np. array([[10, 2],[4, 8]])
>>> np. linalg. inv( a)
array([[ 0. 11111111, -0. 02777778],
       [-0. 05555556,  0. 13888889]])
```

9. 计算特征值和特征向量

linalg. eigvals( )，求矩阵的特征值，要求矩阵必需为方阵。
linalg. eig( )，求矩阵的特征值和特征向量，要求矩阵必需为方阵。

```
>>> a = np. array([[10, 2],[4, 8]])
>>> np. linalg. eigvals( a)           #输出矩阵的特征值
array([ 12.,    6. ])
>>> c1, c2 = np. linalg. eig( a)       #输出矩阵的特征值和特征向量
>>> c1
array([ 12.,    6. ])
>>> c2
array([[ 0. 70710678, -0. 4472136 ],
       [ 0. 70710678,  0. 89442719]])
>>> np. dot( a, c2)                   #验证求得的特征值和特征向量
array([[ 8. 48528137, -2. 68328157],
       [ 8. 48528137,  5. 36656315]])
>>> c1 * c2
array([[ 8. 48528137, -2. 68328157],
       [ 8. 48528137,  5. 36656315]])
```

10. 奇异值分解

np. linalg. svd( )，对矩阵进行奇异值分解，矩阵可以不为方阵。利用求得的 U、Sigma 和
V 矩阵可以实现矩阵的降维，进行数据压缩和去噪。

```
>>> D = np. array([[4,3,8],[2,6,8]])
>>> U, Sigma, V = np. linalg. svd( D, full_matrices = False)
>>> U
array([[-0. 67710949, -0. 73588229],
       [-0. 73588229,  0. 67710949]])
>>> Sigma
array([ 13. 66791715,   2. 48757727])
>>> V
array([[-0. 30584049, -0. 47166091, -0. 82704146],
       [-0. 63889882,  0. 74570953, -0. 18901217]])
```

3. 2. 6 应用案例——图像压缩

下面应用上面所学的 NumPy 矩阵运算实现图像压缩，首先打开图片 door. jfif，使用 SVD
分解图片，得到 Sigma、U 和 V 矩阵，Sigma 中存储的为奇异值矩阵，取前 10 个奇异值，同时

取 U 中的前 10 行、V 的前 10 列,可以获得矩阵 new_Sigma、new_U 和 new_V,这三个矩阵均远小于之前的 Sigma、U 和 V,以此实现图像的压缩。压缩前的原始图像如图 3-2 所示,压缩后的图像如图 3-3 所示。

图 3-2 原始图像

图 3-3 压缩后的图像

【例 3-3】NumPy 矩阵运算实现图像压缩。

```
import numpy as np
import matplotlib. pyplot as plt
from PIL import Image

door = Image. open('door. jfif'). convert('I')
plt. imshow(door)
plt. show()

door = np. array(door)
U, Sigma, V = np. linalg. svd(door)
Sigma_10 = np. mat(np. diag(Sigma[:10]))
U = U[:,:10]
V = V[:10,:]

new_door = U * Sigma_10 * V
plt. imshow(new_door, cmap='gray')
plt. show()

yasuolv = (door. shape[0] * door. shape[1])/(new_door. shape[0] * 10 + 10 * new_door. shape[1] + 10 * 10)
print('压缩率:%. 2f'%压缩率,'%')

压缩率:40. 27 %
```

3.3 Scipy 包

Scipy 是一个开源的 Python 算法库和数学工具包。Scipy 是基于 NumPy 构建的一个集成了多种数学算法和方便的函数的 Python 模块。通过给用户提供一些高层的命令和类,Scipy 在 Python 交互式会话中,大大增加了操作和可视化数据的能力。

3.3.1 Scipy 简单介绍

Scipy 主要用于向量计算、插值、积分、最优化、线性代数、快速傅里叶变换、图像处理、信号处理、回归问题等。以上问题是由 Scipy 特定任务的子模块解决的,表 3-5 是对应子模块。

表 3-5　Scipy 子模块

子 模 块	功 能 描 述	子 模 块	功 能 描 述
scipy. cluster	矢量量化/Kmeans（聚类算法）	scipy. odr	正交距离回归
scipy. constants	物理和数学常量	scipy. optimize	优化
scipy. fftpack	傅里叶变换	scipy. signal	信号处理
scipy. integrate	积分程序	scipy. sparse	稀疏矩阵
scipy. interpolate	插值	scipy. spatial	空间数据结构和算法
scipy. io	数据输入输出	scipy. special	特殊的数学函数
scipy. linalg	线性代数	scipy. stats	统计
scipy. ndimage	n 维图像处理		

3.3.2　基本操作

这里主要介绍 Scipy 提供的数据输入输出和统计功能。

1. 数据输入输出

scipy. io 提供了多种不同文件的输入输出功能，其中一些文件格式如：MATLAB、wav、IDL、Arff 和 Matrix Market 等。

本小节主要以常用的 MATLAB 对应的 mat 格式的文件为例，讲述输入、存储、读取和输出的功能。可以使用表 3-6 中函数加载和保存 .mat 文件。

表 3-6　scipy. io 中加载和保存 .mat 文件函数

编　　号	函　　数	编　　号
1	loadmat	加载 mat 文件
2	savemat	保存为 mat 格式的文件
3	whosmat	列出 mat 文件中的变量

【例 3-4】以下代码通过实例说明 scipy. io 如何对 mat 格式文件进行操作。

```
>>> #引入 scipy. io 模块
>>> from scipy. io import loadmat,savemat,whosmat
>>>import numpy as np
>>>#创建 numpy 数组
>>>arr1 = np. arange(10)
>>>#输出创建的 numpy 数组
>>> print( arr1)
[0 1 2 3 4 5 6 7 8 9]
>>>#以字典形式保存为 mat 格式的文件
>>>savemat('scipy_io. mat',{'arr1':arr1})
>>>#输出存储在 mat 文件中的变量
>>> print( whosmat('scipy_io. mat'))
[('arr1', (1, 10), 'int32')]
>>>#加载已存储的 mat 文件
>>> io_mat = loadmat('scipy_io. mat')
>>>#创建变量获得加载获取的 mat 变量
>>>sar = io_mat['arr1']
>>> print( sar)
[[0 1 2 3 4 5 6 7 8 9]]
```

当读者想查看 MATLAB 文件的内容时不读取数据到内存，请按照上面代码所示的 whosmat 命令。

2. 统计

Scipy 基于 NumPy 向读者提供了数理统计功能。Scipy 子包 scipy.stats 包括所有的统计函数，读者可通过函数 info（stats）读取所有函数的完整列表。scipy.stats 模块包含数理统计常用分布（如正态分布、均匀分布、二项分布等）以及统计函数库。表 3-7 描述了 scipy.stats 包中的一些基本统计函数。

表 3-7　基本统计函数

函　数	编　号
describe( )	计算传递数组的描述性信息
gmean( )	计算沿着指定轴几何平均值
hmean( )	计算沿着指定轴谐波平均值
kurtosis( )	计算峰度
mode( )	计算模态值
skew( )	计算偏斜值
f_oneway( )	单项方差分析
iqr( )	计算沿着指定轴的数据的四分位数范围
zscore( )	计算样本中每个数值相对于样本均值和标准偏差的 z 值
sem( )	计算输入数组中值的标准误差（或测量标准误差）

每个单变量分布都有对应子类，如表 3-8 所述。

表 3-8　类及其描述

类	描　述
rv_continuous	子类通用连续随机变量类
rv_discrete	子类通用离散随机变量类
rv_histogram	生成由直方图给出的分布

正态分布：

$$f(x) = \frac{1}{\sqrt{2\pi}\,\sigma} \exp\left(-\frac{(x-\mu)^2}{2\sigma^2}\right) \tag{3-1}$$

【例 3-5】如下代码演示 scipy.stats 如何实现正态分布，基于 scipy.stats 正态分布如图 3-4 所示。

```
from scipy import stats
from matplotlib import pyplot as plt
import numpy as np

#定义随机变量
#平均值
mea = 0
#标准差
stand = 1
X = np.arange(-10,10,0.1)
```

```
#概率密度函数(PDF),连续分布用 pdf,离散分布用 pmf
y = stats. norm. pdf(X,mea,stand)
#绘图
plt. plot(X,y)
#设置 x 轴显示区域和间隔
plt. xticks(np. arange(-10,10,1))
#x 轴标题
plt. xlabel('随机变量:x')
#y 轴标题
plt. ylabel('概率')
#图标题
plt. title('正态分布: $\mu $=%. 1f, $\sigma^2 $=%. 1f'%(mea,stand))
#显示图形
plt. show()
```

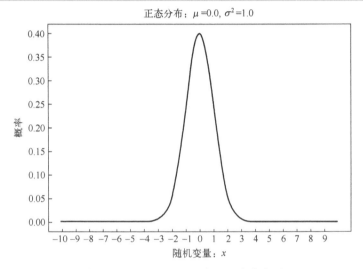

图 3-4　基于 scipy. stats 实现正态分布图

均匀分布:

随机变量 x 服从区间 $[a,b]$ 上的均匀分布概率密度函数:

$$f(x) = \begin{cases} \dfrac{1}{b-a} & (a<x<b) \\ 0 & (其他) \end{cases} \tag{3-2}$$

【例 3-6】如下代码演示 scipy. stats 如何实现均匀分布,基于 scipy. stats 均匀分布如图 3-5 所示。

```
from scipy. stats import uniform
from matplotlib import pyplot as plt
import numpy as np

loc = 2
scale = 2
#平均值,方差,偏度,峰度
mean,var,skew,kurt = uniform. stats(loc,scale,moments='mvsk')
#ppf:累积分布函数的反函数。q=0.01 时,ppf 就是 p(X<x)=0.01 时的 x 值
x = np. linspace(uniform. ppf(0. 01,loc,scale),uniform. ppf(0. 99,loc,scale),100)
```

```
fig,ax = plt.subplots(1,1)
ax.plot(x, uniform.pdf(x,loc,scale),'b-',label = 'uniform')
#x 轴标题
plt.xlabel('随机变量:x')
#y 轴标题
plt.ylabel('概率')
plt.title(u'均匀分布概率密度函数')
plt.show()
```

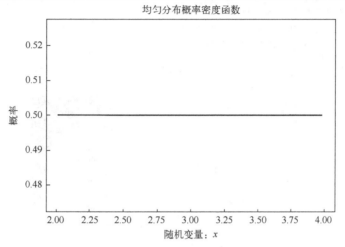

图 3-5　基于 scipy.stats 实现均匀分布图

3.3.3　图像处理

根据 3.3.1 节的表格可知 Scipy 具有图像处理子包来对图像进行简单处理，如下代码以图 3-6 所示为例展示了常见的高斯滤波、边缘锐化处理、中值滤波等应用及其结果。

图 3-6　原始图像

【例 3-7】展示常见的高斯滤波、边缘锐化处理、中值滤波等应用及其结果。

```
from scipy import misc
from scipy import ndimage
import matplotlib.pyplot as plt
#显示原始图像
```

```
lin = plt. imread('shiyu. png')

plt. figure( )#创建图形
plt. imshow(lin)#绘制测试图像
plt. show( )#原始图像
```

高斯滤波广泛用于减少图像中的噪声。如下代码为执行高斯过滤操作后的图像，如图 3-7 所示。sigma = 7 代表模糊程度 7 级。图像质量变化可以通过调整 sigma 值来实现。

```
#原始图像经过高斯滤波
from scipy. ndimage import filters
blurred_lin = ndimage. gaussian_filter(lin, sigma = 7)
plt. imshow( blurred_lin)
plt. show( )
```

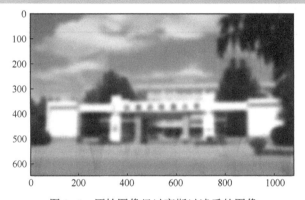

图 3-7　原始图像经过高斯过滤后的图像

图像边缘锐化可以先通过高斯滤波进行模糊化处理，再通过作差倍数放大实现。如下代码为对于原始图像边缘锐化后的图像，如图 3-8 所示。

```
#原始图像经过边缘锐化
blurred_lin2 = ndimage. gaussian_filter(lin, sigma = 2)
blurred_lin4 = ndimage. gaussian_filter(lin, sigma = 4)
sharp_lin = blurred_lin2 + 6 * (blurred_lin2-blurred_lin4)
plt. imshow( sharp_lin)
plt. show( )
```

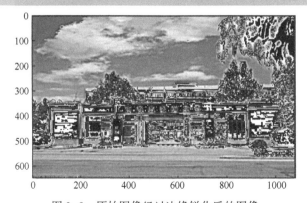

图 3-8　原始图像经过边缘锐化后的图像

Scipy 中对于图像进行旋转可以通过 scipy. ndimage. rotate（） 函数实现。如下代码为对于原始图像旋转指定角度后的图像，如图 3-9 所示。

```
#原始图像通过 rotate()函数,它以指定的角度 45 度旋转图像
    rotate_lin = ndimage. rotate(lin, 45)
plt. imshow(rotate_lin)
plt. show()
```

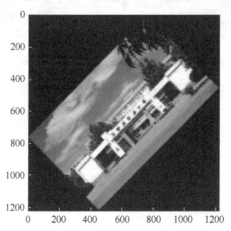

图 3-9　原始图像经过指定角度旋转后的图像

利用傅里叶变换对于图片进行降噪处理后的图像，如图 3-10 所示。

```
from scipy. fftpack import fft2, ifft2
import matplotlib. pyplot as plt
%matplotlib inline
import numpy as np

#读取照片数据
door = plt. imread('. /door. jfif')

#数据形式
print(door. shape)
(648, 1080, 3)

#傅里叶变换消噪

#把时域空间转换到频域空间
f_door = fft2(door)

#在频域空间对高频率的波进行过滤
f_door[f_door>2e2] = 0

#把频域空间转回到时域空间
if_door = np. real(ifft2(f_door))

#展示图片,cmap 指定 RGB 的 Z 值,如果是三维数组则忽略 cmap 值
plt. imshow(if_door, cmap = "gray")
```

对于原始图像经过灰度处理后的图像，如图 3-11 所示。

图 3-10 原始图像经过降噪处理后的图像

```
import matplotlib. pyplot as plt
%matplotlib inline
import numpy as np

#对于图片进行灰度转化
new_door = plt. imread('. /door. jfif')

print( new_door. shape)
print( new_door. max( ) , new_door. min( ) )

#取最大值或最小值
new_door. max( axis = 2) . shape
plt. imshow( new_door. max( axis = 2) )

#取平均值
plt. imshow( new_door. mean( axis = 2) )

#用点乘积引入权重
weight = np. array( [0. 2, 0. 6, 0. 2] )
plt. imshow( np. dot( new_door, weight) , cmap = "gray" )
```

图 3-11   原始图像经过灰度处理后的图像

📖 思考：对图像进行反转有几种实现方式？

3.3.4 快速傅里叶变换

傅里叶变换将时域信号转化为频域信号。傅里叶变换应用在信号处理、噪声处理和图像处理等方面。Scipy 通过 fftpack 模块，使读者可实现快速傅里叶变换。快速傅里叶变换（FFT）是一种计算量小的离散傅里叶变换的方法，其逆变换称为快速傅里叶逆变换（IFFT）。如下代码随机创建一组数据，原始数据、经过 FFT 和 IFFT 后结果如图 3-12 所示，根据结果可知 FFT、IFFT 得到的结果皆为复数，其中 IFFT 得到的结果的复数实部与原始数据一致，虚部都是 0。

【例 3-8】 快速傅里叶变换和快速傅里叶逆变换函数。

```
#从 fftpack 模块中导入 fft(快速傅里叶变换)函数和 ifft(快速傅里叶逆变换)函数
from scipy. fftpack import fft, ifft
import numpy as np
#创建一个随机值数组
x = np. array([1.0, 2.0, 3.0, -1.0, 2.0])
#对数组数据进行傅里叶变换
print('随机数据:', x)
y = fft(x)
print('经过 fft: ', y)

#快速傅里叶逆变换
yinv = ifft(y)
print('经过 ifft: ', yinv)
```

```
随机数据： [ 1.  2.  3. -1.  2.]
经过 fft： [ 7.         +0.j         0.61803399-2.35114101j -1.61803399+3.80422607j
 -1.61803399-3.80422607j  0.61803399+2.35114101j]
经过 ifft： [ 1.+0.j  2.+0.j  3.+0.j -1.+0.j  2.+0.j]
```

图 3-12　原始数据、经过 FFT 和 IFFT 结果

scipy. fftpack. fftfreq( ) 函数生成采样频率，scipy. fftpack. fft( ) 计算快速傅里叶变换。以下代码通过实例进行说明，程序运行结果如图 3-13 所示。

【例 3-9】 scipy. fftpack. fftfreq( ) 函数生成采样频率，scipy. fftpack. fft( ) 计算快速傅里叶变换。

```
from scipy import fftpack
import matplotlib. pyplot as plt
import numpy as np

time_step = 1
period = 10
time_vec = np. arange(0, 100, time_step)
x = np. sin(2 * np. pi / period * time_vec) + np. sin(2 * np. pi / (2 * period) * time_vec)
sample_freq = fftpack. fftfreq(x. size, d = time_step)
x_fft = fftpack. fft(x)

plt. plot(x)
plt. show()
N = x. shape[0]
abs_x = np. abs(x_fft)
normalization_x = abs_x / N
normalization_half_x = normalization_x[range(int(N / 2))]
plt. plot(normalization_half_x)
plt. title('pin pu')
plt. xlabel('pin lv')
plt. show()
```

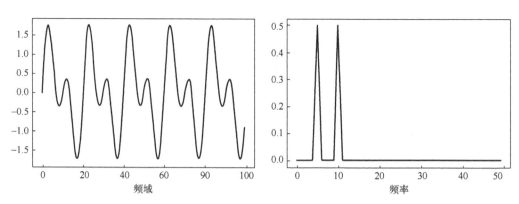

图 3-13　原始数据 x 大小及其值，x 经过 FFT 后的大小及其值

3.3.5　函数插值

插值是根据已有的数据分布获得对应函数拟合得到数据点的走势，依据走势对于缺失的数据点进行计算插值。scipy. interpolate 子包里通过类对已知数据点计算来找到一个合适的函数进行插值。通过插值得到的数据与原始数据分布近似，可以解决数据缺失和数据分布间隔大等问题。

如下代码以一维数据为例，讲解了插值的基本用法，展示了不同插值方法的用法、结果和对应的图像分布结果。原始数据、线性插值和三次多项式插值如图 3-14 所示，原始数据、线性插值和三次多项式插值与平滑曲线对比如图 3-15 所示。

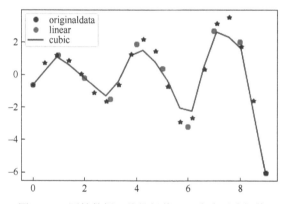

图 3-14　原始数据、线性插值和三次多项式插值

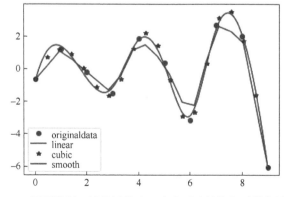

图 3-15　原始数据、线性插值和三次多项式插值与平滑曲线对比

【例 3-10】 展示插值的基本用法，不同插值方法的用法、结果和对应的图像分布结果。

```
#导入对应的 scipy 子包
from scipy. interpolate import interp1d
import matplotlib. pyplot as plt
import numpy as np

#随机生成变量 x
x = np. arange(10)
#获得对应 y 轴数据
y = np. cos(2 * x+4) * np. exp(x/5)
plt. plot(x,y,'o')

#线性插值数据函数
f1 = interp1d(x, y,kind = 'linear')
#三次多项式插值数据函数
f2 = interp1d(x, y, kind = 'cubic')

#生成插值数据,序列的取值空间是(0,9),生成的样本数是 20
xn = np. linspace(0,9,20)

#绘制插值图像
plt. plot(x, y, 'o', xn, f1(xn), 'g-', xn, f2(xn), 'b * ')
#设置图注
plt. legend(['originaldata', 'linear', 'cubic'], loc = 'best')
#显示图片
plt. show()

fromscipy import interpolate
#平滑曲线
spl = interpolate. UnivariateSpline(x, y)
xs = np. linspace(0,9, 1000)

#手动更改平滑量
spl. set_smoothing_factor(0. 5)
plt. plot(x, y, 'o', xn, f1(xn), 'g-', xn, f2(xn), 'b * ',xs, spl(xs),'r')
plt. legend(['originaldata', 'linear', 'cubic','smooth'])
plt. show()
```

3.3.6 优化

Scipy 提供了多种优化方法。这里通过两个例子说明如何利用 Scipy 实现优化功能。

1. 曲线拟合

curve_fit 曲线拟合是 Scipy 拥有的另一项功能，主要是利用函数的形式通过已知数据刻画数据的趋势，通过拟合算法获得对应函数的最佳参数。主要用于数据分布较为明显的问题，通过分析已知数据分布，得知数据分布规律，确定数据分布函数。如下代码通过实例讲述了基于 Scipy 通过拟合正弦曲线用法，得到结果如图 3-16 所示。

调用形式：

```
>>>optimize. curve_fit(func, x1, y1)
```

求出拟合参数a，b：
[19.66023602 1.92010192]

拟合误差：
[[5.86192409e-02 3.77287546e-10]
 [3.77287546e-10 2.78835568e-02]]

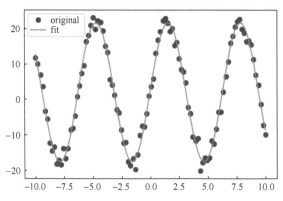

图 3-16　基于 Scipy 通过正弦拟合得到结果

其中，func 表示目标函数，x1，y1 表示样本数据。

【例 3-11】基于 Scipy 拟合正弦曲线得到结果。

```python
#导入需要使用的包
import numpy as np
from scipy import optimize
import matplotlib. pyplot as plt

#生成采样点
x1 = np. linspace(-10,10, 100)

#函数模型用于生成数据
def f(x, a, b):
    return a * np. sin(x) + b

#加入随机数作为噪声,得到含噪声的样本数据
y1 = f(x1,20,2) + 2 * np. random. randn(x1. size)

#使用 curve_fit() 函数来估计 a 和 b 的值
fitparmas, firerrors = optimize. curve_fit(f, x1, y1)

#输出结果
print('\n 求出拟合参数 a, b: ')
print(fitparmas)

print('\n 拟合误差: ')
print(firerrors)
#计算拟合结果
y2 = f(x1,fitparmas[0], fitparmas[1])

plt. plot(x1, y1, 'o', color="g", label = "original")
plt. plot(x1, y2, color="y", label = "fit")
plt. legend(loc = "best")
plt. show()
```

2. 最小二乘法

least square 的缩写是 leastsq，leastsq( ) 函数是 scipy. optimize 模块提供的实现最小二乘拟合算法的函数。最小二乘法通过最小化误差的平方和获得最优曲线，它是数值优化的经典算法。如下代码通过实例讲述了基于 Scipy 进行最小二乘法的用法，其结果如图 3-17 所示。

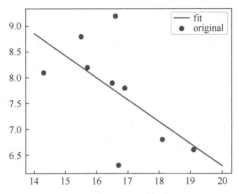

图 3-17　基于 Scipy 进行最小二乘法得到结果

【例 3-12】基于 Scipy 进行最小二乘法得到结果。

```
#导入所需要的包
from scipy import optimize
import numpy as np
import matplotlib. pyplot as plt

#样本数据
X = np. array([16.5,15.7,14.3,18.1,16.9,16.7,19.1,15.5,16.6])
Y = np. array([7.9,8.2,8.1,6.8,7.8,6.3,6.6,8.8,9.2])
#误差函数,计算以 p 为参数的直线和原始数据之间的误差
def error(p):
        k, b = p
        return Y-(k * X+b)

#leastsq( )error( )的输出数组的平方和最小,参数的初始值为[10,1]
param = optimize. leastsq(error,[10,1])
k,b = param[0]
print("k = ", k, "b = ", b)

#画样本点,指定图像比例为 5∶4
plt. figure(figsize=(5,4),dpi=600)
plt. scatter(X, Y, color="g", label="original")

#画拟合直线,在 14 到 20 之间直接画 10 个连续点
x = np. linspace(14,20,10)
#函数公式
y = k * x + b

plt. plot(x,y,color="r", label="fit")
#绘制图例
plt. legend( )
plt. savefig('./opt11-1. png')    #保存要显示的图片
plt. show( )
```

3.4 NumPy 与 Python 的性能比较

得益于 NumPy 在底层用 C 语言优化了数组运算，使得 NumPy 的执行效率远高于 Python 中自带的列表，现在对 NumPy 和 Python 进行性能测试。测试用例如例 3-13 所示，使用 NumPy 和 Python 分别进行如下操作：先创建两个长度为 100000000 的一维数组，值为 0～99999999，对其中一个数组逐元素求其 1.5 次方，对另一个数组逐元素求其 3.5 次方，再对两个数组逐元素求和放入新的一维数组。Python 和 NumPy 的执行时间如图 3-18 所示，可以看到 NumPy 的计算用时不到 Python 的十分之一，NumPy 高性能得到了验证，所以在进行数量大、运算复杂的数组操作时首推使用 NumPy。

```
python计算用时：  0:01:24.861095
numpy计算用时：  0:00:07.718836
```

图 3-18　Python 和 NumPy 的计算用时

【例 3-13】NumPy 和 Python 进行性能测试。

```python
import numpy as np
from datetime import datetime

def numpy_cal(n):
    a_1darray = np.arange(n) ** 1.5
    b_1darray = np.arange(n) ** 3.5
    c_1darray = a_1darray + b_1darray
    return c_1darray

def list_cal(n):
    a_list = list(range(n))
    b_list = list(range(n))
    c_list = []
    for i in range(len(a_list)):
        a_list[i] = a_list[i] ** 1.5
        b_list[i] = b_list[i] ** 3.5
        c_list.append(a_list[1] + b_list[i])
    return b_list
if __name__ == 'main':
    start = datetime.now()                    #获取开始时间
    c = list_cal(100000000)
    used_time = datetime.now()-start          #获取当前时间并计算用时
    del c
    print('list 计算用时:', used_time)

    start = datetime.now()
    c = numpy_cal(100000000)
    used_time = datetime.now() - start
    print('numpy 计算用时:', used_time)
```

习题和作业

1. 创建一个随机二维方阵，计算每行每列的最大值和平均值，按照第一行为随机方阵的每行的最大值，第二行为随机方阵的每列的最大值，第三行为随机方阵的每行的平均值，第四行为随机方阵的每列的平均值，第五行为前四行逐元素相加的和。

2. 对于元组[1, 2, 0, 5, 4, 0]，找出其非 0 元素的位置索引。

3. 创建一个 10×10 的随机数组，并找出该数组中的最大值与最小值。

4. 创建一个 5×5 的矩阵且每一行的取值范围为从 0 到 4。

5. 创建一个大小为 10 的随机向量并且将该向量中最大的值替换为 0。

6. 利用数组 Z=[1,2,3,4,5,6,7,8,9,10,11,12,13,14]，生成数组 R=[[1,2,3,4]，[2,3,4,5]，[3,4,5,6]，…，[11,12,13,14]]。

7. 将元组(1,2,3,4,5)和集合{6,7,8,9,10}合并成一个列表，并在此列表尾部加入整型元素 11，12。最终输出列表内容。

8. 创建由[1,40]区间内的整数组成的列表 list。

1) 对列表 list 进行升序排列。

2) 对列表 list 进行降序排列。

3) 将列表 list 拆分成奇数组 list1 和偶数组 list2 两个列表。

4) 将列表 list 中小于 20 的元素置 0，其余元素置 1。

9. 利用 SVD 分解实现图像降噪功能，设计一个算法，找到降噪效果最好的奇异值个数。

10. 通过学习一维数据的插值，请举例实现二维数据插值。

11. 寻找函数 $f(x) = x^2 + 20\sin(x)$ 的最小值。

12. 创建一个从 101 到 300 的一维数组 arr1。

1) 从 arr1 中提取所有奇数。

2) 用 0 替换 arr1 中的所有偶数。

3) 将 arr1 数组转化为 2 行的二维数组。

13. 拍摄一张照片，并进行图像读取与显示。

1) 将原始图像变换成灰度图像，并进行显示。

2) 将原始图像旋转 180 度，并进行显示。

3) 对原始图像灰度图进行二维傅里叶变换，并将二维傅里叶变换后的原始图像灰度图进行显示。

14. 使用以下语句定义采样点和原始信号：

```
x = np. linspace(0,1,1500),
y = 7 * np. sin(2 * np. pi * 200 * x) + 5 * np. sin(2 * np. pi * 400 * x) + 3 * np. sin(2 * np. pi * 600 * x)
```

完成下列任务：

1) 使用画图函数输出原始波形图。

2) 对信号进行快速傅里叶变换得到双边振幅谱，输出变换后的结果并可视化。

3) 对双边振幅谱进行取绝对值和归一化处理，取一半区间得到单边振幅谱（归一化），输出结果并可视化。

第 4 章　Python 数据分析

数据分析是为了提取有用信息和形成结论而对数据加以详细研究和概况总结的过程，简而言之就是将收集来的数据加以汇总和处理，从中挖掘出可以反映研究对象性质的信息。本章简单介绍了 Pandas 包，使读者可以了解数据读取和简单预处理的步骤；介绍了 Scikit-learn 包中围绕数据分析中常用的降维、聚类和分类的算法实现，使读者可以挖掘数据中的本质信息并研究数据间的关系；介绍了多个利用 Python 语言实现的对数据频域、时域以及其动力学特性分析的包，可以从时域之外的频域和时频域更好地分析事物的本质特征和发展规律。

本章学习目标

◆ 掌握 Pandas 包数据分析的基本功能
◆ 理解 Scikit-learn 工具包
◆ 掌握 Scikit-learn 包的聚类、分类功能
◆ 了解频谱分析、时频分析、动力学分析工具包

4.1　Pandas 包

Pandas 是 Python 的核心数据分析支持库，提供了快速、灵活、明确的数据结构，旨在简单、直观地处理关系型、标记型数据。Pandas 的目标是成为 Python 数据分析实践与实战的必备高级工具，其长远目标是成为最强大、最灵活、可以支持任何语言的开源数据分析工具。Pandas 是一个强大的分析结构化数据的工具集；它的使用基础是 NumPy；用于数据挖掘和数据分析，也提供数据清洗功能。Pandas 既有 NumPy 所具有的数值处理功能，也有 Matplotlib 图像定制功能，拥有强大的分析数据的编程接口。本节主要介绍 Pandas 的基础功能。

4.1.1　读入 csv 文件

Pandas 适用于处理以下类型的数据：
- 与 SQL 或 Excel 表类似的，含异构列的表格数据。
- 有序和无序的时间序列数据。
- 带行列标签的矩阵数据，包括同构或异构型数据。
- 任意其他形式的观测、统计数据集，数据转入 Pandas 数据结构时不必事先标记。

本节所使用的数据集是由 FEMTO-ST 研究所建立的 PHM IEEE 2012 数据挑战期间使用的数据集。该数据集的下载网址为有两个，一个是 FEMTO-ST 网站：https://www.femto-st.fr/en，另一个为 GitHub 网址：https://github.com/wkzs111/phm-ieee-2012-data-challenge-dataset。

csv 是一种应用广泛的文本数据文件，使用分隔符将每行数据按照属性分隔。csv 数据文件中常见的分隔符有空格、分号和逗号，也包括单引号和双引号等。Pandas 具有强大的数据处理功能，可以快速高效地处理各种格式的 csv 数据文件，通过转化为表格的形式显示。在第 1 章曾经提到过的在 Jupyter Notebook 运行环境中可以自动匹配 Pandas 表格格式，以二维表的

形式显示其内容。

首先通过 Windows 系统中的写字板显示 PHM2012 数据集中 Learning_set 子集 Bearing1_1 文件夹下的 acc_00001.csv 内容，如图 4-1 所示，通过观察可知，acc_00001.csv 有 2560 行 6 列，每行通过分号隔开，整个 csv 文件中不包含行号和每列数据的列名等信息。

以下代码通过 Pandas 库中自定义分隔符来解决以上出现的利用分号间隔数据的问题，针对没有列名行号的问题，通过对于 names 参数对每列数据赋予列名以方便后续操作。结果如图 4-2 所示。

代码第 5 行通过 col_names 指定了每列数据的列名，其中列名来自 PHM2012 数据集的说明文档。第 7 行通过 Pandas 库中的 read_csv 函数读取 acc_00001.csv 文件中的数据内容，其中第一个参数代表文件的路径（注意：在读取 csv 文件数据时，可以使用绝对路径，也可以使用相对路径），第二个参数为 header 如何处理 csv 文件的首行数据，本例中 acc_00001.csv 本来没有列名，所以通过设置 header=-1 将首行数据视为数据处理，但大多数情况 csv 文件中包含列名，所以 header 使用默认值即可。

```
9,39,39,65664,0.552,-0.146
9,39,39,65703,0.501,-0.48
9,39,39,65742,0.138,0.435
9,39,39,65781,-0.423,0.24
9,39,39,65820,-0.802,0.02
9,39,39,65859,-0.364,0.112
9,39,39,65898,0.326,0.296
9,39,39,65937,0.874,-0.366
9,39,39,65976,0.885,-0.369
9,39,39,66015,0.257,0.538
9,39,39,66054,-0.388,0.045
9,39,39,66093,-0.602,0.32
9,39,39,66132,0.006,-0.287
9,39,39,66171,0.557,-0.154
9,39,39,66210,0.297,0.61
9,39,39,66249,0.193,-0.492
9,39,39,66289,-0.649,0.519
9,39,39,66328,-0.397,0.103
9,39,39,66367,-0,-0.613
```

图 4-1   acc_00001.csv 文件内容

	Hour	Minute	Second	u-second	Horiz.accel	vert.accel
0	9	39	39	65664.0	0.552	-0.146
1	9	39	39	65703.0	0.501	-0.480
2	9	39	39	65742.0	0.138	0.435
3	9	39	39	65781.0	-0.423	0.240
4	9	39	39	65820.0	-0.802	0.020
5	9	39	39	65859.0	-0.364	0.112
6	9	39	39	65898.0	0.326	0.296
7	9	39	39	65937.0	0.874	-0.366
8	9	39	39	65976.0	0.885	-0.369
9	9	39	39	66015.0	0.257	0.538
10	9	39	39	66054.0	-0.388	0.045
11	9	39	39	66093.0	-0.602	0.320
12	9	39	39	66132.0	0.006	-0.287
13	9	39	39	66171.0	0.557	-0.154
14	9	39	39	66210.0	0.297	0.610
15	9	39	39	66249.0	0.193	-0.492
16	9	39	39	66289.0	-0.649	0.519
17	9	39	39	66328.0	-0.397	0.103
18	9	39	39	66367.0	-0.000	-0.613

图 4-2   通过 Pandas 读取 acc_00001.csv 文件输出结果

【例 4-1】通过 Pandas 读取 acc_00001.csv 文件。

```
#导入 pandas 库
import pandas as pd

#给每列数据赋予列名
col_names = ['Hour','Minute','Second','u-second','Horiz. accel','vert. accel']
#读取数据
data = pd. read_csv('acc_00001. csv',header = -1 ,names = col_names)
#显示读取的数据
data
```

📖 思考：如何利用 Pandas 读取 Excel、txt 格式文件？

4.1.2 截取数据与描述数据

一般 csv 数据文件的数据存储量比较大且读取所有的数据占用内存，所以可以不用读取所有的数据。Pandas 具有数据截取的功能，以选择少量的数据进行分析。如下代码说明了怎样使用 Pandas 截取 csv 数据集的起始位置的数据，截取 acc_00001. csv 前 5 行数据输出结果如图 4-3 所示，截取 acc_00001. csv 前 15 行数据输出结果如图 4-4 所示。

	Hour	Minute	Second	u-second	Horiz.accel	vert.accel
0	9	39	39	65664.0	0.552	-0.146
1	9	39	39	65703.0	0.501	-0.480
2	9	39	39	65742.0	0.138	0.435
3	9	39	39	65781.0	-0.423	0.240
4	9	39	39	65820.0	-0.802	0.020

图 4-3　截取 acc_00001. csv 前 5 行数据

	Hour	Minute	Second	u-second	Horiz.accel	vert.accel
0	9	39	39	65664.0	0.552	-0.146
1	9	39	39	65703.0	0.501	-0.480
2	9	39	39	65742.0	0.138	0.435
3	9	39	39	65781.0	-0.423	0.240
4	9	39	39	65820.0	-0.802	0.020
5	9	39	39	65859.0	-0.364	0.112
6	9	39	39	65898.0	0.326	0.296
7	9	39	39	65937.0	0.874	-0.366
8	9	39	39	65976.0	0.885	-0.369
9	9	39	39	66015.0	0.257	0.538
10	9	39	39	66054.0	-0.388	0.045
11	9	39	39	66093.0	-0.602	0.320
12	9	39	39	66132.0	0.006	-0.287
13	9	39	39	66171.0	0.557	-0.154
14	9	39	39	66210.0	0.297	0.610

图 4-4　截取 acc_00001. csv 前 15 行数据

70

【例4-2】Pandas 库中 head( )函数截取前面的若干行数据。

```
#导入 pandas 库
import pandas as pd

#给每列数据赋予列名
col_names = ['Hour','Minute','Second','u-second','Horiz. accel','vert. accel']
#读取数据
data = pd. read_csv('acc_00001.csv',header = -1,names = col_names)
#显示截取数据的前 5 行
data_ first5 = data. head( )
#显示前 5 行数据
data_ first5

#显示截取数据的前 15 行
data_first15 = data. head(15)
#显示前 15 行数据
data_ first15
```

以上代码是通过 Pandas 库中 head( )函数截取前面的若干行数据，但有时需要对尾部数据进行分析，所以需要截取尾部数据。Pandas 库中 tail( )函数截取尾部的若干条数据。如下代码说明了怎样使用 Pandas 截取 csv 数据集的尾部的数据，截取 acc_00001. csv 后 5 行数据输出结果如图 4-5 所示，截取 acc_00001. csv 后 15 行数据输出结果如图 4-6 所示。

	Hour	Minute	Second	u-second	Horiz.accel	vert.accel
2555	9	39	39	165470.0	0.044	-0.094
2556	9	39	39	165510.0	-0.456	0.486
2557	9	39	39	165550.0	-0.885	-0.154
2558	9	39	39	165580.0	-0.230	-0.762
2559	9	39	39	165620.0	-0.134	0.541

图 4-5　截取 acc_00001. csv 后 5 行数据输出结果

	Hour	Minute	Second	u-second	Horiz.accel	vert.accel
2545	9	39	39	165080.0	1.144	0.254
2546	9	39	39	165120.0	1.644	-0.565
2547	9	39	39	165160.0	1.081	0.038
2548	9	39	39	165200.0	0.421	-0.068
2549	9	39	39	165230.0	-0.373	-0.018
2550	9	39	39	165270.0	-0.478	-0.275
2551	9	39	39	165310.0	-0.550	0.514
2552	9	39	39	165350.0	-0.186	0.495
2553	9	39	39	165390.0	0.426	-0.591
2554	9	39	39	165430.0	0.451	0.190
2555	9	39	39	165470.0	0.044	-0.094
2556	9	39	39	165510.0	-0.456	0.486
2557	9	39	39	165550.0	-0.885	-0.154
2558	9	39	39	165580.0	-0.230	-0.762
2559	9	39	39	165620.0	-0.134	0.541

图 4-6　截取 acc_00001. csv 后 15 行数据输出结果

【例 4-3】 Pandas 库中 tail( )函数截取尾部的若干条数据。

```
#显示截取数据的后 5 行
data_last5 = data. tail( )
#显示后 5 行数据
data_last5

#显示截取数据的后 15 行
data_last15 = data. tail( 15)
#显示后 15 行数据
data_last15
```

仅通过 csv 文件的头部数据或者尾部数据来分析数据的特征可能存在一定的偏差，因此需要对数据有整体的把握。Pandas 库中通过简便的方法统计数据的基本信息，包括计数、均值、标准差、最小值、25% 分位数、50% 分位数、75% 分位数、最大值。如下代码为显示 acc_00001. csv 文件的统计信息，显示结果如图 4-7 所示。

	Hour	Minute	Second	u-second	Horiz.accel	vert.accel
count	2560.0	2560.0	2560.0	2560.000000	2560.000000	2560.000000
mean	9.0	39.0	39.0	115643.941406	0.003465	-0.001881
std	0.0	0.0	0.0	28873.112470	0.561845	0.435883
min	9.0	39.0	39.0	65664.000000	-1.763000	-1.569000
25%	9.0	39.0	39.0	90654.000000	-0.383250	-0.300500
50%	9.0	39.0	39.0	115640.000000	0.002500	-0.007000
75%	9.0	39.0	39.0	140630.000000	0.383250	0.296000
max	9.0	39.0	39.0	165620.000000	2.010000	1.591000

图 4-7 acc_00001. csv 统计结果

【例 4-4】 Pandas 库中通过简便的方法统计数据的基本信息。

```
#获取数据的属性描述
data. describe( )
```

如下代码显示了如何利用 Pandas 库显示每个属性对应的数据类型以及占用内存情况，显示结果如图 4-8 所示。

```
<class 'pandas.core.frame.DataFrame'>
RangeIndex: 2560 entries, 0 to 2559
Data columns (total 6 columns):
Hour          2560 non-null int64
Minute        2560 non-null int64
Second        2560 non-null int64
u-second      2560 non-null float64
Horiz.accel   2560 non-null float64
vert.accel    2560 non-null float64
dtypes: float64(3), int64(3)
memory usage: 120.1 KB
```

图 4-8 acc_00001. csv 数据的类型和其他信息

【例 4-5】 Pandas 库显示每个属性对应的数据类型以及占用内存情况。

```
#获取数据的类型和其他信息
data. info( )
```

4.1.3 数据显示

Pandas 库具有常见的数据可视化工具，读者可以根据需要绘制不同的可视化图形。数据的可视化显示可以直观地反映数据分布和数据的趋势。

下面通过代码示例讲述 Pandas 库如何对于多列数据趋势折线图可视化显示，显示结果如图 4-9 所示。

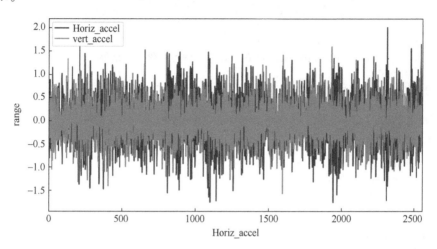

图 4-9　acc_00001. csv 折线图可视化显示结果

【例 4-6】Pandas 库如何对于多列数据趋势折线图可视化显示。

```
#导入可视化图库
import matplotlib. pyplot as plt

fig_verify = plt. figure( figsize = ( 10,5) ,dpi = 600)
#读取 Horiz_accel 数据并显示
data. Horiz_accel. plot( kind = 'line',color = 'b',label = 'Horiz_accel')
#读取 vert_accel 数据并显示
data. vert_accel. plot( kind = 'line',color = 'r',label = 'vert_accel')
#设置标签
plt. legend( loc = 'upper left')
#设置 x 轴坐标
plt. xlabel( "Horiz_accel" ,fontsize = 8)
#设置 y 轴坐标
plt. ylabel( "range" ,fontsize = 8)
#显示图像
plt. show( )
#保存图像
fig_verify. savefig( "acc001. png" )
```

以上代码实例介绍了如何使用 Pandas 库绘制折线图，同时 Pandas 库也提供了绘制直方图的方法用来统计数据集的频率。下面通过代码示例讲述 Pandas 库如何对于 acc_00001. csv 直方图可视化显示，显示结果如图 4-10 所示。

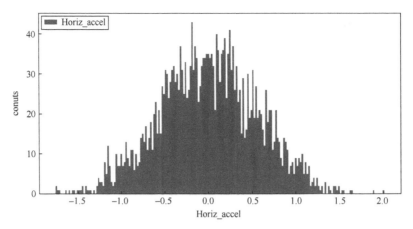

图 4-10　acc_00001.csv 直方图可视化显示结果

【例 4-7】Pandas 库如何对于 acc_00001.csv 直方图可视化显示。

```
#导入可视化图库
import matplotlib. pyplot as plt

fig_verify = plt. figure(figsize = (10,5),dpi = 600)
#读取 Horiz_accel 数据并显示
data. Horiz_accel. plot(kind = 'hist',bins = 200)

#设置标签
plt. legend(loc = 'upper left')
#设置 x 轴坐标
plt. xlabel("Horiz_accel",fontsize = 8)
#设置 y 轴坐标
plt. ylabel("conuts",fontsize = 8)
#显示图像
plt. show()
#保存图像
fig_verify. savefig("acc002. png")
```

以上为非累加型直方图，Pandas 库也支持绘制累加型直方图，下面通过代码示例讲述 Pandas 库如何对于 acc_00001.csv 累加型直方图可视化显示，显示结果如图 4-11 所示。

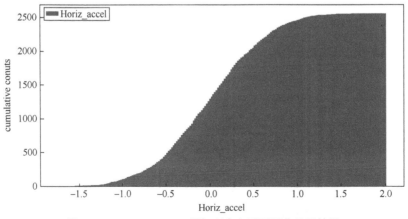

图 4-11　acc_00001.csv 累加型直方图可视化显示结果

【**例 4-8**】Pandas 库如何对于 acc_00001. csv 累加型直方图可视化显示。

```
#导入可视化图库
import matplotlib. pyplot as plt

fig_verify = plt. figure(figsize = (10,5), dpi = 600)
#读取 Horiz_accel 数据并显示
data. Horiz_accel. plot(kind = 'hist', bins = 200, cumulative = True)

#设置标签
plt. legend(loc = 'upper left')
#设置 x 轴坐标
plt. xlabel("Horiz_accel", fontsize = 8)
#设置 y 轴坐标
plt. ylabel("cumulative conuts", fontsize = 8)
#显示图像
plt. show()
#保存图像
fig_verify. savefig("acc003. png")
```

Pandas 库也支持绘制散点图，下面通过代码示例讲述 Pandas 库如何对于 acc_00001. csv 散点图可视化显示，显示结果如图 4-12 所示。

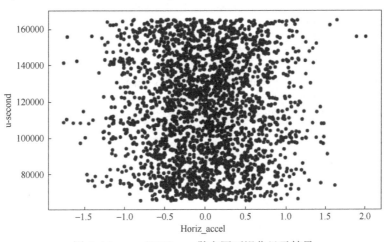

图 4-12 acc_00001. csv 散点图可视化显示结果

【**例 4-9**】Pandas 库如何对于 acc_00001. csv 散点图可视化显示。

```
#导入可视化图库
import matplotlib. pyplot as plt

fig_verify = plt. figure(figsize = (10,5), dpi = 600)
#读取 Horiz_accel 数据并显示
data. plot(kind = 'scatter', x = 'Horiz_accel', y = 'u-second', figsize = (10, 6), color = 'darkblue')

#设置 x 轴坐标
plt. xlabel("Horiz_accel", fontsize = 12)
#设置 y 轴坐标
plt. ylabel("Hour", fontsize = 12)
#显示图像
```

```
plt. show( )
#保存图像
fig_verify. savefig( " acc004. png" )
```

4.1.4 数据处理

数据处理是一项复杂的工作,是数据分析过程中一个非常重要的环节。数据处理的内容包括提高数据的质量、使数据适应特定的数据分析工具等。

1. 填充缺失值操作

DataFrame 的算数函数支持 fill_value,即为可指定值用于代替某个位置的缺失值。例如出现两个 DataFrame 相加情况,当两个 DataFrame 中同一个位置都存在缺失值,则两者相加得到和为 NaN;若只有一个 DataFrame 里存在缺失值,则可使用 fill_value 指定确定值来代替 NaN。以下代码通过实例说明以上用法。

【例 4-10】Pandas 库填充缺失值操作。其中 df1 内容如图 4-13 所示,df2 内容如图 4-14 所示,df1+df2 内容如图 4-15 所示,将缺失值替换后的 df1+df2 内容如图 4-16 所示。

```
import pandas as pd
import numpy as np
df1 = pd. DataFrame( {'1': pd. Series( np. random. randn(3) , index = ['a', 'b', 'c']) ,
    '2': pd. Series( np. random. randn(4) , index = ['a', 'b', 'c', 'd']) ,
    '3': pd. Series( np. random. randn(3) , index = ['b', 'c', 'd']) } )
df1

df2 = pd. DataFrame( {'1': pd. Series( np. random. randn(4) , index = ['a', 'b', 'c', 'd']) ,
    '2': pd. Series( np. random. randn(3) , index = ['a', 'c', 'd']) ,
    '3': pd. Series( np. random. randn(3) , index = ['b', 'c', 'd']) } )
df2

df1+df2

df1. add( df2, fill_value = 0)
```

	1	2	3
a	-1.023702	1.094085	NaN
b	1.268466	-1.446767	-1.192055
c	1.349783	0.814520	1.665502
d	NaN	-0.201756	0.042914

图 4-13 df1 内容

	1	2	3
a	0.407281	-1.124861	NaN
b	0.531221	NaN	-0.216806
c	-0.812491	1.597817	-1.119912
d	-1.150287	0.325052	0.749533

图 4-14 df2 内容

	1	2	3
a	-0.616421	-0.030776	NaN
b	1.799687	NaN	-1.408861
c	0.537292	2.412337	0.545590
d	NaN	0.123296	0.792447

图 4-15 df1+df2 内容

	1	2	3
a	-0.616421	-0.030776	NaN
b	1.799687	-1.446767	-1.408861
c	0.537292	2.412337	0.545590
d	-1.150287	0.123296	0.792447

图 4-16 将缺失值替换后的 df1+df2 内容

2. 比较操作

DataFrame 支持表 4-1 中的二进制比较操作的方法。

表 4-1　二进制比较操作符号

符　号	含　义	作　用
eq	equal to	等于
ne	not equal to	不等于
lt	less than	小于
gt	greater than	大于
le	less than or equal to	小于等于
ge	greater than or equal to	大于等于

以下代码通过实例说明如何使用以上符号，df1.eq(df2)比较结果如图 4-17 所示，df1.gt(df2)比较结果如图 4-18 所示。

	1	2	3
a	False	False	False
b	False	False	False
c	False	False	False
d	False	False	False

图 4-17　df1.eq(df2)比较结果

	1	2	3
a	False	True	False
b	True	False	False
c	True	False	True
d	False	False	False

图 4-18　df1.gt(df2)比较结果

【例 4-11】通过实例说明 Pandas 库比较操作。

```
df1.eq(df2)

df1.gt(df2)
```

3. 合并重叠数据操作

合并两个相似的数据集，两个数据集里的其中一个的数据比另一个多。要合并这两个 DataFrame 对象，其中一个 DataFrame 中的缺失值将按指定条件用另一个 DataFrame 里类似标签中的数据进行填充。使用 Pandas 中 combine_first()函数实现这一操作。以下通过实例说明如何对于重叠的数据集进行合并处理。

【例 4-12】Pandas 库重叠集操作。其中数据集 df1 如图 4-19 所示，数据集 df2 如图 4-20 所示，数据集 df1、df2 合并结果如图 4-21 所示。

```
import pandas as pd
df1 = pd.DataFrame({'a': [1., np.nan, 5., 7., np.nan],
                    'b': [np.nan, 3., 5., np.nan, 9.]})
df1

df2 = pd.DataFrame({'a': [5., 2., 5., np.nan, 3., 7.,11.],
                    'b': [np.nan, np.nan, 5., 4., 9., 8.,12.]})
df2

df1.combine_first(df2)
```

4. 排序操作

Pandas 支持三种排序方式，分别为按照索引标签排序、按照列存储值排序、两种方式混合排序。

	a	b
0	1.0	NaN
1	NaN	3.0
2	5.0	5.0
3	7.0	NaN
4	NaN	9.0

	a	b
0	5.0	NaN
1	2.0	NaN
2	5.0	5.0
3	NaN	4.0
4	3.0	9.0
5	7.0	8.0
6	11.0	12.0

	a	b
0	1.0	NaN
1	2.0	3.0
2	5.0	5.0
3	7.0	4.0
4	3.0	9.0
5	7.0	8.0
6	11.0	12.0

图 4-19 数据集 df1   图 4-20 数据集 df2   图 4-21 数据集 df1、df2 合并结果

【例 4-13】以下将通过实例说明 Pandas 库如何按照列存储值排序。数据集 df 如图 4-22 所示，按照值排序后的 df 如图 4-23 所示。

```
import pandas as pd
import numpy as np

df = pd. DataFrame( {
    'A': [31, 21, 44, 23],
    'B': [21, 13, 42, 74],
    'C': [24, 52, 41, 72]} )

df

df. sort_values( by='B')
```

	A	B	C
0	31	21	24
1	21	13	52
2	44	42	41
3	23	74	72

	A	B	C
1	21	13	52
0	31	21	24
2	44	42	41
3	23	74	72

图 4-22 数据集 df1   图 4-23 按照值排序后的 df

4.2 Scikit-learn 包

Scikit-learn（以前称为 scikits. learn，也称为 sklearn）是针对 Python 编程语言的免费软件机器学习库。它具有各种分类、回归和聚类算法，包括支持向量机、随机森林、梯度提升、k 均值和 DBSCAN。Scikit-learn 的名称源于它是"SciKit"（SciPy 工具包）的概念，它是 Scipy 的独立开发和分布式第三方扩展。原始代码库后来被其他开发人员重写。

Scikit-learn 拥有完善的文档，上手容易，具有丰富的 API，在学术界颇受欢迎。它已经封装了大量的机器学习算法，同时内置了大量数据集，节省了获取和整理数据集的时间。

本节主要通过特征降维、聚类、分类三个方面的应用实例说明 Scikit-learn 包的使用方法。

4.2.1 特征降维

降维的定义：指在某些限定条件下，降低特征维度或者是随机变量数目，获得一组"不

相关"的特征变量。

特征降维处理的原因：在数据处理中，会遇到特征维度比样本数量多的情况，若是直接对数据进行训练，得到的结果可能不理想。一是冗余的特征存在噪声干扰，影响计算的结果；二是特征本身存在问题或者特征之间相关性较强，计算量加大，耗费时间和资源，对算法学习预测的影响较大。

特征降维的作用：一是降低特征维度；二是降低特征相关性，去除相关性强的特征。

降维算法有很多，如 PCA、ICA、SOM、MDS、ISOMAP、LLE 等。PCA 是一个非监督学习的降维方法，它是通过特征值分解对数据进行压缩、去噪处理。

1. PCA 算法的优点

1）仅以方差衡量信息量，不受数据集外的因素影响。

2）各主成分之间正交，消除原始数据间的相互影响的因素。

3）计算方法简单，易于实现，主要通过特征值分解。

📖 思考：PCA 算法具有哪些缺点？

---

2. 对于 PCA 参数说明

> sklearn. decomposition. PCA(n_components = None, copy = True, whiten = False, svd_solver = 'auto', tol = 0. 0, iterated_power = 'auto', random_state = None)

- n−components：指定 PCA 降维后的特征维度数目，默认值为 min（样本数，特征数）。
- copy：使用默认的 True 即可；设为 False，原输入数据会被新的结果覆盖掉。
- whiten：判断是否白化。白化即对降维后的数据的每个特征进行归一化，让方差都为 1。PCA 降维一般不需要白化，默认值是 False，即不进行白化。
- svd_solver：指定奇异值分解 SVD 的方法。默认设为"auto"，自动选择求解方法；设为"randomized"，随机 SVD 方法，一般适用于数据量大、数据维度多同时主成分数目比例又较低的 PCA 降维；设为"full"，使用 scipy. linalg. svd 进行 SVD 分解。设为"arpack"，使用 scipy. sparse. linalg. svds 进行 SVD 分解。一般使用默认值。
- tol：若 svd_solver ='arpack'，设置奇异值的容忍度。
- iterated_power：若 svd_solver ='randomized'，设置计算功率法的迭代次数。
- random_state：若 svd_solver ='arpack'或 svd_solver ='randomized'时，产生随机数。

3. 对于 PCA 属性说明

- components_：返回具有最大方差的成分，特征空间中的主轴，表示数据中最大方差的方向。
- explained_variance_：降维后的各主成分的方差值。方差值越大，说明是重要的主成分。
- explained_variance_ratio_：降维后的各主成分的方差值占总方差值的比例。比例越大，说明是重要的主成分。
- singular_values_：每个特征的奇异值。
- mean_：每个特征的均值。
- n_components_：等同于 PCA 参数值。

- n_features_: 训练数据中的特征数量。
- n_samples_: 训练数据中的样本数。
- noise_variance_: X 协方差矩阵的(min(n_features, n_samples)-n_components)个最小特征值的平均值。

4. PCA 对象方法

fit(X [,y]): 用 X 训练模型。

fit_transform(X [,y]): 使用 X 训练模型，并在 X 上应用降维。

get_covariance(): 用生成模型计算数据协方差。

get_params([ ]): 获取此估计量的参数。

get_precision(): 用生成模型计算数据精度矩阵。

inverse_transform(X): 将数据转换回其原始空间。

score(X [,y]): 返回所有样本的平均对数似然率。

score_samples(X): 返回每个样本的对数似然。

set_params(* * 参数): 设置此估算器的参数。

transform(X): 对 X 应用降维。

鸢尾花（IRIS）数据集是常见的分类试验数据集。数据集包含 150 个数据，分为三类（Setosa，Versicolor，Virginica），每类 50 个数据，每个数据包含 4 个特征。通过 4 个特征：花萼长度（sepal length）、花萼宽度（sepal width）、花瓣长度（petal length）、花瓣宽度（petal width）来预测鸢尾花卉属于哪一类。

【例 4-14】通过以下代码展示 Scikit-learn 包 PCA 如何对于 IRIS 数据集进行特征降维到 3 维，结果如图 4-24 所示。

```
#导入需要使用的包
import matplotlib. pyplot as plt
from mpl_toolkits. mplot3d import Axes3D
from sklearn import datasets

#导入数据集
data = datasets. load_iris( )
X =data[ 'data']
y =data[ 'target']

#绘制 3D 图像,并选取三个特征展示数据分布情况
ax = Axes3D( plt. figure( figsize = (8,8), dpi = 600))
#设置 X[ y = =i ,0], X[ y = =i, 1], X[ y = =i,2],通过 0,1,2 选择了三个特征
for c, i, target_name in zip('ryb', [ 0, 1, 2], data. target_names):
    ax. scatter( X[ y = =i, 0], X[ y = =i, 2], c = c, label = target_name)

ax. set_xlabel( data. feature_names[ 0])
ax. set_xlabel( data. feature_names[ 1])
ax. set_xlabel( data. feature_names[ 2])
ax. set_title('IRIS')
plt. legend( )
plt. show( )
#保存图像
fig_verify. savefig( "IRIS-1. png")
```

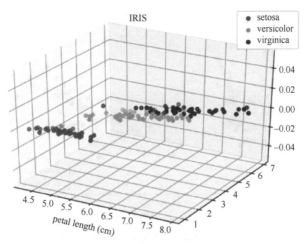

图 4-24　IRIS 选取三个特征展示结果

通过【例 4-14】说明 Scikit-learn 包 PCA 降维至 3 维的具体操作，也可降至 2 维直观地显示降维结果。

【例 4-15】Scikit-learn 包 PCA 如何对于 IRIS 数据集进行特征降维到 2 维，结果如图 4-25 所示。

```
#导入需要使用的包
import matplotlib. pyplot as plt
from mpl_toolkits. mplot3d import Axes3D
from sklearn import datasets
from sklearn. decomposition import PCA

#导入数据集
data = datasets. load_iris( )
X = data['data']
y = data['target']
#选用 PCA 降维到 2 维
pca = PCA( n_components = 2)
X_p = pca. fit( X). transform( X)
#设置图
ax = plt. figure( dpi = 600)
for c, i, target_name in zip('rgb', [0, 1, 2], data. target_names) :
plt. scatter( X_p[y = =i, 0], X_p[y = =i, 1], c = c, label = target_name)

#设置 x 轴坐标
plt. xlabel('Dimension1')
#设置 x 轴坐标
plt. ylabel('Dimension2')
plt. title('IRIS')
plt. legend( )
plt. show( )
#保存图像
fig_verify. savefig( "IRIS-PCA. svg")
```

📖 思考：PCA 算法有哪些变形?

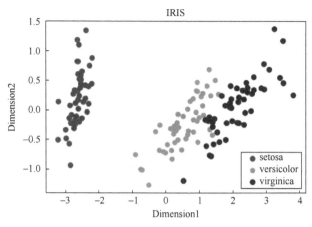

图 4-25　IRIS 选取两个特征展示结果

4.2.2　聚类

sklearn. cluster 模块实现未标记的数据的聚类（Clustering）。每个聚类算法（Clustering Algorithm）都有两个变体：

1）类（class）：实现 fit( )方法学习训练数据的簇（cluster）。

2）函数（function）：不同的训练数据返回与不同簇对应的整数标签数组（array）。

Scikit-learn 包具有的聚类算法如表 4-2 所示。

表 4-2　Scikit-learn 包具有的聚类算法

方法名称	应用场景
K-Means	Currency（通用）
Affinity propagation	Many clusters, uneven cluster size, non-flat geometry（许多簇，不均匀的簇大小，非平面几何）
Mean-shift	Many clusters, uneven cluster size, non-flat geometry（许多簇，不均匀的簇大小，非平面几何）
Spectral clustering	Few clusters, even cluster size, non-flat geometry（几个簇，均匀的簇大小，非平面几何）
Ward hierarchical clustering	Many clusters, possibly connectivity constraints（很多的簇，可能连接限制）
Agglomerative clustering	Many clusters, possibly connectivity constraints, non Euclidean distances（很多簇，可能连接限制，非欧氏距离）
DBSCAN	Non-flat geometry, uneven cluster sizes（非平面几何，不均匀的簇大小）
Gaussian mixtures	Flat geometry, good for density estimation（平面几何，适用于密度估计）
Birch	Large dataset, outlier removal, data reduction（大型数据集，异常值去除，数据简化）

以下讲述最常用的 K-Means 算法，K-Means 算法即把样本分离成 n 个具有相同方差的类来聚集数据。K-Means 具有很好的通用性，可以用于样本量较大的情况，已经被广泛应用于许多不同的应用领域。

K-Means 算法参数如下。

● n_clusters：整型，表示需要生成的聚类数。

● max_iter：整型，表示单次运行的 K-means 算法的最大迭代次数。

● n_init：整型，将使用不同的初始化质心运行算法的次数。

● init：有 3 种选择：k-means++，random，或者数组状（n_clusters, n_features），默认值为

k-means++。

- k-means++：以智能方式选择 k-mean 聚类的初始聚类中心，以加快收敛。
- random：随机从训练数据中选取初始质心。
- 数组状（n_clusters, n_features）：应该具有形状（n_clusters, n_features），且给出初始质心。
- precompute_distances：预计算距离，有 3 种选择：auto、True 或者 False。
- auto：若 * n_samples > 1200 n_clusters，不预计算距离。
- True：始终预先计算距离。
- False：永不预先计算距离。
- n_jobs：整型，指定计算所用的进程数。
- 数值为 -1：用所有的 CPU 进行运算。
- 数值为 1：不进行并行运算。
- 数值<-1：用到的 CPU 数为（n_cpus + 1 + n_jobs）。
- random_state：整型或者 numpy.RandomState 类型，用于初始化质心的生成器（generator）。
- copy_x：布尔型，默认值=True。True：则不会修改原始数据；False：则修改原始数据。

【例 4-16】通过以下代码展示了 Scikit-learn 包的 K-Means 算法如何对于 IRIS 数据集进行聚类，结果如图 4-26 所示。

```
#导入所需要的包
from sklearn import datasets
import matplotlib. pyplot as plt
from sklearn. cluster import KMeans

#加载数据集
lRIS_da = datasets. load_iris( )

#选择前两个维度作为 x 轴和 y 轴
x=lRIS_da. data[ :,0]
y=lRIS_da. data[ :,2]

#设置聚类数目
model = KMeans( n_clusters = 3 )

#训练模型
model. fit( lRIS_da. data)

#预测数据集所有数据
xy_pre= model. predict( lRIS_da. data)

fig_verify =plt. figure( dpi=600)
#绘制聚类散点图
plt. scatter( x, y, c=xy_pre)
#设置 x 轴坐标
plt. xlabel( 'Dimension1')
#设置 y 轴坐标
plt. ylabel( 'Dimension2')
plt. show( )
#保存图像
fig_verify. savefig( "IRIS-kmeans. svg")
```

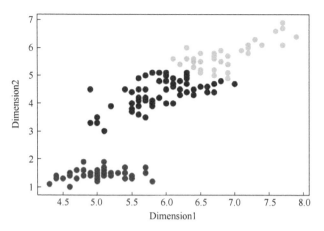

图 4-26　IRIS 经过 K-Means 聚类结果

📖 思考：Gaussian mixtures 如何对于 IRIS 进行聚类处理？

4.2.3　分类

分类是指当预测的数据特征中包含的类别不同时，需要对其分类处理，每一个类别都代表预测值所属的一个范围。

Scikit-learn 中包含以下分类算法：支持向量机、随机梯度下降、K 近邻、朴素贝叶斯、决策树、集成方法。

K 近邻算法是指在已知类别的训练数据集中输入一个未分类的数据，若可以在训练数据集中找到 K 个与新输入数据最近邻的数据，其中 K 个数据多数属于某一个类别，则该新输入数据属于该类别。

【例 4-17】通过以下代码展示了 Scikit-learn 包的 K 近邻算法如何对于 IRIS 数据集进行分类及分类预测结果。

```
#导入所需要的工具包
import matplotlib. pyplot as plt
import numpy as np
from sklearn. datasets import load_iris
#train_test_split 函数可按照设定的比例,随机将样本集合划分为训练集和测试集,并返回划分好的训练集
和测试集数据
from sklearn. model_selection import train_test_split

#加载 IRIS 数据集
IRIS = load_iris( )
#X:待划分的样本特征集合。y:待划分的样本标签。test_size:若在 0~1 之间,为测试集样本数目与原始
样本数目之比;若为整数,则是测试集样本的数目。random_state:随机数种子
X_train, X_test, y_train, y_test = train_test_split( IRIS['data'], IRIS['target'], random_state=0)

#导入 sklearn 中 k 近邻分类模型
from sklearn. neighbors import KNeighborsClassifier
#n_neighbors:knn 算法中指定以最近的几个最近邻样本具有投票权,默认参数为5
knn = KNeighborsClassifier( n_neighbors=1)
```

```
#训练模型
knn.fit(X_train,y_train)

#进行预测
y_pred = knn.predict(X_test)
#输出准确率
print('预测准确率:',knn.score(X_test,y_test))

预测准确率: 0.9736842105263158
```

朴素贝叶斯算法基于贝叶斯定理和特征条件独立假设。其计算公式如式（4-1）所示。对于某一确定数据集，输入一个不知类别的新数据，先在给定数据集中寻找与新数据有相同特征的数据，计算每个类别的概率，概率最高的类则为新数据的类。

$$P(B|A) = \frac{P(A|B)P(B)}{P(A)} \tag{4-1}$$

【例4-18】通过以下代码展示了Scikit-learn包的朴素贝叶斯算法如何对于IRIS数据集进行分类及分类预测结果。

```
#导入所需要的工具包
import matplotlib.pyplot as plt
import numpy as np
from sklearn.datasets import load_iris
#train_test_split函数可按照设定的比例,随机将样本集合划分为训练集和测试集,并返回划分好的训练集
和测试集数据
from sklearn.model_selection import train_test_split

#加载IRIS数据集
IRIS = load_iris()
#X:待划分的样本特征集合。y:待划分的样本标签。test_size:若在0~1之间,为测试集样本数目与原始
样本数目之比;若为整数,则是测试集样本的数目。random_state:随机数种子
X_train,X_test,y_train,y_test = train_test_split(IRIS['data'],IRIS['target'],random_state=0)

#导入sklearn中朴素贝叶斯方法
from sklearn.naive_bayes import GaussianNB
#初始化模型
GNB = GaussianNB()

#训练模型
GNB.fit(X_train,y_train)

#进行预测
y_pred = GNB.predict(X_test)
#输出准确率
print('预测准确率:',GNB.score(X_test,y_test))

预测准确率: 1.0
```

决策树算法作为一种直观的分类算法通过树形结构对样本的属性进行分类，其中非叶子节点表示数据属性测试条件，分支表示测试的结果，叶子节点表示分类结果。

【例4-19】通过以下代码展示了Scikit-learn包的决策树算法如何对于IRIS数据集进行分类及分类预测结果。

```
#导入所需要的工具包
import matplotlib. pyplot as plt
import numpy as np
from sklearn. datasets import load_iris
#train_test_split 函数可按照设定的比例,随机将样本集合划分为训练集和测试集,并返回划分好的训练集
和测试集数据
from sklearn. model_selection import train_test_split

#加载 IRIS 数据集
IRIS = load_iris()
#X:待划分的样本特征集合。y:待划分的样本标签。test_size:若在 0~1 之间,为测试集样本数目与原始
样本数目之比;若为整数,则是测试集样本的数目。random_state:随机数种子
X_train, X_test, y_train, y_test = train_test_split(IRIS['data'], IRIS['target'], random_state=0)

#导入 sklearn 中决策树方法
from sklearn import tree
#导入决策树 DTC 包
from sklearn. tree import DecisionTreeClassifier
#初始化模型
DTREE = DecisionTreeClassifier()

#训练模型
DTREE. fit(X_train, y_train)

#进行预测
y_pred = DTREE. predict(X_test)
#输出准确率
print ('预测准确率:',DTREE. score(X_test, y_test))

预测准确率: 0. 9736842105263158
```

4.3　其他 Python 分析包

除了常用的 Scipy、Pandas、Scikit-learn 等数据分析包外，也有一些小众的数据分析包非常受人欢迎。本节选择频谱分析、时频分析和动力学分析中常用的几个包进行介绍。thinkdsp 工具包由 Allen B. Downey 创建并发布于 Github，下载地址为：https://github. com/AllenDowney/ThinkDSP/blob/master/code/thinkdsp. py，封装了很多好用的信号生成、处理和分析功能。Pywt 是一个开源的小波变换工具包，安装方式为：pip install PyWavelets。PyEMD 是一个经验模态分解的 Python 工具包，安装方式为：pip install EMD-signal。SymPy 提供了一套强大的符号计算体系，是动力学建模不可缺少的工具，安装方式为：pip install sympy 。PyDy 是一个动力学建模工具包，安装方式为：pip install pydy。

4.3.1　频谱分析

离散余弦变换（Discrete Cosine Transform，DCT）相当于一个长度大概是它两倍的离散傅里叶变换（Discrete Fourier Transform，DFT），DCT 是对一个实偶函数进行的，相比 DFT 具有更好的频域能力聚集度，有助于裁剪掉不重要的频域区域和系数，经常被信号处理和图像处理使用，因此 DCT 常被用于对信号和图像进行有损数据压缩，著名的 JEPG 图像压缩算法就使用了 DCT。

【**例 4-20**】 使用 thinkdsp 创建一个频率为 6 Hz，采样频率 300 Hz，采样时间为 1 s 的三角波，画出时域波形及其频谱，具体程序如例 4-20 所示，所绘制的时域波形如图 4-27 所示，频谱如图 4-28 所示，可以看到在 6Hz 的位置能量最强，其他位置的能量远低于 6 Hz。

```
import thinkdsp

signal  = thinkdsp. TriangleSignal( freq = 6)
wave = signal. make_wave( duration = 1. 0, framerate = 300)
dct  = wave. make_dct( )
dct. plot( )
thinkdsp. plt. show( )
```

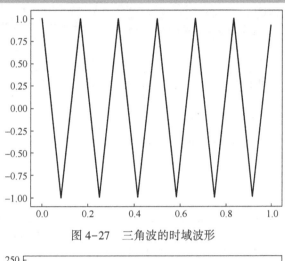

图 4-27　三角波的时域波形

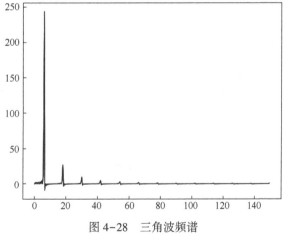

图 4-28　三角波频谱

4.3.2　时频分析

时频分析是指同时从时域和频域对数据进行分析的方法。传统的傅里叶变换是从频域进行分析，不适合用来分析一个频率会随着时间而改变的信号。随着信号处理技术的发展，出现了很多时频方析的方法，这一小节主要介绍时频分析常用的小波变换和经验模态分解。

1. 小波变换

短时傅里叶变换由于窗口大小固定，所以具有一定的局限性，小波变换将短时傅里叶变换的无限长三角函数基换成了有限长的会衰减的小波基，由此小波变换作为一种新的变换分析方法，它继承并发展了短时傅里叶变换的思想，同时使用一个可以随频率改变大小的特殊窗口。

小波变换的公式如下：

$$WT(a,\tau) = \frac{1}{\sqrt{a}} \int_{-\infty}^{\infty} f(t) * \psi\left(\frac{t-\tau}{a}\right) dt \tag{4-2}$$

式中有两个变量，即尺度 a 和平移量 τ，由公式可知 a 控制小波函数的伸缩，对应着频率，τ 控制小波函数的平移，对应着时间。所以经过小波变换可以得到信号的频率信号并且得到频率的时域位置。

【例 4-21】以下代码演示如何进行小波变换，结果如图 4-29 所示。

```python
import matplotlib. pyplot as plt
import numpy as np
import pywt

#解决中文显示问题
plt. rcParams['font. sans-serif'] = ['KaiTi']          #指定默认字体
plt. rcParams['axes. unicode_minus'] = False           #解决保存图像是负号'-'显示为方块的问题

sampling_rate = 1024
t = np. arange(0, 1.0, 1.0 / sampling_rate)           #起点为 0;终点为 1.0;步长为 1.0 / 1024
f1 = 200   #三种频率
f2 = 300
f3 = 350
data = np. piecewise(t, [t < 1, t < 0.7, t < 0.3],
                        [lambda t: np. sin(2 * np. pi * f1 * t),    #t<1 时执行此句
                         lambda t: np. sin(2 * np. pi * f2 * t),    #t<0.7 时执行此句
                         lambda t: np. sin(2 * np. pi * f3 * t)])   #t<0.3 时执行此句
wavename = 'cgau8'
totalscal = 256
fc = pywt. central_frequency(wavename)
cparam = 2 * fc * totalscal
scales = cparam / np. arange(totalscal, 1, -1)
[cwtmatr, frequencies] = pywt. cwt(data, scales, wavename, 1.0 / sampling_rate)
plt. figure(figsize=(8, 4))                              #显示大小
plt. subplot(211)
plt. plot(t, data)
plt. xlabel(u"时间(秒)", fontsize=13)
plt. title(u"300 Hz、200 Hz 和 100 Hz 的分段波形和时频谱", fontsize=15)
plt. subplot(212)
plt. contourf(t, frequencies, abs(cwtmatr))
plt. ylabel(u"频率(Hz)", fontsize=13)
plt. xlabel(u"时间(秒)", fontsize=13)
plt. subplots_adjust(hspace=0.4)
plt. show()
```

2. 经验模态分解

经验模态分解（EMD）可以将原始信号分解成为一系列固有模态函数（IMF），IMF 分量是具有时变频率的振荡函数，能够反映出非平稳信号的局部特征，用它对非线性非平稳的信号进行分解比较合适。任何复杂的信号均可视为多个不同的固有模态函数叠加之和，任何模态函数可以是线性的或非线性的，并且任意两个模态之间都是相互独立的。基于此，经验模态分解在时频域分析上是实用的。

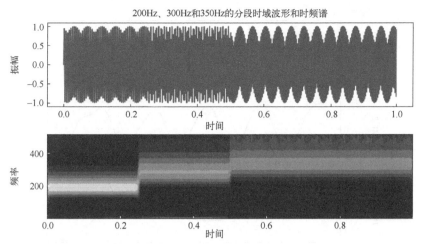

图 4-29　小波变换的波形图和时频图

【例 4-22】一段调幅信号进行经验模态分解如例 4-22 所示，所使用的调幅信号时域波形如图 4-30 所示，分解后的 IMF 分量和瞬时频率如图 4-31 和图 4-32 所示。

```python
from PyEMD import EMD, Visualisation
import numpy as np

#构建信号
t = np.arange(0, 1, 0.01)
S = 2 * np.sin(2 * np.pi * 15 * t) + 4 * np.sin(2 * np.pi * 10 * t) * np.sin(2 * np.pi * t * 0.1) + np.sin(
    2 * np.pi * 5 * t)
#提取 imfs 和剩余信号 res
emd = EMD.EMD(extrema_detection='parabol')
emd.emd(S)
imfs, res = emd.get_imfs_and_residue()

#绘制 IMF
vis = Visualisation.Visualisation()
vis.plot_imfs(imfs=imfs, residue=res, t=t, include_residue=True)

#绘制并显示所有提供的 IMF 的瞬时频率
vis.plot_instant_freq(t, imfs=imfs)
vis.show()
```

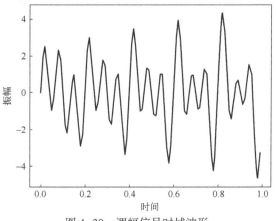

图 4-30　调幅信号时域波形

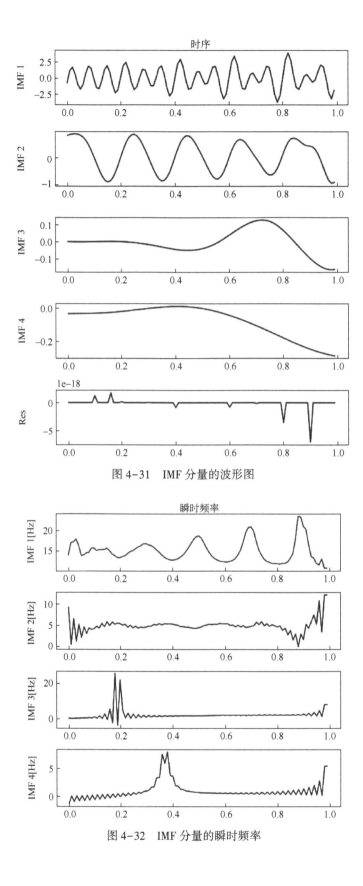

图 4-31 IMF 分量的波形图

图 4-32 IMF 分量的瞬时频率

4.3.3 动力学分析

动力学分析也是一个重要的研究领域，Python 提供了用于动力学分析的工具包，这里通过混沌摆的例子说明如何利用 Python 进行动力学分析。

混沌摆是一种特殊的摆，具有不规则的运动规律，最简单的混沌摆是双摆，简单地理解为一个摆下面再接一个摆，如图 4-33 所示，该系统由一根杆连接一个平板组成，通过画出不同初始条件下的杆和平板的角度来展示混沌现象。

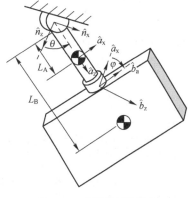

图 4-33　混沌钟摆系统

【例 4-23】通过以下代码说明混沌钟摆系统。

导入用到的包。

```
import numpy as np
import matplotlib. pyplot as plt
import sympy as sm
import sympy. physics. mechanics as me
from pydy. system import System
```

声明各个符号，包括杆的质量 mA、平板的质量 mB、沿杆方向到板中心的长度 L_B、板的宽度 w、板的高度 h、重力加速度 g。

```
mA, mB, L_B, w, h, g = sm. symbols('m_A, m_B, L_B, w, h, g')
```

定义杆和平板的时变广义坐标和广义速度。theta 是杆相对于平板的角度，phi 是平板相对于杆的角度，omega 是杆相对于平板的角速度，alpha 是平板相对于杆的角速度。之后定义运动学微分方程。dynamicsymbols 方法表示动态的标识符，diff( ) 是数据的差分。

```
theta, phi = me. dynamicsymbols('theta, phi')
omega, alpha = me. dynamicsymbols('omega, alpha')
kin_diff = ( omega − theta. diff( ), alpha − phi. diff( ) )
```

创建参考系，并设置方向。N 代表固定物，A 代表杆，B 代表平板。

```
N = me. ReferenceFrame('N')
A = me. ReferenceFrame('A')
B = me. ReferenceFrame('B')
A. orient( N, 'Axis', ( theta, N. y ) )
B. orient( A, 'Axis', ( phi, A. z ) )
```

定义杆旋转的固定点、杆的质心、平板的质心。杆和平板的点可以相对于杆旋转的固定点来定义。

```
No = me. Point('No')
Ao = me. Point('Ao')
Bo = me. Point('Bo')
lA = (lB − h ∕ 2 ) ∕ 2
Ao. set_pos(No, lA ∗ A. z)
Bo. set_pos(No, lB ∗ A. z)
```

定义杆和板的角速度和线速度。

```
A. set_ang_vel(N, omega * N.y)
B. set_ang_vel(A, alpha * A.z)
No. set_vel(N, 0)
Ao. v2pt_theory(No, N, A)
Bo. v2pt_theory(No, N, A)
```

根据杆的长度和质量获得其相对于参考系的惯性张量，根据平板的宽度和高度获得平板相对于参考系的惯性张量。

```
IAxx = sm.S(1) / 12 * mA * (2 * IA) ** 2
IAyy = IAxx
IAzz = 0
IA = (me.inertia(A,IAxx,IAyy,IAzz), Ao)
IA[0].to_matrix(A)

IBxx = sm.S(1)/12 * mB * h ** 2
IByy = sm.S(1)/12 * mB * (w ** 2 + h ** 2)
IBzz = sm.S(1)/12 * mB * w ** 2
IB = (me.inertia(B,IBxx,IByy,IBzz), Bo)
IB[0].to_matrix(B)
```

使用前面获得的信息定义杆和平板。

```
rod = me.RigidBody('rod', Ao, A, mA, IA)
plate = me.RigidBody('plate', Bo, B, mB, IB)
```

定义载荷，载荷为作用于每个物体质心的力。

```
rod_gravity = (Ao, mA * g * N.z)
plate_gravity = (Bo, mB * g * N.z)
```

2. 生成运动方程

使用广义的角速度、线速度、运动学微分方程和惯性参考系来初始化系统的运动方程，然后将实体和载荷传入进去，生成运动方程将其转换为三角函数的形式。kanes_equations()方法表示为系统导入载荷和实体，并导出动力学系统。trigsimp()方法表示将输入的动力学方程转换为三角函数。

```
kane = me.KanesMethod(N, q_ind=(theta, phi), u_ind=(omega, alpha), kd_eqs=kin_diff)
bodies = (rod, plate)
loads = (rod_gravity, plate_gravity)
fr,frstar = kane.kanes_equations(loads, bodies)
sm.trigsimp(fr)
sm.trigsimp(frstar)
```

接下来为转换成三角函数后的动力学方程赋初始条件。

```
sys = System(kane)
sys.constants = {lB: 0.2, h: 0.1, w: 0.2, mA: 0.01, mB: 0.1, g: 9.81}
sys.initial_conditions = {theta: np.deg2rad(45), phi: np.deg2rad(0.5), omega: 0, alpha: 0}
sys.times = np.linspace(0, 100, 500)
```

画出在不同初始条件下的结果，deg2rad()表示将角度转换为弧度制。由图4-34可以看到两个平板初始角度仅仅相差了0.2，在运动一段时间后表现出了非常大的差异，验证了该钟摆系统存在混沌现象。

```
def plot():
    plt.figure()
    plt.plot(sys.times, np.rad2deg(x[:, :2]))
    plt.legend([sm.latex(s, mode='inline') for s in sys.coordinates])
    plt.show()

sys.initial_conditions[theta] = np.deg2rad(200)
sys.initial_conditions[phi] = np.deg2rad(0.5)
x = sys.integrate()
plot()

sys.initial_conditions[theta] = np.deg2rad(200)
sys.initial_conditions[phi] = np.deg2rad(0.7)
x = sys.integrate()
plot()
```

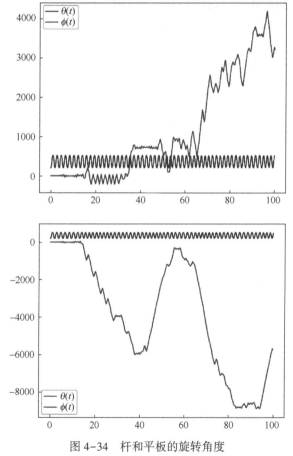

图 4-34　杆和平板的旋转角度

习题和作业

1. Pandas 和 NumPy 的区别是什么？
2. 创建一个从 0 到 100 的序列，求其最小值，第 25 百分位数，中位数和最大值。

3. 设 df = pd. DataFrame({'A': [1, 2, 2, 3, 4, 5, 5, 5, 6, 7, 7]}), 删除其中重复的数据。

4. 创建一个五行三列的字典 dict1, 如 df = pd. DataFrame(np. random. random(size = (5, 3))), 计算字典 dict1 中每个数减去该行平均数, 构成新的字典 dict2。

5. 创建一个五行五列的字典 dict1, 计算每列的和, 并找出和最小的那一列的列名。

6. 设 df = pd. DataFrame({'X': [7, 2, 0, 3, 4, 2, 5, 0, 3, 4]}), 计算每个元素至左边最近的 0 (或者至开头) 的距离, 生成新列 y。

7. 定义一维数组:

```
ser1 = [1, 2, 3, 4, 5]
ser2 = [4, 5, 6, 7, 8]
```

1) 获取数组 ser1 中不存在的数组 ser2 的值。

2) 获取数组 ser1 和数组 ser2 都不存在的值。

8. 创建一个五行三列的数组, 返回最大三个值的坐标。

9. Scikit-learn 功能按照监督学习和非监督学习如何分类?

10. Scikit-learn 实现回归和分类问题的区别是什么?

11. 利用 k-近邻算法鸢尾花(load_iris)进行分类。

12. 利用朴素贝叶斯算法对新闻分类数据集(fetch_20newsgroups)进行预测。

13. 利用随机森林算法对泰坦尼克号乘客生还问题进行预测。

第 5 章　Python 数据处理

从网络上爬取或者从文件导入的数据经常会存在数据缺失或重复等各种问题，需要对数据清洗和预处理。本章将讲解基于 Pandas 库的数据清洗和预处理、基于 Scipy 库的数据统计分析、基于 Requests 和 Beautiful Soup 库的网络数据爬取。

本章学习目标

❖ 掌握利用 Python 实现数据清洗
❖ 掌握利用 Python 实现数据预处理
❖ 掌握利用 Python 统计分析
❖ 掌握网络数据采集方法

5.1　数据清洗

数据清洗（Data Cleaning）是对数据重新审查和校验的过程，目的在于删除重复信息、纠正存在的错误，并提供数据一致性。通俗来讲，就是把“脏”的数据“洗掉”，是在数据处理和分析之前的最后一道程序。“脏”数据类型主要包括残缺数据和重复数据等异常数据。本章将利用 Pandas 库对残缺和重复数据进行清洗。

1. 残缺数据

在实际的各种数据库中，数据缺失的情况经常发生甚至是不可避免的。造成数据缺失的原因是多方面的，这就要求必需对缺失的数据进行处理。

如图 5-1 所示为有缺失数据的 excel 表，可以先导入为 Pandas 库中的 DataFrame 数据结构，然后利用 isnull( ) 函数判断每个元素是不是缺失的空值，isnull( ) . any( )判断每列是否含有缺失的空值。

	A	B	C
1	Col1	Col2	Col3
2	1	2	3
3	4		

图 5-1　带有缺失数据的 Excel 表

对于缺失的数据，一般有两种处理方法：通过 dropna( )将含有缺失数据的行去掉；或者通过 fillna( ) 函数将空缺用指定的值进行填充。在使用以上函数时，默认的是对整个 DataFrame 进行处理，也可通过列标签选取部分列处理，例如 df['Col3'].fillna(0)。下述例子的执行结果如图 5-2 所示。

【例 5-1】 缺失数据的去除和填充。

```
import pandas as pd

df = pd.read_excel('null.xlsx')
print('导入的 excel 表为:\n', df, '\n')

print('判断每个元素是否为空值:\n', df.isnull(), '\n')
print('判断每一列是否含有空值:\n', df.isnull().any(), '\n')
```

```
df1 = df. dropna( )
print('将有空值的行去掉:\n', df1, '\n')

df3 = df
df3['Col3'] = df['Col3']. fillna(0)
print('将 Col3 中的空缺值填充为 0:\n', df3)
```

```
导入的excel表为:
   Col1  Col2  Col3
0     1   2.0   3.0
1     4   NaN   NaN

判断每个元素是否为空值:
    Col1   Col2   Col3
0  False  False  False
1  False   True   True

判断每一列是否含有空值:
Col1    False
Col2     True
Col3     True
dtype: bool

将有空值的行去掉:
   Col1  Col2  Col3
0     1   2.0   3.0

将Col3中的空缺值填充为0:
   Col1  Col2  Col3
0     1   2.0   3.0
1     4   NaN   0.0
```

图 5-2　缺失数据的去除和填充

2. 重复数据

对于重复数据, 利用 duplicated( ) 函数判断 DataFrame 中的行是否有重复, 利用 drop_du-plicates( ) 函数去除重复的数据, 参见例 5-2。

【例 5-2】重复数据处理。

```
import pandas as pd

df = pd. read_excel('repeated. xlsx')
print('导入的 excel 表为:')
print(df,'\n')

print('判断整行是否重复:')
flag1 = df. duplicated( )
print(flag1,'\n')

print('判断一行的子集是否重复:')
flag2 = df. duplicated( subset = (['No']))
print(flag2,'\n')

print('去掉重复行:')
df1 = df;
df1. drop_duplicates( subset = None, keep = 'first',inplace = True)
print(df1, '\n')
```

```
print('去掉重复行的子集:')
df2 = df;
df3 = df2. drop_duplicates( subset = ['No'] , keep = 'first',inplace = False)
print( df3, '\n')
```

上述程序导入图 5-3 所示的 excel 表到 Pandas 库中 DataFrame 的数据结构，然后利用 du-plicated( ) 函数判断行是否有重复，并利用 drop_duplicates( ) 函数去除重复的数据，对应的参数如下：

- subset：列名，可选，默认为 None。
- keep：{first, last, False}，默认值 first。first：保留第一次出现的重复行，删除后面的重复行；last：删除重复项，除了最后一次出现；False：删除所有重复项。
- inplace：布尔值，默认为 False，是否直接在原数据上删除重复项或删除重复项后返回副本。inplace=True 表示直接在原来的 DataFrame 上删除重复项，而默认值 False 表示生成一个副本。

相应的程序执行结果如图 5-4 所示，特别注意 subset 和 inplace 参数取不同值时对应结果的区别。

```
导入的excel表为:
    No      Name Sex  Grade
0    1  Li Ming  男      90
1    2    Li Li  女      82
2    1  Li Ming  男      90
3    1  Li Ming  男      92

判断整行是否重复:
0    False
1    False
2     True
3    False
dtype: bool

判断一行的子集是否重复:
0    False
1    False
2     True
3     True
dtype: bool

去掉重复行:
    No      Name Sex  Grade
0    1  Li Ming  男      90
1    2    Li Li  女      82
3    1  Li Ming  男      92

去掉重复行的子集:
    No      Name Sex  Grade
0    1  Li Ming  男      90
1    2    Li Li  女      82
```

	A	B	C	D
1	No	Name	Sex	Grade
2	1	Li Ming	男	90
3	2	Li Li	女	82
4	1	Li Ming	男	90
5	1	Li Ming	男	92

图 5-3 带有重复数据的 excel 表

图 5-4 重复数据的去除

5.2 数据预处理

在数据处理和分析之前需要进行数据预处理工作，主要包括：数据的分组、合并，字符串的去空格、大小写转换等预处理。

1. 数据分组

分组是数据处理中常见的应用场景，例如，对多个班成绩分析，需要按班级统计。可以对 DataFrame 数据按照指定的列名进行分组，将其分为多个 DataFrame，参见例5-3。

【例5-3】数据分组。

```
import pandas as pd

df = pd. DataFrame({'学号':[201801,201802,201803,201804],
                    '班级':['A','B','A','B'],
                    '成绩':[88,86,90,82]
        })

grp = df. groupby('班级')

for name,group in grp:
    print(name)
    print(group)
```

在上例中通过 groupby('班级')函数将数据类型为 DataFrame 的 df 根据班级分为不同的组，每一组也是 DataFrame 数据结构，输出结果如图5-5所示。

2. 数据合并

除了对 DataFrame 分组外，还可对 DataFrame 合并。

【例5-4】merge()函数数据合并。

```
学号   姓名  数学
0  201801  李明   88
1  201802  王刚   86
2  201803  赵四   90
      学号   姓名  语文
0  201801  李明   82
1  201802  王刚   87
2  201803  赵四   80

After merged:
      学号   姓名  数学  语文
0  201801  李明   88   82
1  201802  王刚   86   87
2  201803  赵四   90   80
```

图5-5　数据分组结果

```
import pandas as pd

df1 = pd. DataFrame({'学号':[201801,201802,201803],
                     '姓名':['李明','王刚','赵四'],
                     '数学':[88,86,90]})

df2 = pd. DataFrame({'学号':[201801,201802,201803],
                     '姓名':['李明','王刚','赵四'],
                     '语文':[82,87,80]})

print(df1,'\n',df2,'\n')
df = pd. merge(df1, df2, on = ['学号','姓名'])
print('After merged:\n', df)
```

在上例中通过 merge()函数将列名相同的列合并，将数学和语文成绩合并到了一个总的成绩表，程序执行结果如图5-6所示。

除了可对列合并外，还可利用 concat()函数对具有相同列标签的两个 DataFrame 合并，形成一个行数更多的 DataFrame，如例5-5所示，执行结果如图5-7所示。

```
       学号  姓名  数学
0  201801  李明  88
1  201802  王刚  86
2  201803  赵四  90
       学号  姓名  语文
0  201801  李明  82
1  201802  王刚  87
2  201803  赵四  80
After merged:
       学号  姓名  数学  语文
0  201801  李明  88  82
1  201802  王刚  86  87
2  201803  赵四  90  80
```

图 5-6　列合并结果

```
       学号  姓名  数学
0  201801  李明  88
1  201802  王刚  86

       学号  姓名  数学
0  201803  赵四  80

       学号  姓名  数学
0  201801  李明  88
1  201802  王刚  86
0  201803  赵四  80
```

图 5-7　行合并结果

【例 5-5】concat( )函数数据合并。

```
import pandas as pd


df1 = pd.DataFrame({'学号':[201801,201802],
                    '姓名':['李明','王刚'],
                    '数学':[88,86]})

df2 = pd.DataFrame({'学号':[201803],
                    '姓名':['赵四'],
                    '数学':[80]})

print(df1, '\n\n', df2, '\n')

df = pd.concat([df1,df2])
print(df)
```

3. 字符串处理

字符串是最常见的一种数据格式，经常需要对字符串操作。可以利用 DataFrame 的 map 函数对字符串进行大小写转换、去除空格、判断是否为数字、字符串填充等操作，如例 5-6 所示。

【例 5-6】字符串处理。

```
import pandas as pd

df = pd.DataFrame({'Name':['Wang Hui', 'zhao fang', 'LI MING'], 'Score':[88, 89, 99]})
print(df,'\n')

#小写
df1 = df;
df1['Name'] = df1['Name'].map(str.lower)
print(df1,'\n')

#大写
df2 = df;
df2['Name'] = df2['Name'].map(str.upper)
print(df2,'\n')
```

```
#首字母大写
df2 = df;
df2['Name'] = df2['Name'].map(str.title)
print(df2)
```

在上述例子中,lower( )、upper( )和 title( )分别是将字符串转换为小写,大写和首字母大写、其他字母小写,相应的程序执行结果如图 5-8 所示。

还可以使用 strip 函数移除字符串头尾指定的字符(默认为空格或换行符)或字符序列,程序代码如例 5-7 所示,相应的结果如图 5-9 所示。

【例 5-7】 strip 函数移除字符串头尾指定的字符(默认为空格或换行符)或字符序列。

```
import pandas as pd

df = pd.DataFrame({'Name':['LI MING '],'Score':[88]})
print(df,'\n')
df1 = df;
df1['Name'] = df1['Name'].map(str.strip)
print(df1,'\n')
```

```
        Name  Score
0   Wang Hui     88
1  zhao fang     89
2    LI MING     99

        Name  Score
0   wang hui     88
1  zhao fang     89
2    li ming     99

        Name  Score
0   WANG HUI     88
1  ZHAO FANG     89
2    LI MING     99

        Name  Score
0   Wang Hui     88
1  Zhao Fang     89
2    Li Ming     99
```

```
      Name  Score
0  LI MING     88

      Name  Score
0  LI MING     88
```

图 5-8　字符串的大小写转换　　　　图 5-9　字符串中空格的去除

5.3　统计分析

可利用 NumPy 和 Scipy 库以计算给定数据的统计量,也可以生成符合给定分布函数的数据,还可判断给定的数据是否属于某种分布。

1. 统计量的计算

利用 NumPy 中的函数 max( )、min( )、mean( )、var( )、sum( )、prod( )、median( )和 percentile( )等函数计算多维数组 array 中的最大值、最小值、均值、方差、元素的和、元素的乘积、中值和百分位数等统计量。以上函数默认是求所有元素的统计量,当 axis=0 和 axis=1 时分别求各列和各行的统计量。常用统计量计算的例子如例 5-8 所示,程序的执行结果如图 5-10 所示。

```
[[ 1  2  3  4]
 [ 5  6  7  8]
 [ 9 10 11 12]]
Max: 12
Min: 1
Mean: 6.5
Variance: 11.916666666666666
Sum: 78
Product: 479001600
Median: 6.5
Percentile: 5.95

Max: [ 9 10 11 12]
Min: [1 2 3 4]
Mean: [5. 6. 7. 8.]
Variance: [10.66666667 10.66666667 10.66666667 10.66666667]
Sum: [15 18 21 24]
Product: [ 45 120 231 384]
Median: [5. 6. 7. 8.]
Percentile: [4.6 5.6 6.6 7.6]

Max: [ 4  8 12]
Min: [1 5 9]
Mean: [ 2.5  6.5 10.5]
Variance: [1.25 1.25 1.25]
Sum: [10 26 42]
Product: [   24  1680 11880]
Median: [ 2.5  6.5 10.5]
Percentile: [ 2.35  6.35 10.35]
```

图 5-10 统计量的计算

【例 5-8】统计量的计算。

```
import numpy as np

x = np.array([[1,2,3,4],[5,6,7,8],[9,10,11,12]])
print(x)
#全部数据
print('Max:', np.max(x))
print('Min:', np.min(x))
print('Mean:', np.mean(x))
print('Variance:', np.var(x))
print('Sum:', np.sum(x))
print('Product:', np.prod(x))
print('Median:', np.median(x))
print('Percentile:', np.percentile(x,45),'\n')

#各列
print('Max:', np.max(x, axis = 0))
print('Min:', np.min(x, axis = 0))
print('Mean:', np.mean(x, axis = 0))
print('Variance:', np.var(x, axis = 0))
print('Sum:', np.sum(x, axis = 0))
print('Product:', np.prod(x, axis = 0))
print('Median:', np.median(x, axis = 0))
print('Percentile:', np.percentile(x,45, axis = 0),'\n')

#各行
print('Max:', np.max(x, axis = 1))
```

```
print('Min:', np.min(x, axis = 1))
print('Mean:', np.mean(x, axis = 1))
print('Variance:', np.var(x, axis = 1))
print('Sum:', np.sum(x, axis = 1))
print('Product:', np.prod(x, axis = 1))
print('Median:', np.median(x, axis = 1))
print('Percentile:', np.percentile(x,45, axis = 1),'\n')
```

2. 生成服从指定分布的数据

实际应用中有时需要服从特定分布的数据，可使用 stats.norm.rvs() 和 stats.uniform.rvs() 函数生成服从正态分布和均匀分布的变量，其中，参数 loc 分别为正态分布的均值和均匀分布中区间的最小值，scale 分别为正态分布的方差和均匀分布中区间的最大值，如例 5-9 所示。

【例 5-9】生成服从正态分布和均匀分布的数据，结果如图 5-11 所示。

```
from scipy import stats
import matplotlib.pyplot as plt

#正态分布
x = stats.norm.rvs(loc = 0, scale = 1.0, size = 10000)
plt.hist(x, bins = 100)
plt.show()

#均匀分布
x = stats.uniform.rvs(loc = 0, scale = 1.0, size = 10000)
plt.hist(x, bins = 100)
plt.show()
```

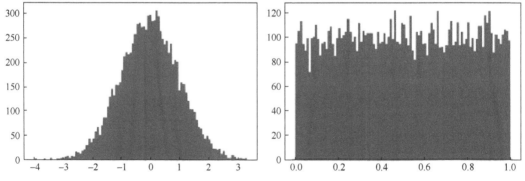

图 5-11　生成的正态分布和均匀分布

3. 判断数据是否服从特定的概率分布

当需要判断给定的数据是否服从特定分布时，可以用 scipy 库中的 stats.kstest() 函数，该函数的第一个参数为给定的样本数据，第二个参数为要判定的分布。如果返回值 pvalue 大于显著性水平，通常是 0.05，接受原假设，即判断的样本数据服从要判定的分布。在下面的例子中，x 是正态分布变量，所以如果 stats.kstest(x,'norm') 返回值中 pvalue 远远大于 0.05，而 stats.kstest(x,'uniform') 的 pvalue 为 0，说明接受 x 服从正态分布，而拒绝 x 服从均匀分布，相应的实例如图 5-10 所示。

【例 5-10】判定数据是否服从特定的分布，结果如图 5-12 所示。

```
fromscipy import stats
importmatplotlib. pyplot as plt

#正态分布
x = stats. norm. rvs(loc = 0, scale = 1.0, size = 100000)
print(stats. kstest(x,'norm'))
print(stats. kstest(x,'uniform'))


print('\n')


y = stats. uniform. rvs(loc = 0, scale = 1.0, size = 100000)
print(stats. kstest(y,'norm'))
print(stats. kstest(y,'uniform'))
```

```
KstestResult(statistic=0.0018771916286351997, pvalue=0.8726160127265021)
KstestResult(statistic=0.49885, pvalue=0.0)

KstestResult(statistic=0.50000006131419745, pvalue=0.0)
KstestResult(statistic=0.0020896808213720086, pvalue=0.7750741455251271)
```

图 5-12　判定数据是否服从特定的分布

5.4　网络数据采集

如今我们生活在互联网时代，互联网存储了海量的有价值数据，而对数据分析的前提是网络数据的采集。面对如此海量的数据，人工采集显然已经不太现实，需要利用网络爬虫并解析网络数据。

5.4.1　网络爬虫

网络爬虫（又称网络机器人）是一种按照一定的规则，自动地获取 Web 信息的程序或者脚本。随着网络的快速发展，万维网成为大量信息的载体，如何有效地提取并利用这些信息成为一个巨大的挑战。

requests 库是基于 Python 的用于网络数据爬取的库，使用比较方便，常用的爬取函数如表 5-1 所示，其中最常用的是 get() 函数。

表 5-1　requests 库中常用网络爬取方法

方　　法	说　　明
requests. request()	构造一个请求，支撑以下各方法的基础方法
requests. get()	获取 HTML 网页的主要方法，对应 HTTP 的 GET
requests. head()	获取 HTML 网页头的信息方法，对应 HTTP 的 HEAD
requests. post()	向 HTML 网页提交 POST 请求方法，对应 HTTP 的 POST
requests. put()	向 HTML 网页提交 PUT 请求的方法，对应 HTTP 的 PUT
requests. patch()	向 HTML 网页提交局部修改请求，对应于 HTTP 的 PATCH
requests. delete()	向 HTML 页面提交删除请求，对应 HTTP 的 DELETE

对百度首页进行爬取的例子程序如例 5-11 所示，只需要输入百度对应的 url 即可进行爬取，程序的部分输出结果如图 5-13 所示。get( ) 函数返回的是一个对象，主要包含被爬取 url 对应的 html 源文件，该对象常用的属性如表 5-2 所示。

【例 5-11】网络爬虫，结果如图 5-13 所示。

```
import requests

url = 'https://www.baidu.com'
data = requests.get(url)

print(data.status_code)
print(data.encoding)
print(data.content.decode('utf-8'))
```

```
200
ISO-8859-1
<!DOCTYPE html>
<!--STATUS OK--><html> <head><meta http-equiv=content-type content=text/html;charset=utf-8><meta http-equiv=X-UA-Compatible
content=IE=Edge><meta content=always name=referrer><link rel=stylesheet type=text/css href=https://ss1.bdstatic.com/
5eN1bjq8AAUYm2zgoY3K/r/www/cache/bdorz/baidu.min.css><title>百度一下，你就知道</title></head> <body link=#0000cc> <div
id=wrapper> <div id=head> <div class=head_wrapper> <div class=s_form> <div class=s_form_wrapper> <div id=lg> <img
hidefocus=true src=//www.baidu.com/img/bd_logo1.png width=270 height=129> </div> <form id=form name=f action=//www.baidu.com/
s class=fm> <input type=hidden name=bdorz_come value=1> <input type=hidden name=ie value=utf-8> <input type=hidden name=f
value=8> <input type=hidden name=rsv_bp value=1> <input type=hidden name=rsv_idx value=1> <input type=hidden name=tn
value=baidu><span class="bg s_ipt_wr"><input id=kw name=wd class=s_ipt value maxlength=255 autocomplete=off
autofocus=autofocus></span><span class="bg s_btn_wr"><input type=submit id=su value=百度一下 class="bg s_btn" autofocus></
```

图 5-13　网络爬虫结果

表 5-2　requests 库中 get( ) 函数返回对象常见的属性

属　　　性	说　　　明
status_code	HTTP 请求的返回状态
text	HTTP 响应内容的字符串形式，即 url 对应的页面内容
encoding	从 HTTP header 中猜测的响应内容编码方式
apparent_encoding	从内容中分析出的响应内容编码方式（备选编码方式）
content	HTTP 响应内容的二进制形式

5.4.2　网页解析

一般需要对爬取到的 html 文件进行解析才可以获取想要的信息，可以借助 Beautiful Soup 库，该库提供一些简单的、Python 式的函数用来处理导航、搜索、修改分析树等功能。它是一个工具箱，通过解析文档为用户提供需要爬取的数据。

例 5-12 所示是如何爬取和解析百度新闻网页中的热点新闻，并将相应的爬取结果保存在 excel 文件中。

【例 5-12】网页解析。

```
import requests
from bs4 importBeautifulSoup
import pandas as pd

url = 'https://news.baidu.com'
```

```
data = requests. get(url)
soup = BeautifulSoup(data. content, 'html. parser', from_encoding = 'utf-8')

print('头条热点新闻')
firtHotnews = soup. select('strong')
for i in range(0,5):
    print(firtHotnews[i]. get_text())

newsPD = pd. DataFrame(columns = ['name','url'])
for i in range(1,31):
    news = soup. find('a', mon = "ct=1&a=2&c=top&pn=" + str(i))
    newsPD = newsPD. append([{'name':news. get_text(), 'url':news. get('href')},], ignore_index = True)

print('热点新闻')
print(newsPD)

writer = pd. ExcelWriter('news. xlsx')
newsPD. to_excel(writer, 'Sheet1')

writer. save()
writer. close()
```

在上面的例子中,首先将 get( )函数返回的对象转化为 BeautifulSoup 的 soup 对象,然后利用 select( )函数获取前 5 条头条新闻,然后利用 find( )函数获取 30 条热点新闻。

5.5　案例应用

在计算机视觉和深度学习中经常需要大量的图像作为训练样本,如何利用网络爬虫自动搜索和下载网络图像是开发人员经常遇到的问题。例 5-13 是利用 requests 中的 get( )函数获取网络图像,从中检索出"狗"图像,利用 HTMLSession 中的 get( )函数下载图像,并保存到计算机上指定的位置。

【例 5-13】网络图像获取案例。

```
import requests
import requests_html
from requests_html import HTMLSession
import json

#参数说明:
#className:爬取图片的检索词
#numberOfPage:下载图片的页数,每页 48 张图片,共下载 48 * numberOfPage 张图片
#imagePath:下载图片保存的位置
def sogouImage(className, numberOfPage, imagePath):
    numberOfImage = 1;
    for i in range(0,numberOfPage):
        images = requests. get('https://pic. sogou. com/napi/pc/searchList?mode=1&start=' + str(i) +
'&xml_len=48&query=' + className)
        jdData = json. loads(images. text)

        seesion = HTMLSession()
```

```
            headers = {'User-Agent':'Mozilla/5.0 (Windows NT 6.1; WOW64; rv:23.0) Gecko/20100101
Firefox/23.0'}
        data = jdData['data']['items']
        for image in data:
            picUrl = image['picUrl']
            imageData = seesion.get(picUrl, headers = headers).content
            with open(imagePath + str(numberOfImage) + '.jpg', 'wb') as f:
                f.write(imageData)
            print('下载第', numberOfImage, '张图片.')
            numberOfImage = numberOfImage + 1

    print('下载完成!')

sogouImage('狗',10,'D:/image/')
```

习题和作业

1. 探索 Iris 鸢尾花数据, 并进行以下操作。

1) 将数据集存成变量 iris。

2) 创建数据框的列名称['sepal_length', 'sepal_width', 'petal_length', 'petal_width', 'class']。

3) 将列 petal_length 的第 10 到 19 行设置为缺失值。

4) 将 petal_lengt 缺失值全部替换为 1.0。

5) 删除列 class。

6) 将数据框前三行设置为缺失值。

7) 删除有缺失值的行。

8) 重新设置索引。

2. 探索波士顿房价数据, 并进行以下操作。

1) 利用 sklearn 库获取波士顿房价数据, 并转换为 DataFrame 形式。

2) 定义字典列名。

3) 读取数据集中第 1、3、5、7 行数据。

4) 读取第 2、3、4 列数据。

5) 显示前 5 行数据以及后 5 行数据。

6) 查看数据均值、方差、极值。

7) 对'LSTAT'列进行排序。

3. 使用爬虫工具包爬取百度图片中的 50 张图片。

4. 使用爬虫工具包爬取豆瓣电影 Top250 关键信息 (电影名称、评分、导演、上映日期、上映地点等)。

1) 将关键数据保存为 csv 文件。

2) 缺失数据处理。判断每一列是否含有空缺值, 如果有, 则将空缺值填充为 0。

3) 重复数据处理。判断整行数据是否重复, 如果重复则删除该条数据。将爬取到的数据按照 "导演" 进行分组。

4) 统计每个导演的电影数量。

第 6 章　Python 数据可视化

俗语说"一图胜千言",人们处理视觉信息比处理文本信息快了不止一点点,尤其现在的大数据时代,将数据可视化更为重要。本章主要讲解利用 Matplotlib 包进行数据的可视化。

本章学习目标

❖ 掌握 Matplotlib 工具包的安装与使用
❖ 掌握利用 Matplotlib 进行图表绘制
❖ 掌握利用 Matplotlib 绘制统计图形
❖ 使学生了解交通线路图绘制

6.1　可视化的基本概念

从技术角度考虑,可视化(Visualization)定义为:"利用计算机图形学和图像处理技术,将数据转换成图形或图像在屏幕上显示出来,并进行交互处理的理论、方法和技术"。它涉及计算机图形学、图像处理、计算机视觉、人机交互等多个领域,成为研究数据表示、数据处理、决策分析等一系列问题的综合技术。可视化的终极目的是对事物规律的洞悉,而非所绘制的可视化结果本身。因而,从处理问题角度考虑,可视化可简明地定义为"通过可视表达增强人们完成某些任务的效率"。

按照可视化图形的维度,可视化可以分为二维可视化和三维可视化。著名的二维可视化的 Python 工具包有 Matplotlib、pyecharts、plotly 等,三维可视化的 Python 工具包有 vtk、mayavi 等。本章主要讲解基于 Matplotlib 的二维数据可视化。

6.2　利用 Matplotlib 进行可视化

Matplotlib 是 Python 中类似 MATLAB 的绘图工具,它提供了一整套和 MATLAB 相似的命令 API,十分适合交互式地进行制图。而且也可以方便地将它作为绘图控件,嵌入 GUI 应用程序中。

6.2.1　绘制 Matplotlib 的图表组成元素

Matplotlib 绘图需要用到的基本概念如下。
1)画布(figure),绘图前需要先创建一个 figure,然后在这个 figure 上可以画一幅或多幅图。
2)标题(title),用来给图形起名字。
3)坐标轴(axis),xlabel 和 ylabel 用于指定 x 和 y 坐标轴的名称。

4）图例（legend），代表图形里的内容。

5）网络（Grid），图形中的虚线，True 显示网格。

6）点（Markers），表示点的形状。

先通过例 6-1 来了解图表的组成元素，相应的运行结果如图 6-1 所示。

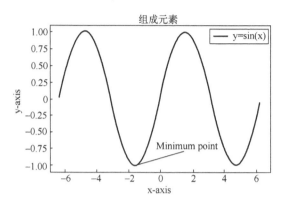

图 6-1　matplotlib 图表的组成元素

【例 6-1】Matplotlib 图表的组成元素。

```
import numpy as np
import matplotlib. pyplot as plt

x = np. arange( -2 * np. pi, 2 * np. pi, 0. 1)
y = np. sin(x)

plt. plot(x, y, label = 'y = sin(x)')     #绘制的图形

plt. title('Functional Image')            #图标题
plt. xlabel('x-axis')                     #x 轴标题
plt. ylabel('y-axis')                     #y 轴标题

plt. legend( )                            #图例
plt. annotate('Minimum point', ( -np. pi / 2, -1), (0, -0.75), arrowprops = dict( arrowstyle = '->'))   #文字标注
plt. show( )
```

从图 6-1 可以看到，Matplotlib 绘制的图表主要包括：绘制的图形、图表标题、坐标轴标题和刻度、图例 y = sin(x) 和标注文字等元素。下面将逐一讲解如何绘制图表中的各个元素。

1. 绘制的图形

图形是绘图中最核心的元素，常用的有折线图和散点图。

（1）折线图

折线图用于分析自变量和因变量之间的趋势关系，适合用于显示随着时间而变化的连续数据。Matplotlib 使用 plot( ) 函数绘制折线图，其实就是用分段的直线来逼近曲线。如例 6-2 所示，在[-5,5]区间上的平方函数的图形，由 21 点之间的折线构成，相应的结果如图 6-2 所示。可以利用表 6-1~表 6-3 中的参数控制线型、点型和颜色。

表 6-1 线型参数

参　数	线　型
'-'	solid line 实线
'--'	dashed line 破折线
'-.'	dash-dot line 点画线
':'	dotted line 虚线

表 6-2 点型参数

参　数	点　型
'.'	point marker
','	pixel marker
'o'	circle marker
'v'	triangle_down marker
'^'	triangle_up marker
'<'	triangle_left marker
'>'	triangle_right marker
'1'	tri_down marker
'2'	tri_up marker
'3'	tri_left marker
'4'	tri_right marker
's'	square marker
'p'	pentagon marker
'*'	star marker
'h'	hexagon1 marker
'H'	hexagon2 marker
'+'	plus marker
'x'	x marker
'D'	diamond marker
'd'	thin_diamond marker
'|'	vline marker
'_'	hline marker

表 6-3 颜色参数

参　数	颜　色
'b'	blue
'g'	green
'r'	red
'c'	cyan
'm'	magenta
'y'	yellow
'k'	black
'w'	white

【例 6-2】 绘制折线图，结果如图 6-2 所示。

```
import numpy as np
from matplotlib import pyplot as plt

x = np.arange(-5,5.1,0.5)
y = x ** 2

plt.plot(x,y,':Dr')
plt.show()
```

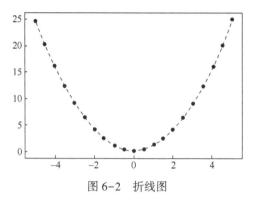

图 6-2　折线图

（2）散点图

Matplotlib 除了画折线图外，还可以用 scatter( ) 函数将离散的点画出来，如图 6-3 所示，其中，x 和 y 为点的坐标，s 为点的大小，c 为点的颜色，alpha 为点的透明度，savefig( ) 将所画的图保存到指定的目录下。

【例 6-3】 绘制散点图，结果如图 6-3 所示。

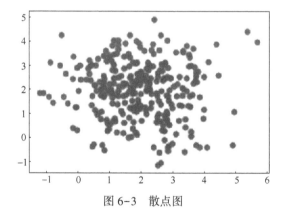

图 6-3　散点图

```
import numpy as np
import matplotlib.pyplot as plt

x = np.random.normal(2,1.2,300)
y = np.random.normal(2,1.2,300)
```

```
color = '#1CCED1'        #点的颜色
area = np. pi * 4 * 4    #点的面积
plt. scatter(x, y, s = area, c = color, alpha = 0. 8, label = 'Class A')
plt. savefig('scatter. png', dpi = 300)
plt. show( )
```

当为每个点指定不同的颜色和大小时，即可得到如图6-4所示的气泡图。

【例6-4】绘制气泡图，结果如图6-4所示。

```
import numpy as np
from matplotlib import pyplot as plt
import matplotlib as mpl

x = np. random. rand(88)
y = np. random. rand(88)
plt. scatter(x, y, s = 100 * x * * 2 + 300 * y * * 2, c = np. random. rand(88),
cmap = mpl. cm. RdYlBu, marker = "o")
plt. show( )
```

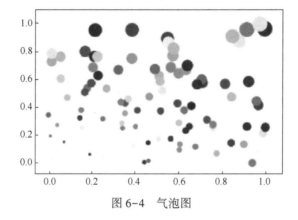

图6-4　气泡图

（3）极坐标系中的折线图

除了可以在直角坐标系画折线图外，还可以利用polar( )函数在极坐标系画如图6-5所示的折线图。代码见例6-5，其中，theta为每个点所在射线与极径的夹角，r为每个点到原点的距离，linewidth控制折线的粗细，c为折线的颜色参数，marker为点的形状参数，同表6-2中的点型参数，mfc为点的颜色映射，ms为控制点的大小的参数。

【例6-5】极坐标系中的折线图，结果如图6-5所示。

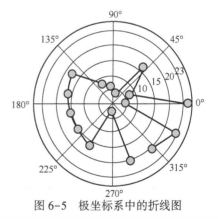

图6-5　极坐标系中的折线图

```
import matplotlib. pyplot as plt
import numpy as np

numberOfPoints = 16
```

```
theta = np. linspace(0.0, 2 * np. pi, numberOfPoints)
r = 30 * np. random. rand(numberOfPoints)
plt. polar(theta, r, linewidth = 1, c = 'g', marker = "o", mfc = "b", ms = 12)
plt. show()
```

2. 图表标题

可以利用 title() 函数给图表添加标题，'r'开头的字符串是 LaTex 的命令用来编辑公式，相应的结果见图 6-6。代码见例 6-6，rotation 表示标题的旋转角度，0 代表水平；fontstyle 设置字体类型，可选参数['normal'|'italic'|'oblique']，其中，italic 为斜体，oblique 为倾斜；fontweight 设置字体粗细，可选参数 ['light', 'normal', 'medium', 'semibold', 'bold', 'heavy', 'black']。此外，还可利用 fontsize 设置字体大小，默认为 12，可选参数['xx-small', 'x-small', 'small', 'medium', 'large', 'x-large', 'xx-large']；bbox 给标题增加外框。给图表添加标题的程序代码如例 6-6 所示。

【例 6-6】title() 函数给图表添加标题，结果如图 6-6 所示。

```
import matplotlib. pyplot as plt
import numpy as np

x = np. arange(-5, 5.1, 0.1)
y = x ** 3
plt. plot(x, y, "-b")
plt. title(r" $ y=x^{3} $ ", rotation = 0, fontstyle = 'italic', fontweight = 'light')
plt. show()
```

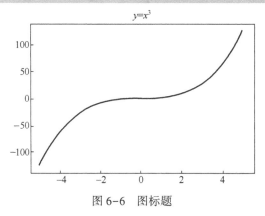

图 6-6   图标题

3. 坐标轴

在使用 Matplotlib 模块画坐标图时，往往需要对坐标轴设置很多参数，如例 6-7 所示，包括横纵坐标轴范围、坐标轴刻度大小、坐标轴名称等，相应的结果见图 6-7。例 6-7 中，xlabel() 和 ylabel() 用于设置坐标轴名称，xlim() 和 ylim() 设置横纵坐标轴范围，xticks() 和 yticks() 设置坐标轴刻度。

【例 6-7】设置坐标轴，结果如图 6-7 所示。

```
import matplotlib. pyplot as plt
import numpy as np

x = np. arange(-5, 5.1, 0.1)
```

```
y =    x ** 3
plt. plot(x,y,"-b")

plt. xlabel('x axis')
plt. ylabel('y axis')
plt. xlim([-6,6])
plt. ylim([-130,130])
plt. xticks(np. arange(-6, 6.1, 1.5))
plt. yticks(np. arange(-130, 130.1, 15))

plt. show()
```

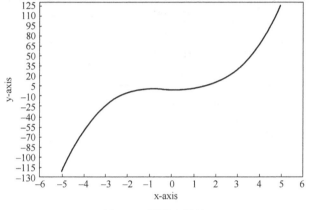

图6-7　图的坐标轴

4. 图例

当在同一个图表中画多个图形时，可以用 legend() 函数设置图例，相应的结果如图 6-8 所示，主要参数是 loc，该参数由两个单词拼合而成，第一个单词为 upper/center/lower，用于描述摆放位置的上/中/下，第二个单词为 left/center/right，用于描述摆放位置的左/中/右，例如右上，即为 upper right，对应的有 Number 参数与之对应，具体见表6-4，其中 best 为推荐的最佳位置。在参数 bbox_to_anchor 被赋予的二元组中，num1 用于控制 legend 的左右移动，值越大，越向右移动，num2 用于控制 legend 的上下移动，值越大，越向上移动。

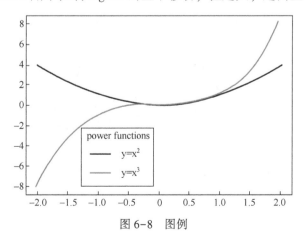

图6-8　图例

表 6-4　图例的位置参数

位　　置	字　符　串	编　　号
最佳	best	0
右上	upper right	1
左上	upper left	2
左下	lower left	3
右下	lower right	4
正右	right	5
中央偏左	center left	6
中央偏右	center right	7
中央偏下	lower center	8
中央偏上	upper center	9
正中央	center	10

【例 6-8】设置图例，结果如图 6-8 所示。

```
import matplotlib. pyplot as plt
import numpy as np

x = np. arange(-2,2. 1,0. 1)
y1 = x * * 2
y2 = x * *3
plt. plot(x,y1,"-b",label = r" $ y=x^{2} $ ")
plt. plot(x,y2,"-r",label = r" $ y=x^{3} $ ")
plt. legend(loc = 'lower left', bbox_to_anchor=(0. 3, 0. 6), fontsize = "large", title = "power functions")
plt. show()
```

5. 标注文字

可以使用 annotate() 函数给图中指定的点加上文字标注，示例代码如例 6-9 所示，参数 xy 是指定点的坐标，xytext 是标注文字的位置，arrowprops 是箭头类型、颜色和粗细的参数。

【例 6-9】标注文字，结果如图 6-9 所示。

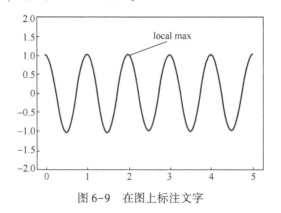

图 6-9　在图上标注文字

```
import numpy as np
import matplotlib. pyplot as plt

t = np. arange(0.0, 5.0, 0.01)
s = np. cos(2 * np. pi * t)
plt. plot(t, s, lw=2)

plt. annotate('local max', xy=(2, 1), xytext=(3, 1.5), arrowprops=dict(arrowstyle = '->', color='r', line-
width = 1))

plt. ylim(-2, 2)
plt. show()
```

6.2.2 图表的美化和修饰

除了上节中图表的组成元素外，还需要对图表进行美化和修饰，其中，颜色和字体起着非
常重要的作用。

1. 颜色

在可视化过程中，有效地使用颜色来展示数据会增强读者对可视化图形的理解，例6-10
展示了 Matplotlib 中通过不同的方法设定颜色，相应的结果如图6-10 所示。

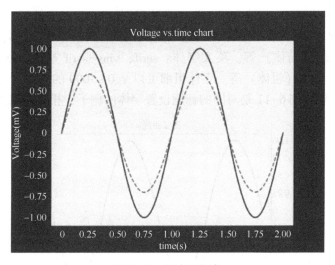

图 6-10　图中的颜色

【例6-10】设置颜色。

```
import matplotlib. pyplot as plt
import numpy as np

t = np. linspace(0.0, 2.0, 201)
s = np. sin(2 * np. pi * t)

# 1) RGB 三元组
fig, ax =plt. subplots(facecolor=(.18, .31, .31))
# 2) hex string:
```

```
ax. set_facecolor('#eafff5')
# 3) gray level string:
ax. set_title('Voltage vs. time chart', color='0.7')
# 4) single letter color string:
ax. set_xlabel('time (s)', color='c')
# 5) a named color:
ax. set_ylabel('voltage (mV)', color='peachpuff')
# 6) a namedxkcd color:
ax. plot(t, s, 'xkcd:crimson')
# 7) Cn notation:
ax. plot(t, .7 * s, color='C4', linestyle='--')
# 8) tab notation:
ax. tick_params(labelcolor='tab:orange')

plt. show()
```

在上述例子中，(.18, .31, .31)是通过归一化到[0,1]之间的(R,G,B)的三元组来表示颜色；'#eafff5'是十六进制的#RRGGBB 的字符串表示颜色的字符串，以两位为一个单位分别表示红、绿和蓝三原色，范围为 0 到 255 之间的整数；color='0.7'是[0,1]之间的灰度值；还可以通过 Matplotlib 中预先给定的颜色名给定颜色，例如，c，peachpuff，C4 和 tab：orange 等。

2. 字体

Matplotlib 中的字体属性主要包括 family（字体类别）、style（字体风格）、weight（字体粗细）、color（字体颜色）、size（字体大小）等。字体类别有中文字体：SimSun（宋体）、SimHei（黑体）、KaiTi（楷体）等，英文字体：serif、sans-serif 等。字体风格有 normal（正常）、italic（斜体）、bold（粗体）等。字体粗细可以是 0~1000 的数字，也可以是 light、normal、regular、heavy 等。例 6-11 是对图的标题设置字体的例子，相应的结果如图 6-11 所示。

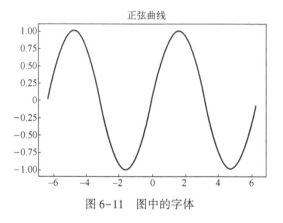

图 6-11　图中的字体

【例 6-11】 设置字体，结果如图 6-11 所示。

```
import numpy as np
import matplotlib. pyplot as plt

font = {'family':'SimHei', 'style':'italic', 'weight':'normal', 'color':'blue', 'size':18}
x = np. arange(-2 * np. pi, 2 * np. pi, 0. 1)
```

```
y = np.sin(x)
plt.plot(x, y, label = 'y = sin(x)')
plt.title('正弦曲线', fontdict = font)
```

6.3 绘制统计图形

Matplotlib 除了可以绘制折线图和散点图外，还可以绘制常见的饼图、柱状图、条形图和直方图等统计图形。

1. 饼图

饼图主要用于展示数据比例分布的统计，可以清楚地观察出数据的占比情况，如图 6-12 所示，可以使用 pie() 函数进行绘制。代码见例 6-2，其中，参数 sizes 为饼片代表的百分比，如果和不为 1，则先进行归一化；explode 为饼片边缘偏离半径的百分比；labels 为每个饼片的文本标签内容；colors 为饼片的颜色；autopct ='%4.1f%%'控制文本标签内容对应的百分比样式，1 代表小数点后的位数；shadow 为是否阴影的参数；startangle 为从 x 轴作为起始位置，第一个饼片逆时针旋转的角度。

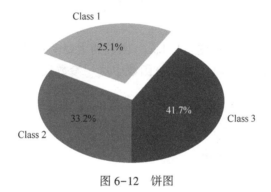

图 6-12　饼图

【例 6-12】绘制饼图，结果如图 6-12 所示。

```
import matplotlib.pyplot as plt

labels = ['Class 1', 'Class 2', 'Class 3']
sizes = [30.521, 40.3, 50.536]
explode = [0.3, 0, 0]
colors = ['r', 'g', 'b']
plt.pie(sizes, explode = explode, labels = labels, colors = colors,
autopct ='%4.1f%%', shadow = True, startangle = 60)
plt.show()
```

2. 柱状图

柱状图是一种以长方形的长度为变量的统计图表，如图 6-13 所示，可以使用 bar() 函数绘制。代码见例 6-13，其中，参数 x 包含所有柱子的下标的列表；height 包含所有柱子的高度值的列表；width 包含每个柱子的宽度，可以指定一个固定值，那么所有的柱子都是一样的宽，或者设置一个列表，这样可以分别对每个柱子设定不同的宽度。

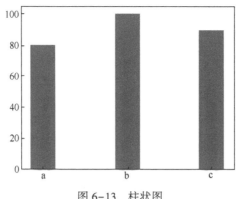

图 6-13　柱状图

【例 6-13】 绘制柱状图, 结果如图 6-13 所示。

```
import matplotlib. pyplot as plt
x = ['a', 'b', 'c']
y = [80, 100, 90]
p1 = plt. bar(x, height = y, width = 0.3)
plt. show( )
```

3. 条形图

可以使用 barh( ) 函数绘制条形图, 与 bar( ) 函数的主要区别是: 在 bar( ) 函数中, 第二个参数代表的是竖向柱子的高度, 而在 barh( ) 函数中这一参数代表的是横向柱子的长度, 相应的结果如图 6-14 所示。

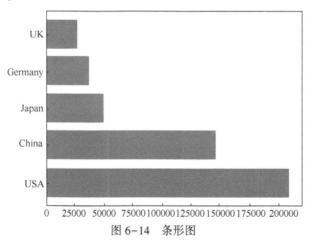

图 6-14　条形图

【例 6-14】 绘制条形图, 结果如图 6-14 所示。

```
import matplotlib. pyplot as plt

country = ['USA', 'China', 'Japan', 'Germany', 'UK']
GDP = [209328, 147228, 50487, 38030, 27110]
plt. barh(country, GDP)
plt. show( )
```

4. 直方图

直方图是一种统计报告图, 由一系列高度不等的纵向条纹或线段表示数据分布的情况。一般用横轴表示数据类型，纵轴表示分布情况。例6-15展示构建直方图的步骤，第一步是将值的范围分段，即将整个值的范围分成一系列间隔，即参数 bins，然后计算每个间隔中有多少值。这些值通常被指定为连续的、不重叠的变量间隔，间隔必需相邻，并且通常是相等的大小，相应的结果如图6-15所示。

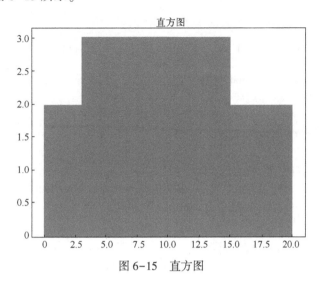

图 6-15　直方图

【例6-15】绘制直方图，结果如图6-15所示。

```
from matplotlib import pyplot as plt
import numpy as np
a = np. array([1,2,3,4,5,12,13,14,15,19])
plt. hist( a, bins = [0,3,12,15,20])
plt. title("histogram")
plt. show( )
```

6.4　案例应用

数据可视化的应用十分广泛，几乎可以应用于自然科学、工程技术、金融、通信和商业等各种领域。这里通过两个案例说明 Python 数据可视化的强大功能。

6.4.1　气温数据可视化分析

利用 pyecharts 库中的 Map 来展示河北省的气温变化情况，将气温数据从 Excel 文件导入，然后在地图上通过颜色映射进行展示，并且添加了时间线 timeline 进行动态展示，程序代码如例6-16所示，相应的运行结果如图6-16所示。

【例6-16】气温数据可视化分析。

```
import os
import pandas

from pyecharts import options as opts
from pyecharts. charts import Map, Timeline
```

```
#加入时间线
timeline = Timeline( )

# 导入数据
excel_path = 'qiwen. xlsx'
data_list = [ ]
for i in range(7):
    data = pandas. read_excel( excel_path ,sheet_name='Sheet'+str(i+1))

    list1 = list( zip( data['市'] ,data['气温'] ) )
    data_list. append( list1)

# 创建一个地图对象
    map_1 = Map( )# 对全局进行设置
    pieces_ = [
                {"min": 6 ,"label": '>6°'
                ,"color": "#6F171F"}, # 不指定 max,表示 max 为无限大(Infinity)
                {"min": 1 ,"max": 5, "label": '1°到 5°'
                ,"color": "#C92C34"},
                {"min": -4 ,"max": 0, "label": '-4°到 0°'
                ,"color": "#E35B52"},
                {"min": -9 ,"max": -5, "label": '-9°到-5°'
                ,"color": "#F39E86"},
                {"min": -15 ,"max": -10, "label": '-15°到-10°'
                ,"color": "#FDEBD0"}]
    map_1. set_global_opts(
        # 设置标题
        title_opts = opts. TitleOpts( title = ' 河北第' + str(i+1) +' 天天气图') , visualmap_opts = opts.
VisualMapOpts( is_piecewise=True,
            pieces=pieces_) )
    map_1. add("天气", data_list[i], maptype="河北")
    timeline. add( map_1, '第'+str(i+1)+'天')
```

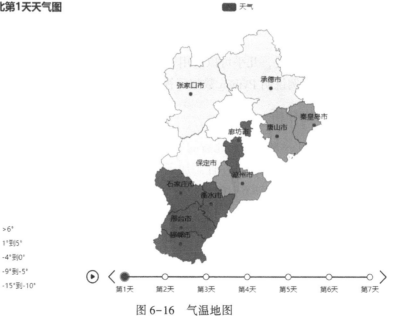

图 6-16　气温地图

6.4.2　交通线路图可视化

地铁在交通方式中占有重要的地位，中国的很多城市有自己的地铁，地铁沿线的房地产价格一般高于同等位置没有地铁的房价，所以地铁线路图越来越重要。

下面是石家庄市地铁站点的交通线路图的绘制方法，先从百度 API 爬取石家庄市的地铁线路和对应的站点，然后利用 plotly 库将地铁线路和站点在地图上显示出来，其中，地图站点的经纬度坐标需要做相应的转换，实现代码的各部分如例 6-17 所示，相应的结果如图 6-17 所示。

图 6-17　石家庄地铁地图

【例 6-17】交通线路图的绘制。

（1）头文件

```
import random
import plotly. offline as py
import plotly. graph_objs as go
import requests ,json
import time
import numpy as np
import math
PI = math. pi
```

（2）坐标系之间的转换

```
def transformlat_latitude( coordinates) :
    longitude = coordinates[ :, 0] - 105
    latitude = coordinates[ :, 1] - 35
    ret = -100 + 2 * longitude + 3 * latitude + 0.2 * latitude * latitude + \
        0. 1 * longitude * latitude + 0. 2 * np. sqrt( np. fabs( longitude) )
    ret += ( 20 * np. sin( 6 * longitude * PI) + 20 *
            np. sin( 2 * longitude * PI) ) * 2 / 3
    ret += ( 20 * np. sin( latitude * PI) + 40 *
            np. sin( latitude / 3 * PI) ) * 2 / 3
    ret += ( 160 * np. sin( latitude / 12 * PI) + 320 *
            np. sin( latitude * PI / 30. 0) ) * 2 / 3
    return ret
```

```python
def transform_longitude(coordinates):
    longitude = coordinates[:, 0] - 105
    latitude = coordinates[:, 1] - 35
    ret = 300 + longitude + 2 * latitude + 0.1 * longitude * longitude + \
        0.1 * longitude * latitude + 0.1 * np.sqrt(np.fabs(longitude))
    ret += (20 * np.sin(6 * longitude * PI) + 20 *
            np.sin(2 * longitude * PI)) * 2 / 3
    ret += (20 * np.sin(longitude * PI) + 40 *
            np.sin(longitude / 3 * PI)) * 2 / 3
    ret += (150 * np.sin(longitude / 12 * PI) + 300 *
            np.sin(longitude / 30 * PI)) * 2 / 3
    return ret


def gcj02_to_wgs84(coordinates):
    """
    功能:将 GCJ-02 坐标系转换为 WGS-84 坐标系
    参数值:GCJ-02 坐标系下的经度与纬度的 numpy 数组
    返回值:WGS-84 坐标系下的经度与纬度的 numpy 数组
    """
    eccentricity = 0.006693421622965943    #偏心率平方
    long_axis = 6378245   #长半轴
    longitude = coordinates[:, 0]
    latitude = coordinates[:, 1]
    is_in_china = (longitude > 73.66) & (longitude < 135.05) & (latitude > 3.86) & (latitude < 53.55)
    transform = coordinates[is_in_china]   #只对国内的坐标做偏移
    dlat = transformlat_latitude(transform)
    dlng = transform_longitude(transform)
    radlat = transform[:, 1] / 180 * PI
    magic = np.sin(radlat)
    magic = 1 - eccentricity * magic * magic
    sqrtmagic = np.sqrt(magic)
    dlat = (dlat * 180.0) / ((long_axis * (1 - eccentricity)) / (magic * sqrtmagic) * PI)
    dlng = (dlng * 180.0) / (long_axis / sqrtmagic * np.cos(radlat) * PI)
    mglat = transform[:, 1] + dlat
    mglng = transform[:, 0] + dlng
    coordinates[is_in_china] = np.array([
        transform[:, 0] * 2 - mglng, transform[:, 1] * 2 - mglat
    ]).T
    return coordinates


def bd09_to_gcj02(coordinates):
    """
    功能:将 BD-09 坐标系转换为 GCJ-02 坐标系
    参数:BD-09 坐标系下的经度与纬度的 numpy 数组
    返回值:GCJ-02 坐标系下的经度与纬度的 numpy 数组
    """
    x_pi = PI * 3000 / 180
    x = coordinates[:, 0] - 0.0065
    y = coordinates[:, 1] - 0.006
    z = np.sqrt(x * x + y * y) - 0.00002 * np.sin(y * x_pi)
    theta = np.arctan2(y, x) - 0.000003 * np.cos(x * x_pi)
    longitude = z * np.cos(theta)
    latitude = z * np.sin(theta)
```

```python
        coordinates = np.array([longitude, latitude]).T
        return coordinates


def bd09_to_wgs84(coordinates):
    """
    功能:将 BD-09 坐标系转换为 WGS-84 坐标系
    参数:BD-09 坐标系下的经度与纬度的 numpy 数组
    返回值:WGS-84 坐标系下的经度与纬度的 numpy 数组
    """
    return gcj02_to_wgs84(bd09_to_gcj02(coordinates))


def mercator_coordinates_to_bd09(mercator_coordinates):
    """
    功能:将 BD-09MC 坐标系转换为 BD-09 坐标系
    参数:GCJ-02 坐标系下的经度与纬度的 numpy 数组
    返回值:WGS-84 坐标系下的经度与纬度的 numpy 数组
    """
    MCBAND = [12890594.86, 8362377.87, 5591021, 3481989.83, 1678043.12, 0]
    MC2LL = [[1.410526172116255e-08, 8.98305509648872e-06, -1.9939833816331,
              200.9824383106796, -187.2403703815547, 91.6087516669843,
              -23.38765649603339, 2.57121317296198, -0.03801003308653,
              17337981.2],
             [-7.435856389565537e-09, 8.983055097726239e-06, -0.78625201886289,
              96.32687599759846, -1.85204757529826, -59.36935905485877,
              47.40033549296737, -16.50741931063887, 2.28786674699375,
              10260144.86],
             [-3.030883460898826e-08, 8.98305509983578e-06, 0.30071316287616,
              59.74293618442277, 7.357984074871, -25.38371002664745,
              13.45380521110908, -3.29883767235584, 0.32710905363475,
              6856817.37],
             [-1.981981304930552e-08, 8.983055099779535e-06, 0.03278182852591,
              40.31678527705744, 0.65659298677277, -4.44255534477492,
              0.85341911805263, 0.12923347998204, -0.04625736007561,
              4482777.06],
             [3.09191371068437e-09, 8.983055096812155e-06, 6.995724062e-05,
              23.10934304144901, -0.00023663490511, -0.6321817810242,
              -0.00663494467273, 0.03430082397953, -0.00466043876332,
              2555164.4],
             [2.890871144776878e-09, 8.983055095805407e-06, -3.068298e-08,
              7.47137025468032, -3.53937994e-06, -0.02145144861037,
              -1.234426596e-05, 0.00010322952773, -3.23890364e-06,
              826088.5]]

    x = np.abs(mercator_coordinates[:, 0])
    y = np.abs(mercator_coordinates[:, 1])
    coef = np.array([
        MC2LL[index] for index in
        (np.tile(y.reshape((-1, 1)), (1, 6)) < MCBAND).sum(axis=1)
    ])
    return converter(x, y, coef)


def converter(x, y, coef):
    x_temp = coef[:, 0] + coef[:, 1] * np.abs(x)
```

```
        x_n = np. abs(y) /coef[:, 9]
        y_temp = coef[:, 2] + coef[:, 3] * x_n + coef[:, 4] * x_n ** 2 + \
                 coef[:, 5] * x_n ** 3 + coef[:, 6] * x_n ** 4 + coef[:, 7] * x_n ** 5 + \
                 coef[:, 8] * x_n ** 6
        x[x < 0] = -1
        x[x >= 0] = 1
        y[y < 0] = -1
        y[y >= 0] = 1
        x_temp * = x
        y_temp * = y
        coordinates = np. array([x_temp, y_temp]). T
        return coordinates
```

（3）石家庄地铁站点数据的爬取

```
null = None    #将 json 中的 null 定义为 None
city_code = 150   #石家庄的城市编号
data = []   #绘制的地图数据
marked = set()
#从百度地图上爬取地铁线路信息
station_info = requests. get('http://map. baidu. com/?qt=bsi&c=%s&t=%s' % (city_code, int(time. time()
* 1000)))
station_info_json = eval(station_info. content) #将 json 字符串转为 Python 对象

json_str = json. dumps(station_info_json, indent = 4)
with open('station_info_json. json', 'w') as json_file:
    json_file. write(json_str)
for railway in station_info_json['content']:
    uid = railway['line_uid']
    if uid in marked:   # 线路已包括来回两个方向,去除已绘制线路的反向线路
        continue
    railway_json = requests. get(
        'https://map. baidu. com/?qt=bsl&tps=&newmap=1&uid=%s&c=%s' % (uid, city_code))
    railway_json = eval(railway_json. content)   # 将 json 字符串转为 Python 对象
    trace_mercator_coordinates = np. array(railway_json['content'][0]['geo']. split('|')[2][:-1]. split(','),
        dtype=float). reshape((-1, 2)) # 取出线路信息字典,以"|"划分
    trace_coordinates = bd09_to_wgs84(mercator_coordinates_to_bd09(trace_mercator_coordinates))

    plots = []   #地铁站点的 BD-09MC 坐标系下的坐标
    plots_name = []   #地铁站点名称
    for plot in railway['stops']:
        plots. append([plot['x'], plot['y']])
        plots_name. append(plot['name'])
    print(plots_name)
    plot_mercator_coordinates = np. array(plots)
    plot_coordinates = bd09_to_wgs84(mercator_coordinates_to_bd09(plot_mercator_coordinates))
    json_str = json. dumps(railway_json['content'], indent=4)
    with open('railway_json. json', 'w') as json_file:
        json_file. write(json_str)
    color = railway_json['content'][0]['line_color']   # 从 json 数据集中取出线路的颜色

    #添加地铁线路数据
```

```
data. extend([
    go. Scattermapbox(
        lon = trace_coordinates[:, 0],    #线路点经度列表,可以标记多个地点,以东经为正数
        lat = trace_coordinates[:, 1],    #线路点纬度列表,可以标记多个地点,以北纬为正数
        mode = 'lines', #线路的标记符号,显示线条

        #设置线路的线条的参数,大小、颜色等
        line = go. scattermapbox. Line(
            width = 4,    #线路粗细
            color = color),
        name = railway['line_name'],    #线路名称,显示在图例上
        legendgroup = railway['line_name']
    ),
    #地铁站点设置
    go. Scattermapbox(
        lon = plot_coordinates[:, 0],    #地铁站点的经度
        lat = plot_coordinates[:, 1],    #地铁站点的纬度
        mode = 'markers',    #所标记地点在图上显示符号
        text = plots_name, #标记点的文本显示。当鼠标移动到该点时会显示此列表中的元素

        #设置地铁站点的参数:大小和颜色
        marker = go. scattermapbox. Marker(size = 12, color = color),
        name = railway['line_name'],    #线路名称,显示在图例及鼠标悬浮在标记点时的线路名上
        legendgroup = railway['line_name'],    # 设置与线路同组,当隐藏该线路时隐藏标记点
        showlegend = False    # 不显示图例
    )
])
marked. add(uid)    # 添加已绘制线路的 uid
marked. add(railway['pair_line_uid'])    #添加已绘制线路反向线路的 uid
```

(4) 地图背景设置

```
mapbox _access _token = ('pk. eyJ1IjoiZGluZ3h1MTIzIiwiYSI6ImNsMGdmcXRzdjEyZmMzaWs2aTZ6Z2d6Mm4ifQ.
eWIcrkFy_X_FuuZ8GW6JBw')
layout = go. Layout(
    autosize = True,
    font =dict(size = 15, color = 'black'),#图例字体大小、颜色
    mapbox = dict(
        accesstoken = mapbox_access_token,
        bearing = 0,
        pitch = 0,
        zoom = 11,    #地图的缩放等级
        style = 'open-street-map',
        center =dict(
            lat = 38. 056081,    #石家庄市的纬度
            lon = 114. 514113    #石家庄市的经度
        )))
```

(5) 画图 (两个要素为站点数据 data 和地图背景设置 layout)

```
fig =dict(data = data, layout = layout)
py. plot(fig, filename = 'ditie_shijiazuang. html')    # 生成 HTML 文件并打开
```

习题和作业

1. 定义两个序列 x，y 如下。

```
x=['星期一','星期二','星期三','星期四','星期五','星期六','星期日']
y=[100,200,300,400,500,400,300]
```

1）利用 pyecharts 画出一周的折线图。
2）利用 pyecharts 画出一周的折线面积图。
3）利用 Matplotlib 画出一周的折线图。
4）利用 Matplotlib 画出一周的柱状图。

2. 创建一个随机二维矩阵，分别利用 Matplotlib 和 pyecharts 画出该二维矩阵的散点图，并设置图表组成元素，标题为：散点图，x 轴名称为 x，y 轴名称为 y。

3. 随机创建一个 100 行 2 列的二维矩阵，利用 Matplotlib 画出该二维矩阵的密度图。

4. 使用 seaborn 包的 data = sns.load_dataset("titanic")语句下载泰坦尼克号数据：

1）分析不同仓位等级中幸存和遇难的乘客比例，画出堆积柱状图。
2）分析幸存和遇难乘客的票价分布，画出分类箱式图。
3）分析不同上船港口的乘客仓位等级分布，画出分组柱状图。
4）分析单独乘船与否和幸存之间有没有联系，画出堆积柱状图或者分组柱状图。

5. 有以下定义：

```
labels = ['Mon', 'Tue', 'Wed', 'Thu', 'Fri', 'Sat', 'Sun']
data = np.random.rand(7) * 100,
```

使用以上数据和 labels 以及 Matplotlib 包，画出相应饼图。

6. 使用 data = sns.load_dataset("flights")语句下载飞机乘客数据：

1）分析年度乘客总量变化情况，画出折线图。
2）分析乘客在一年中各月份的分布，画出柱状图。

7. 使用 seaborn 包的 data = sns.load_dataset("iris")语句下载鸢尾花数据：

1）展示萼片（sepal）和花瓣（petal）的大小关系，画出散点图，尺寸计算为长乘宽。
2）分析不同种类（species）鸢尾花萼片和花瓣的大小关系，画出分类散点子图。
3）分析不同种类鸢尾花萼片和花瓣大小的分布情况，画出柱状图和箱式图。

8. 使用 seaborn 包的 data = sns.load_dataset("tips")语句下载餐厅小费数据：

1）分析小费和总消费之间的关系，画出散点图。
2）分析男性顾客和女性顾客谁更慷慨，画出分类箱式图。
3）分析抽烟与否是否会对小费金额产生影响，画出分类箱式图。

第 7 章　Python 图像分析

在 2012 年的 ImageNet 图像识别竞赛中，多伦多大学 Hinton 率领的团队利用卷积神经网络构建的 AlexNet 夺得冠军，识别率相较于传统的 SVM 等方法有了很大的提升，从而点燃了学术界、工业界的热情。短短几年内，深度学习在图像分类、目标检测、人体姿态估计等领域都取得了巨大的成功，本章介绍深度学习应用于图像分析的基础知识，基于 PyTorch 进行图像分析的方法，最后介绍实例应用。

本章学习目标

❖ 了解图像分析
❖ 了解卷积神经网络
❖ 了解 Python 深度学习工具包
❖ 掌握卷积神经网络模型构造方法
❖ 能够利用深度神经网络进行图像分类

7.1　图像分析简介

图像分析是利用数学模型与图像处理的技术来分析图像特征和上层结构，从而提取智能性的信息。图像分析重点研究图像的内容，不仅包含图像处理的各种技术，比如图像编码、去噪、图像对比度调节等侧重于信号方面的内容，还包含对图像内容的分析、解释和识别，通俗来讲，图像分析就是研究如何让机器学会"看"的学科。

20 世纪 50 年代，图像分析最早应用于航空图像分析、光学字符识别等任务，但是基于规则与人工设定的模板，很难提取有效的语义信息。直到深度学习的提出，图像分析技术的研究与应用才得到飞速发展。比如人脸识别、表情识别、光学字符识别、手写数字识别、医学图像分析、基于内容的图像检索等在深度学习的帮助下均取得突破性进展。当前，基于深度学习的图像分析技术在各行各业得到广泛应用，成为人工智能领域中一个令人瞩目的研究方向。

7.2　卷积神经网络组成

在图像分析领域，基于深度学习的方法大多以卷积神经网络为基础，卷积神经网络是一种前馈神经网络，区别于其他神经网络最主要的特点就是卷积运算操作。本节对卷积神经网络的基本组成进行介绍，包括卷积层、激活函数层、池化层以及全连接层等，各层作用不同，共同组成卷积神经网络。

7.2.1　卷积层

卷积层是卷积神经网络的核心组成部分，具有局部连接、权值共享两大特性。局部连接，是通过一定大小的卷积核作用于局部图像区域，获取图像的局部信息；权值共享，是通过一个卷积核对整张图像进行完整的搜索，以获取所有感兴趣的区域。这两个特性能够使其更好地提取有效特征，并且减小网络复杂度。在卷积运算中，可以将卷积核看作一个权值矩阵，对于二维图像而言可以选择3×3或5×5矩阵，通过矩阵点乘与求和运算取得结果。

以二维图像为例，卷积运算过程如图7-1所示，输入数据大小为1×5×5，1表示输入通道数，卷积核大小为3×3。卷积核参数与对应位置像素逐位相乘后累加，即可得到计算结果。以左上角为例，计算过程为0×1+1×0+2×1+5×0+6×1+7×0+0×1+1×0+2×1＝10，卷积核按照从左到右、从上到下的顺序遍历输入数据，最终获得输出数据。

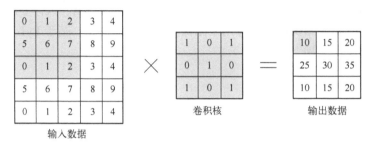

图7-1　卷积运算过程

PyTorch中应用于图像的卷积为Conv2d，在创建卷积层时，需要定义卷积层的输入通道数、输出通道数、卷积核大小等参数。Conv2d的参数及说明如下：

in_channels——输入图像的通道数。

out_channels——输出图像的通道数。

kernel_size——卷积核的尺寸。

stride——卷积步长，默认为1。

padding——边缘填充，即对输入的图像周围做填充，默认为0。

padding_mode——填充模式，包括零填充、常数填充、镜像填充、重复填充，默认为零填充。

dilation——空洞卷积，即卷积核元素之间的间距，默认为1。

groups——从输入通道到输出通道的阻塞连接数，默认为1。

bias——是否为输出添加偏置，默认为True。

PyTorch中卷积的使用如例7-1所示，使用5×5的卷积核对7×7的特征图进行卷积计算，为了使卷积运算后的尺寸不变，需设置合适的填充方式。虽然进行卷积运算的图像为二维，但是为了适合批训练和多通道特征图，输入Conv2d的特征图形状为B×C×H×W，其中B为批大小，C为通道数，H为特征图的高，W为特征图的宽。PyTorch也提供了查看卷积核相关参数的方式，查看卷积核形状的方式为Conv2d. weight. shape，查看卷积核的权重参数的方式为Conv2d. weight，查看卷积运算中的偏置参数的方式为Conv2d. bias。例7-1的输出如图7-2所示。

【例7-1】使用Conv2d进行卷积计算。

```
import torch
from torch import nn

#需要经过卷积运算的矩阵
input_matrix = torch.ones(1, 1, 7, 7)
```

```
#实例化 Conv2d
conv = nn. Conv2d( in_channels = 1, out_channels = 2, kernel_size = ( 5,5), stride = 1, padding = 1)
#进行卷积操作
output_matrix = conv( input_matrix)
#输出卷积后的结果
print( output_matrix)
#查看卷积核的形状
print('卷积核的尺寸为:', conv. weight. shape)
#查看卷积核的权重参数
print('卷积核为:', conv. weight)
#查看卷积运算中的偏置参数
print('卷积的偏置为:', conv. bias)
```

```
tensor([[[[ 0.0671,    0.1589,    0.1589,    0.1589,    0.0139],
          [ 0.0566,    0.2752,    0.2752,    0.2752,    0.2807],
          [ 0.0566,    0.2752,    0.2752,    0.2752,    0.2807],
          [ 0.0566,    0.2752,    0.2752,    0.2752,    0.2807],
          [-0.1899,   -0.1479,   -0.1479,   -0.1479,   -0.0548]],

         [[-1.2440,   -1.1146,   -1.1146,   -1.1146,   -1.0140],
          [-1.1812,   -1.0689,   -1.0689,   -1.0689,   -1.1521],
          [-1.1812,   -1.0689,   -1.0689,   -1.0689,   -1.1521],
          [-1.1812,   -1.0689,   -1.0689,   -1.0689,   -1.1521],
          [-0.7257,   -0.6517,   -0.6517,   -0.6517,   -0.8198]]]],
        grad_fn=<MkldnnConvolutionBackward0>)
卷积核的尺寸为:  torch. Size([2, 1, 5, 5])
卷积核为:  Parameter containing:
tensor([[[[ 0.1268,   -0.0336,    0.1132,    0.0604,   -0.1505],
          [-0.0434,   -0.0040,   -0.0313,    0.1756,    0.0659],
          [-0.1165,   -0.0806,    0.0523,    0.0294,    0.1693],
          [ 0.0751,   -0.1421,    0.0838,   -0.1333,   -0.1779],
          [ 0.1766,    0.1737,   -0.0301,    0.0152,    0.0876]]],

         [[[-0.0171,   -0.1262,    0.0217,   -0.0165,    0.1838],
          [ 0.1484,   -0.1932,   -0.1988,   -0.1906,   -0.0968],
          [ 0.0624,    0.1675,   -0.1188,   -0.0900,   -0.0298],
          [-0.1198,   -0.0113,   -0.0960,    0.0288,    0.1108],
          [ 0.0384,   -0.1793,   -0.1657,   -0.0256,   -0.0848]]]], requires_grad=True)
卷积的偏置为:  Parameter containing:
tensor([-0.1866, -0.0704], requires_grad=True)
```

图 7-2　卷积的输出及卷积中的参数

7.2.2　激活函数层

卷积运算本质上是一种线性组合，无论卷积神经网络叠加多少卷积层，最终获得的还是输入的线性组合。激活函数的作用在于将线性组合的信号通过某种算法以非线性的方式映射，从而增加网络的表征能力，使其可以应用于更复杂的场景中。常见的激活函数包括 Sigmoid、Relu、PReLU、Softmax 等。

1. Sigmoid 函数

Sigmoid 函数是卷积神经网络中最常用的激活函数之一，在很长一段时间里，Sigmoid 函数是神经网络的默认激活方式。Sigmoid 函数的输入为任意值，输出被映射到(0,1)区间，其计算公式为：

$$\text{Sigmoid}(x) = \frac{1}{1+e^{-x}} \qquad\qquad (7-1)$$

PyTorch 中 Sigmoid 激活函数的使用如例 7-2 所示，Sigmoid 与 Conv2d 同样为 torch. nn 模块下的一个类，只需实例化即可使用。在例 7-2 中不仅计算了 Sigmoid 的激活值，还计算了激活值对应的梯度，可以看到在 Sigmoid 函数的两端存在 "死区"，当输入值较大或者较小时，其激活值会无限接近 1 或者 0，如图 7-3 所示，此时对应的梯度均为非常小的数，神经网络的参数更新的幅度也非常小，误差也很难传播到之前的网络层，神经网络就会容易陷入局部最优而无法达到全局最优。

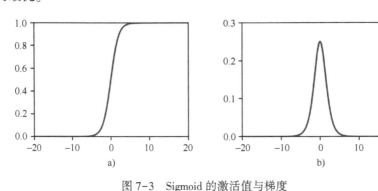

图 7-3　Sigmoid 的激活值与梯度
a) 激活值　b) 梯度

【例 7-2】 计算 Sigmoid 函数的激活值与梯度。

```
import numpy as np
import torch
from torch import nn
import matplotlib. pyplot as plt

plt. rcParams['font. sans-serif'] = ['STSong']
plt. rcParams['axes. unicode_minus'] = False
#定义输入值
x = np. linspace(-20, 20, 1000)
x = torch. from_numpy(x)

#实例化 Sigmoid
sigmoid = nn. Sigmoid()
#获得激活值
y = sigmoid(x)
#中心查分法近似求梯度
h = 1e-10
gradient_y = (sigmoid(x + h) - sigmoid(x - h)) / (2 * h)

#画图
plt. figure(figsize=(6, 2), dpi=100)
plt. subplot(1, 2, 1)
plt. plot(x, y. numpy())
plt. xlim(-20, 20)
plt. ylim(0, 1)
plt. title('(a) 激活值', y=-0.3)
```

```
plt. subplot(1, 2, 2)
plt. plot(x, gradient_y. numpy())
plt. xlim(-20, 20)
plt. ylim(0, 0.3)
plt. title('(b) 梯度',y=-0.3)
plt. show()
```

2. ReLU 函数

为了解决 Sigmoid 函数存在的梯度消失问题，Glorot 等提出了线性修正激活单元（Rectified Linear Unit，ReLU）函数。ReLU 激活函数的计算方法为：

$$ReLU(x)=\begin{cases}x & \text{if } x>0 \\ 0 & \text{if } x\leqslant 0\end{cases} \tag{7-2}$$

ReLU 激活函数可以在神经元接收到负信号时，使神经元处于抑制状态，即置零；当接收正信号时，使神经元原样输出。由于 ReLU 函数不涉及除法和指数运算，其反向传播梯度求导的计算速度要明显优于 Sigmoid 函数。

ReLU 在 PyTorch 中的用法与 Sigmoid 相同，只需实例化 nn. ReLU 即可使用，替换例 7-2 中的"sigmoid = nn. Sigmoid()"和"y = sigmoid(x)"为"relu = nn. ReLU"和"y = relu(x)"即可复用例 7-2 程序。ReLU 函数的激活值和梯度如图 7-4 所示，可以看出，在输入值为正值时梯度恒定为 1，因此 ReLU 函数在输入值为正值时不存在"死区"，不会有特别小的梯度出现。由于图像的位数通常为 8 位，每个像素点值的范围为 0~255，均为正数，因此 ReLU 函数较为适合图像分析，并被广泛应用。

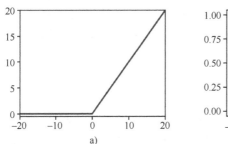 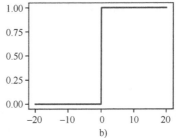

图 7-4　ReLU 的激活值及其梯度

a) 激活值　b) 梯度

3. PReLU 函数

PReLU（Parametric Rectified Linear Unit）函数是 ReLU 函数的改进。ReLU 激活函数在接收负值时会全部置零，而神经网络中的权重常常存在一定比例的负值，因此 ReLU 激活函数可能提取到一个稀疏的特征，但是对于一些难度较大的图像分析任务，过度稀疏的特征会造成负面影响，使得模型的表达能力不够。

PReLU 函数的计算方式为：

$$PReLU(x_i)=\begin{cases}x_i & \text{if } x_i>0 \\ a_i x_i & \text{if } x_i\leqslant 0\end{cases} \tag{7-3}$$

式（7-3）中 a_i 由动量方法更新，更新方式为：

$$\Delta a_i=\mu\Delta a_i+\eta\frac{\partial L}{\partial a_i} \tag{7-4}$$

式中，μ 代表动量，η 代表学习率，L 代表损失函数。

与 ReLU 的使用方法相同，替换例 7-2 中的 "sigmoid = nn. Sigmoid( )" 和 "y = sigmoid(x)" 为 "prelu = nn. PReLU( )" 和 "y = prelu(x)" 即可复用程序输出 PReLU 激活值的范围和梯度。PReLU 激活值和梯度如图 7-5 所示。

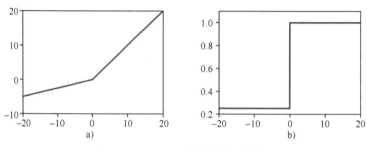

图 7-5　PReLU 的激活值及其梯度

a）激活值　b）梯度

PReLU 函数允许输出负值，负值的部分也存在梯度。同时 PReLU 函数相较于 ReLU 函数仅仅增加了少量的参数，所以计算量的增加微乎其微，网络过拟合的风险不大，可以避免因特征过度稀疏导致的拟合程度较差的问题，并且不影响模型的泛化性能。

7.2.3　池化层

池化层通过对数据进行分区采样，把一个大的矩阵降采样成一个小的矩阵，减少计算量，同时可以防止过拟合。通常有最大池化层、平均池化层、全局最大池化层、全局平均池化层。池化层的作用有：抑制噪声，降低信息冗余度；提升模型的尺度不变性和旋转不变性；降低模型计算量；防止过拟合。

1. 最大池化层和平均池化层

最大池化层是池化层中最常用的一种池化方法。最大池化层的原理为：首先确定卷积核的大小，然后根据设定的卷积核的大小划定区域，选取该区域中的最大值。最大池化层分为三种不同方式：MaxPooling1D 为一维池化、MaxPooling2D 为二维池化、MaxPooling3D 为三维池化。最大池化层的优点为特征平移不变性。下面通过图 7-6 具体说明最大池化的过程。

如图 7-6 所示，输入为 4×4 的图像，设定卷积核大小为 2×2，步长大小为 2。最大池化过程为：左上角 2×2 区域中对 2、4、8、6 进行最大池化，则选定该区域的最大值 8；右上角 2×2 区域中对 1、2、4、5 进行最大池化，则选定该区域的最大值 5；左下角 2×2 区域中对 1、7、3、5 进行最大池化，则选定该区域的最大值 7；右下角 2×2 区域中对 5、2、4、1 进行最大池化，则选定该区域的最大值 5。由此可知，最终最大池化结果为 8、5、7、5。

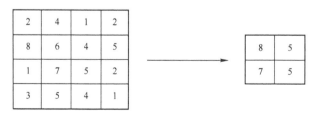

图 7-6　最大池化过程

平均池化层是池化层中另一种池化方法。平均池化层的原理为：首先确定卷积核的大小，然后根据设定的卷积核的大小划定区域，计算该区域中的平均值。平均池化层分为三种不同方式：AveragePooling1D 为一维池化、AveragePooling2D 为二维池化、AveragePooling3D 为三维池化。平均池化层的优点为保留了输入信息中"次重要"的特征信息。下面通过图 7-7 具体说明平均池化的过程。

如图 7-7 所示，输入为 4×4 的图像，设定卷积核大小为 2×2，步长大小为 2。平均池化过程为：左上角 2×2 区域中对 2、4、8、6 进行平均池化，得到该区域的平均值 5；右上角 2×2 区域中对 1、2、4、5 进行平均池化，得到该区域的平均值 3；左下角 2×2 区域中对 1、7、3、5 进行平均池化，得到该区域的平均值 4；右下角 2×2 区域中对 5、2、4、1 进行平均池化，得到该区域的平均值 3。由此可知，最终平均池化结果为 5、3、4、3。

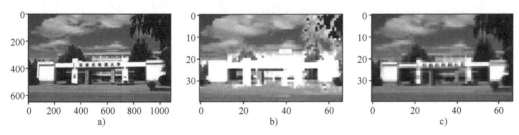

图 7-7　平均池化过程

PyTorch 中的最大池化层为 nn. MaxPool2d( )，平均池化层为 nn. AvgPool2d( )。对图片进行最大池化和平均池化操作，具体代码如例 7-3 所示。最大池化和平均池化后的图片如图 7-8 所示，由于使用的是 16×16 的池化尺寸，池化后都出现了明显的信息丢失，平均池化层相较于最大池化层保留了更多的信息，最大池化后图片的特征依然保留了能够进行粗粒度图像识别的关键信息，平均池化层则保留了更多的纹理特征。

图 7-8　最大池化和平均池化后的图像
a）原始图像　b）最大池化后图像　c）平均池化后图像

【例 7-3】对图像使用最大池化层和平均池化层。

```
import torch
from torch import nn
import matplotlib. pyplot as plt
import numpy as np

#读取图片
original_img = plt. imread('door. jfif')
original_img = np. array( original_img)
original_img = original_img. transpose( ( 2, 0, 1) )
```

```
original_img = torch.from_numpy(original_img).to(dtype=torch.float32)

#创建最大池化层和平均池化层
max_pooling = nn.MaxPool2d((16, 16), stride=(16, 16))
aver_pooling = nn.AvgPool2d((16, 16), stride=(16, 16))
#获得最大池化层和平均池化层的输出
output1 = max_pooling(original_img)

#调整矩阵形状
output1 = output1.numpy().transpose((1, 2, 0))
output2 = aver_pooling(original_img)
output2 = output2.numpy().transpose((1, 2, 0))
original_img = original_img.numpy().transpose((1, 2, 0))

#绘图
plt.figure(figsize=(12, 4), dpi=100)
plt.subplot(1, 3, 1)
plt.imshow(original_img / 255)
plt.title('(a) 原始图像', y=-0.3)
plt.subplot(1, 3, 2)
plt.imshow(output1 / 255)
plt.title('(b) 最大池化后图像', y=-0.3)
plt.subplot(1, 3, 3)
plt.imshow(output2 / 255)
plt.title('(c) 平均池化后图像', y=-0.3)
plt.show()
```

2. 全局最大池化层和全局平均池化层

全局最大池化是另一种池化方法。全局最大池化层的原理为：选取输入区域中每个通道的最大值。全局最大池化层和最大池化层的区别在于：最大池化层选取不同子区域的最大值进行输出，而全局最大池化层是选取每个通道整个区域的最大值进行输出。全局最大池化层的优势是减少了参数量、降低了卷积层输出特征维度。以下通过图 7-9 具体说明全局最大池化的过程。

如图 7-9 所示，输入为 3×4×4 的图像。全局最大池化过程为：第 1 个通道中对 3、6、2、2、8、6、4、5、1、7、5、3、5、4、1 进行全局最大池化，得到该通道的最大值 8；第 2 个通道中对 6、11、2、4、8、5、2、6、5、7、6、2、6、3、2、5 进行全局最大池化，得到该通道的最大值 11；第 3 个通道中对 3、6、4、7、2、4、8、6、4、3、2、8、5、5、4、9 进行全局最大池化，得到该通道的最大值 9。由此可知，最终最大池化结果为 8、11、9。

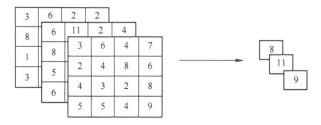

图 7-9　全局最大池化过程

全局平均池化是另一种池化方法。全局平均池化层的原理为：计算输入区域中每个通道的平均值。全局平均池化层和平均池化层的区别在于：平均池化层计算不同子区域的平均值进行输出，而全局平均池化层是计算每个通道整个区域的平均值进行输出。全局平均池化层的优势是无需设定参数、降低了过拟合现象。以下通过图 7-10 具体说明全局平均池化的过程。

如图 7-10 所示，输入为 3×4×4 的图像。全局平均池化过程为：第 1 个通道中对 3、6、2、2、8、6、4、5、1、7、5、2、3、5、4、1 进行全局平均池化，得到该通道的平均值 4；第 2 个通道中对 6、11、2、4、8、5、2、6、5、7、6、2、6、3、2、5 进行全局平均池化，得到该通道的平均值 5；第 3 个通道中对 3、6、4、7、2、4、8、6、4、3、2、8、5、5、4、9 进行全局平均池化，得到该通道的平均值 5。由此可知，最终平均池化结果为 4、5、5。

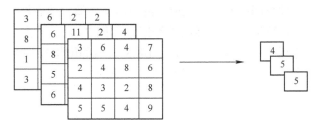

图 7-10　全局平均池化过程

在 PyTorch 中没有直接给出全局最大池化层和全局平均池化层，全局最大池化层可以使用 nn. AdaptiveMaxPool2d( )代替，全局平均池化层可以使用 Python 的内建函数配合 dim 参数实现，具体实现过程如例 7-4 所示。使用 nn. AdaptiveMaxPool2d(output_size)模拟最大池化层只需设置参数 output_size 为(1,1)即可从每个特征图中提取 1 个最大值。使用内建函数 mean( )模拟全局平均池化层只需设置参数 dim 为(-1,-2)，即可计算输入特征最后两个维度组成的特征图的平均值。例 7-4 中创建了一个 3×10×10 特征图组，第一个特征图由 1~100 组成，第二个特征图由 100~200 组成，第三个特征图由 200~300 组成，并获得了全局最大池化和全局平均池化后的结果，结果如图 7-11 所示，可以看到获得了正确的结果，验证了所使用的全局最大池化层和全局平均池化层的正确性。

```
全局最大池化层 tensor([[100., 200., 300.]])
全局平均池化层 tensor([[ 50.5000, 150.0000, 250.0000]])
```

图 7-11　全局最大池化和全局平均池化后的结果

【例 7-4】全局最大池化层和全局平均池化层的替代实现。

```
import torch
from torch import nn
import matplotlib. pyplot as plt
import numpy as np

#创建矩阵
input_x = torch. ones(3, 100)
input_x[0] = torch. linspace(1, 100, 100)
input_x[1] = torch. linspace(100, 200, 100)
input_x[2] = torch. linspace(200, 300, 100)
input_x = input. reshape(1, 3, 10, 10)
```

```
#创建全局最大池化层并输出结果
global_maxpool = nn.AdaptiveMaxPool2d((1,1))
output = global_maxpool(input_x)
print('全局最大池化层', output.reshape(1, 3))
#计算并输出全局平均池化后的结果
output = input.mean(dim=(-1,-2))
print('全局平均池化层', output)
```

7.2.4 Dropout 层

网络 Dropout 前后示意图如图 7-12 所示。标准前馈人工神经网络在输入和输出之间使用了多层非线性隐藏单元，训练网络时，输入通过网络前向传播，然后把误差反向传播，调整隐藏单元连接上的权重，学习特征信息，标准神经网络如图 7-12a 所示。检测器相互作用是指某个隐藏单元依赖其他隐藏单元才能发挥作用，Dropout 后的网络在训练时会先随机删掉网络中部分隐藏神经元，使用 Dropout 后的网络如图 7-12b 所示。

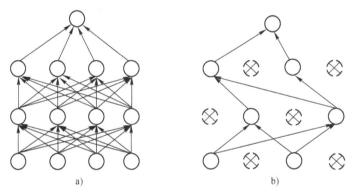

图 7-12 网络 Dropout 前后示意图
a) 标准神经网络 b) Dropout 后的网络

Dropout 阻止了特征检测器相互作用，防止训练时对复杂数据出现共同适应，提高了神经网络的性能。Dropout 使得权值的更新不再依赖于有固定关系的隐含节点的共同作用，这种方式可以减少隐藏单元间的相互作用，迫使网络去学习更加鲁棒的特征，可以明显地减少过拟合现象。

PyTorch 中的 Dropout 实现为 nn.Dropout()。nn.Dropout 有 2 个参数分别为 p 和 inplace。p 为丢弃置零的比例。inplace 的值如果设置为 True 则会在输出特征的时候同步改变输入特征，输入特征和输出特征虽然是不同的变量名，但是共享了同一段地址，此时可以优化内存占用，减少申请内存和注销内存的操作，提升模型的训练速度。但是如果需要进一步使用输入 Dropout 的特征，inplace 设置为 True 会造成一定的麻烦，所以 inplace 默认为 False，只在需要的时候才设置为 True。PyTorch 中 Dropout 的使用如例 7-5 所示，输出的结果如图 7-13 所示。

dropout前的数据:
```
tensor([[[[1., 1., 1., 1., 1.],
          [1., 1., 1., 1., 1.],
          [1., 1., 1., 1., 1.],
          [1., 1., 1., 1., 1.],
          [1., 1., 1., 1., 1.]]]])
```
dropout后的数据:
```
tensor([[[[2., 0., 2., 2., 2.],
          [0., 2., 2., 2., 2.],
          [0., 2., 0., 0., 2.],
          [2., 0., 2., 2., 2.],
          [2., 2., 2., 0., 2.]]]])
```

图 7-13 使用 Dropout 前后的输出结果

【例 7-5】 Dropout 在 PyTorch 中的使用。

```
import torch
import torch. nn as nn

input_x = torch. ones(1,1,5,5)
dropout = nn. Dropout(p=0. 5)
output = dropout(input_x)
print('dropout 前的数据：\n',input_x)
print('dropout 后的数据：\n',output)
```

7.2.5 Batch Normalization（BN）层

为了解决深度神经网络训练过程中容易出现的梯度爆炸和梯度消失等问题，Ioffe 等提出了批标准化方法。批标准化首先对输入进行白化预处理：

$$\mu = \frac{1}{m} \sum_{i=1}^{m} x_i \tag{7-5}$$

$$\sigma^2 = \frac{1}{m} \sum_{i=1}^{m} (x_i - \mu)^2 \tag{7-6}$$

$$\hat{x} = \frac{x-\mu}{\sqrt{\sigma^2+\varepsilon}} \tag{7-7}$$

式中，m 代表批次大小，x_i 代表一个批次中第 i 个数据，μ 代表一个批次输入数据的平均值，σ 为该批次数据的标准差，ε 代表极小的正数。

BN 层可以使输出既不过大也不过小，均值为 0，标准差为 $1+\varepsilon$。为了提升模型的表达能力，BN 层引入了"比例及平移（Scalar and Shift）"操作：

$$y = \lambda \hat{x}_i + \beta \equiv BN_{\lambda,\beta}(x_i) \tag{7-8}$$

式中，λ 和 β 通过迭代训练更新，经过"比例及平移"操作，使得网络具有较强的非线性表达能力，避免了陷入非线性区间两头导致的收敛速度变慢的问题。

PyTorch 中用于图像处理与分析的 BN 层为 nn. BatchNorm2d( )。在使用 nn. BatchNorm2d( ) 创建 BN 层时有 5 个参数，分别为 num_features、eps、momentum、affine、track_running_stats。num_features 为输入特征值的维度。eps 为白话预处理时添加在分母的一个小正数，默认为 1e-5；momentum 为滑动平滑的参数，用来计算训练阶段时的均值和方差，默认值为 0.1；affine 为是否进行"比例及平移"操作，默认为 True；track_running_stats 表示跟踪整个训练过程中的批次的统计特性，不仅仅依赖当前批次，以能反映全局的方式求均值和方差，默认值为 True。PyTorch 中 BN 层的使用如例 7-6 所示。

【例 7-6】 PyTorch 中使用 BN 层代码。

```
import torch
import torch. nn as nn

#定义输入特征
input_x = torch. randn(64, 1, 200, 200)
#定义 BN 层
BN = torch. nn. BatchNorm2d(num_features=1)
#获取 BN 层输出
output = BN(input_x)
```

```
print('BN 中的参数：\n', BN)
print('BN 前的数据：\n', input_x)
print('BN 后的数据：\n', output)。
```

7.2.6 全连接层

全连接层在卷积神经网络中起降维和分类器的作用。全连接层可以将卷积层、池化层和激活函数提取到的特征进一步映射到样本标记空间。为了进一步提高网络的非线性能力，常在全连接层间使用非线性激活函数，如 Sigmoid、ReLU 等。

一个由多个全连接层组成的分类器，其第 l 层第 i 个神经元的输出值为：

$$Z_i^l = W_i^l a^{l-1} + b^l \tag{7-9}$$

式中，Z_i^l 表示第 l 层第 i 个神经元的加权求和值；a^{l-1} 表示第 $l-1$ 层神经元输出组成的向量；W_i^l 表示 a^{l-1} 对应的第 l 层第 i 个神经元权值组成的向量；b^l 表示第 l 层的偏置。

PyTorch 中全连接层的实现为 nn. Linear( )。nn. Linear( ) 有三个参数，分别为 in_features、out_features 和 bias。in_features 为输入特征的大小；out_features 为输出特征的大小；bias 为是否使用偏置，默认值为 True。例 7-7 为全连接层的使用，nn. Linear. weight 可以查看权重，nn. Linear. bias 可以查看偏置，通过对由 1 组成的特征进行线性变换并与偏置求和，得到的结果如图 7-14 所示。

```
全连接层的权重：
 Parameter containing:
tensor([[-0.2085,  0.2142, -0.0652, -0.2229, -0.2351,  0.1366,  0.1566,  0.2444,
         -0.0636,  0.1495],
        [-0.0966,  0.1501, -0.1185, -0.2606,  0.2156, -0.2598,  0.0811, -0.0849,
         -0.0937, -0.0947],
        [-0.2811, -0.2297,  0.2672, -0.3005,  0.2321,  0.0564, -0.1411, -0.0169,
         -0.2272, -0.1759],
        [ 0.3052,  0.0947, -0.2247,  0.0055,  0.2036, -0.2381,  0.1018,  0.2285,
          0.1705, -0.0377]], requires_grad=True)
全连接层的偏置：
 Parameter containing:
tensor([ 0.0112, -0.2428, -0.1841,  0.0391], requires_grad=True)
全连接层的输入：
 tensor([[1., 1., 1., 1., 1., 1., 1., 1., 1., 1.]])
全连接层的输出：
 tensor([[ 0.1172, -0.8048, -1.0008,  0.6483]], grad_fn=<AddmmBackward0>)
```

图 7-14　全连接层的参数

【例 7-7】创建全连接层并查看权值与偏置。

```
import torch
from torch import nn

#定义全连接层
linear = nn. Linear(10, 4)
#定义输入特征
input_x = torch. ones(1, 10)
#获取全连接层输出
output = linear(input_x)

print('全连接层的权重：\n', linear. weight)
```

```
print('全连接层的偏置: \n', linear. bias)
print('全连接层的输入: \n', input_x)
print('全连接层的输出: \n', output)
```

7.3 经典卷积网络架构

近些年，基于卷积的各种神经网络架构模型相继开发出来，使得图像分类取得了惊人的发展。图像分析的一个重要任务是图像分类，衡量图像分类性能的一个重要度量指标是 top-5 错误率。top-5 错误率是经过预测的所属种类的所有可能性中最可能的 5 种均不含正确类别。得益于卷积神经网络不同变体的提出，图像分类领域著名的 ImageNet 的 top-5 错误率从 26% 左右降到了 3% 以下。从错误率的大幅下降不难看出卷积神经网络优异的图像特征提取能力。

上一节介绍了卷积网络的基本组成，这一节介绍几种经典的卷积神经网络架构。首先介绍的是经典 LeNet-5 架构（1998 年），然后是 ILSVRC 挑战中三个经典的网络架构：AlexNet（2012 年）、VGGNet（2014 年）、ResNet（2015 年）。这些经典架构灵活运用了卷积神经网络的各个组成部分，对其学习有助于举一反三设计不同图像分析任务的卷积神经网络结构。

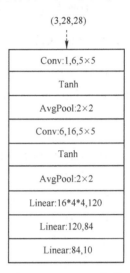

图 7-15 LeNet-5 架构

7.3.1 LeNet-5

LeNet-5 是 1998 年由 Yann LeCun 提出，最初用于手写数字识别中，是早期卷积神经网络中最具代表性的模型之一。LeNet-5 架构如图 7-15 所示，共 7 层，由 2 个卷积层、2 个池化层以及 3 个全连接层组成。LeNet-5 通过不同的卷积核自动提取特征，将原始数据经过一些非线性变换转变为更高层次的、更加抽象的表达，最终使用高层次的特征进行分类识别。其网络结构的 Python 代码见例 7-8。

【例 7-8】实现 LeNet-5 模型。

```
import torch
import torch. nn as nn

class LeNet5( nn. Module):
    def __init__( self):
        super( LeNet5, self). __init__()
        #搭建由卷积层、池化层和激活函数组成的特征提取器
        self. features = nn. Sequential(
            nn. Conv2d(1, 6, 5),
            nn. Tanh(),
            nn. AvgPool2d(2, 2),
            nn. Conv2d(6, 16, 5),
            nn. Tanh(),
            nn. AvgPool2d(2, 2),
        )
        #创建分类器
        self. classifier = nn. Sequential(
```

```
                nn. Linear(16 * 4 * 4, 120),
                nn. Linear(120, 84),
                nn. Linear(84, 10),
        )

    def forward(self, x):
        x = self. features(x)
        #平铺特征图
        x = torch. flatten(x, start_dim = 1)
        x = self. classifier(x)
        return x

if __name__ == '__main__':
    net = LeNet5()
    print(net)
```

7.3.2 AlexNet

AlexNet 是 2012 年 ImageNet 竞赛冠军获得者 Hinton 和他的学生 Alex Krizhevsky 设计的，在 2012 年举办的 ImageNet 图像分类任务竞赛使用，包括 128 万张 1000 个分类的识别结果大大超过其他模型准确率。AlexNet 在图像分析领域占有重要地位，AlexNet 之后，更多更深的神经网络被提出，比如 VGG、GoogLeNet。

AlexNet 将 CNN 的基本原理应用到了更深、更宽的网络中，使用了多个技术，主要包括：

1）使用 ReLU 作为 CNN 的激活函数。

2）使用 Dropout 技术以避免模型过拟合。

3）在 CNN 中使用最大池化。此前 CNN 中普遍使用平均池化，AlexNet 全部使用最大池化，避免了平均池化的模糊化效果。

4）数据增强技术，随机地从 256×256 大小的原始图像中截取 224×224 大小的区域（以及水平翻转的镜像），相当于增加了 $2×(256-224)^2 = 2048$ 倍的数据量。

AlexNet 网络结构如图 7-16 所示，包括 5 个卷积层与 3 个全连接层，实现其网络结构的 Python 代码见例 7-9。

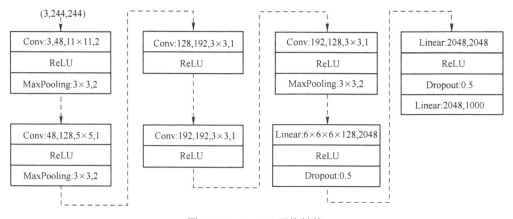

图 7-16　AlexNet 网络结构

【例 7-9】实现 AlexNet 网络结构的 Python 代码。

```python
import torch
import torch. nn as nn

class AlexNet( nn. Module) :
    def __init__( self) :
        super( AlexNet, self). __init__( )
        self. features = nn. Sequential(
            nn. Conv2d( 3,48, kernel_size = 11) ,
            nn. ReLU( inplace = True) ,
            nn. MaxPool2d( kernel_size = 3, stride = 2) ,
            nn. Conv2d( 48,128, kernel_size = 5, padding = 2) ,
            nn. ReLU( inplace = True) ,
            nn. MaxPool2d( kernel_size = 3, stride = 2) ,
            nn. Conv2d( 128,192, kernel_size = 3, stride = 1, padding = 1) ,
            nn. ReLU( inplace = True) ,
            nn. Conv2d( 192,192, kernel_size = 3, stride = 1, padding = 1) ,
            nn. ReLU( inplace = True) ,
            nn. Conv2d( 192,128, kernel_size = 3, stride = 1, padding = 1) ,
            nn. ReLU( inplace = True) ,
            nn. MaxPool2d( kernel_size = 3, stride = 2) ,
        )
        self. classifier = nn. Sequential(
            nn. Linear( 6 * 6 * 128,2048) ,
            nn. ReLU( inplace = True) ,
            nn. Dropout( 0. 5) ,
            nn. Linear( 2048,2048) ,
            nn. ReLU( inplace = True) ,
            nn. Dropout( ) ,
            nn. Linear( 2048,1000) ,
        )

    def forward( self,x) :
        x = self. features( x)
        x = torch. flatten( x, start_dim = 1)
        x = self. classifier( x)
        return x

if __name__ == '__main__':
    net = AlexNet( )
    print( net)
```

7. 3. 3 VGGNet

VGGNet 是牛津大学的视觉几何组（Visual Geometry Group）和 Google DeepMind 公司共同开发的深度神经网络模型，在 ImageNet 图像分类任务竞赛中将 Top-5 错误率降到 7.3%，它的一个主要贡献是展示出网络的深度对性能的重要影响。

VGG 是一个框架，研究者可以根据需要调整某些模块，以达到网络规模和性能的平衡。VGGNet 的深度从 11 层到 19 层不等，较为常用的是 VGG16 和 VGG19。VGG16 网络模型结构如图 7-17 所示，从图中可以看到，VGG16 采用了 5 组卷积与 3 个全连接层，使用 Softmax 进行分类。

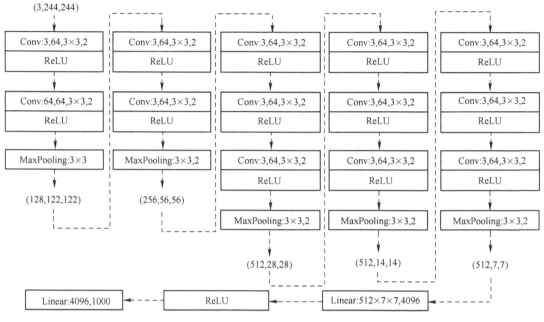

图 7-17　VGG16 网络结构

与 AlexNet 大多使用 5×5 的卷积核不同，VGGNet 使用的卷积核基本都是 3×3，很多地方出现多个 3×3 堆叠，这样做的优点在于：从感受野来看，两个 3×3 的卷积核与一个 5×5 的卷积核是一样的，但是使用 3×3 卷积核可以降低参数量；另外，两个 3×3 卷积核拥有两个激活函数，非线性拟合能力高于 5×5 卷积核，因此可以提高卷积神经网络的学习能力。VGG16 经典网络结构的 Python 代码见例 7-10。

【例 7-10】实现 VGG16 网络结构。

```
import torch
from torch import nn

class VGG16( nn. Module) :
    def __init__(self) :
        super(VGG16, self). __init__( )
        features_layers = [ ]
        in_dim = 3
        out_dim = 64

        #创建特征提取层
        for i in range(13) :
            #创建卷积层及其激活函数
            features_layers += [ nn. Conv2d( in_dim, out_dim, 3, 1, 1), nn. ReLU( )]
            in_dim = out_dim
        #在第 2、4、7、13 个卷积层后增加池化层并增加通道数
        if i == 1 or i == 3 or i == 6 or i == 12:
            features_layers. append( nn. MaxPool2d( 2, 2) )
            out_dim *= 2
        #在第 10 个卷积层后增加池化层
```

```
        elif i == 9:
            features_layers. append( nn. MaxPool2d( 2, 2) )
    self. features = nn. Sequential( * features_layers)

    #创建分类器
    self. classifier = nn. Sequential(
        nn. Linear( 512 * 7 * 7, 4096) ,
        nn. ReLU( True) ,
        nn. Dropout( ) ,
        nn. Linear( 4096, 4096) ,
        nn. ReLU( True) ,
        nn. Dropout( ) ,
        nn. Linear( 4096, 1000) ,
    )

    def forward( self, x) :
        x = self. features( x)
        #铺平特征图
        x = torch. flatten( x, start_dim = 1)
        x = self. classifier( x)
        return x


if __name__ == '__main__':
    net = VGG16( )
    print( net)
```

VGGNet 模型简单灵活，便于拓展，迁移到其他数据集上的泛化能力也很好，因此是计算机视觉领域中应用较多的网络模型之一。

7.3.4 ResNet

残差网络（ResNet）是由何恺明等人提出的，并获得了 2015 年 ILSVRC 竞赛的冠军。ResNet 的提出是为了解决由于网络的加深造成的梯度爆炸和梯度消失的问题。实验结果表明，ResNet 在上百层的深度神经网络有很好的表现。

ResNet 引入的残差结构如图 7-18 所示。网络设计为 $H(x) = F(x) + x$，直接让网络层去拟合 $H(x)$ 可能比较困难，通过残差连接转换为学习一个残差函数 $F(x) = H(x) - x$，拟合残差要容易地多。

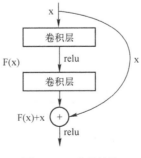

图 7-18　残差结构

ResNet 有不同的版本，包括 18、34、50、101、152 层版本，其中 152 层的版本在 ILSVRC 竞赛中的 Top-5 错误率降到了 3.6%。其中最常用的是 50 层的版本（也称为 ResNet50），具体架构如图 7-19 所示。

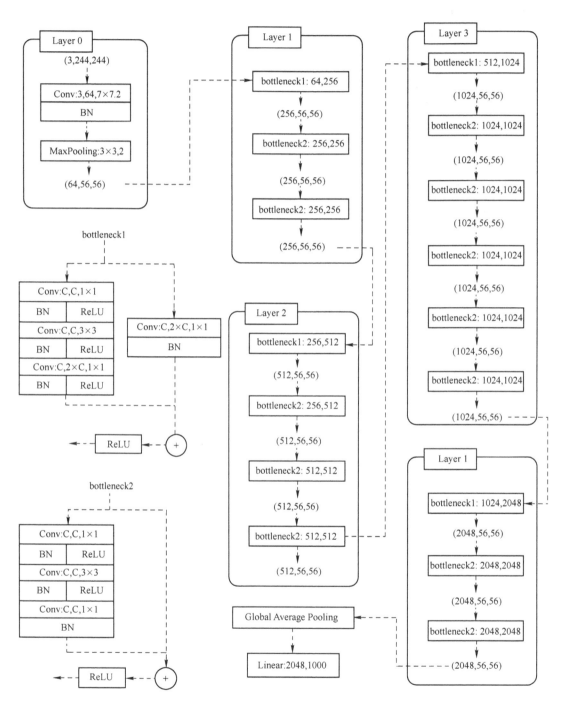

图 7-19　ResNet50 的模型结构

【例 7-11】 ResNet50 的 PyTorch 实现。

```python
import torch
import torch. nn as nn
from torch. nn import functional as F

#定义第一种残差模块
class Bottleneck1( nn. Module) :
    def __init__( self, in_channel, outs, kernel_size, stride, padding) :
        super( Bottleneck1, self). __init__( )
        self. conv1 = nn. Conv2d( in_channel, outs[ 0], kernel_size=kernel_size[ 0],
                                stride=stride[ 0], padding=padding[ 0])
        self. bn1 = nn. BatchNorm2d( outs[ 0])
        self. conv2 = nn. Conv2d( outs[ 0], outs[ 1], kernel_size=kernel_size[ 1],
                                stride=stride[ 1], padding=padding[ 1])
        self. bn2 = nn. BatchNorm2d( outs[ 1])
        self. conv3 = nn. Conv2d( outs[ 1], outs[ 2], kernel_size=kernel_size[ 2],
                                stride=stride[ 2], padding=padding[ 2])
        self. bn3 = nn. BatchNorm2d( outs[ 2])

        self. extra = nn. Sequential(
            nn. Conv2d( in_channel, outs[ 2], kernel_size=1, stride=stride[ 3],
                       padding=0),
            nn. BatchNorm2d( outs[ 2])
        )

    def forward( self, x) :
        x_shortcut = self. extra( x)
        out = self. conv1( x)
        out = self. bn1( out)
        out = F. relu( out)

        out = self. conv2( out)
        out = self. bn2( out)
        out = F. relu( out)

        out = self. conv3( out)
        out = self. bn3( out)
        #特征值对应对位求和
        return F. relu( x_shortcut + out)

#定义第二种残差模块
class Bottleneck2( nn. Module) :
    def __init__( self, in_channel, outs, kernel_size, stride, padding) :
        super( Bottleneck2, self). __init__( )
        self. conv1 = nn. Conv2d( in_channel, outs[ 0], kernel_size=kernel_size[ 0],
                                stride=stride[ 0], padding=padding[ 0])
        self. bn1 = nn. BatchNorm2d( outs[ 0])
        self. conv2 = nn. Conv2d( outs[ 0], outs[ 1], kernel_size=kernel_size[ 1],
                                stride=stride[ 0], padding=padding[ 1])
        self. bn2 = nn. BatchNorm2d( outs[ 1])
        self. conv3 = nn. Conv2d( outs[ 1], outs[ 2], kernel_size=kernel_size[ 2],
```

```python
                        stride = stride[0], padding = padding[2])
            self.bn3 = nn.BatchNorm2d(outs[2])

    def forward(self, x):
        out = self.conv1(x)
        out = F.relu(self.bn1(out))

        out = self.conv2(out)
        out = F.relu(self.bn2(out))

        out = self.conv3(out)
        out = self.bn3(out)
        #特征值对应对位求和
        return F.relu(out + x)

classResNet50(nn.Module):
    def __init__(self):
        super(ResNet50, self).__init__()
        self.conv1 = nn.Conv2d(3, 64, kernel_size=7, stride=2, padding=3)
        self.maxpool = nn.MaxPool2d(kernel_size=3, stride=2, padding=1)

        #创建卷积块1
        self.block1 = nn.Sequential(
            Bottleneck1(64, outs=[64, 64, 256], kernel_size=[1, 3, 1],
                        stride=[1, 1, 1, 1], padding=[0, 1, 0]),
            Bottleneck2(256, outs=[64, 64, 256], kernel_size=[1, 3, 1],
                        stride=[1, 1, 1, 1], padding=[0, 1, 0]),
            Bottleneck2(256, outs=[64, 64, 256], kernel_size=[1, 3, 1],
                        stride=[1, 1, 1, 1], padding=[0, 1, 0]),
        )

        #创建卷积块2
        self.block2 = nn.Sequential(
            Bottleneck1(256, outs=[128, 128, 512], kernel_size=[1, 3, 1],
                        stride=[1, 2, 1, 2], padding=[0, 1, 0]),
            Bottleneck2(512, outs=[128, 128, 512], kernel_size=[1, 3, 1],
                        stride=[1, 1, 1, 1], padding=[0, 1, 0]),
            Bottleneck2(512, outs=[128, 128, 512], kernel_size=[1, 3, 1],
                        stride=[1, 1, 1, 1], padding=[0, 1, 0]),
            Bottleneck2(512, outs=[128, 128, 512], kernel_size=[1, 3, 1],
                        stride=[1, 1, 1, 1], padding=[0, 1, 0]),
        )

        #创建卷积块3
        self.block3 = nn.Sequential(
            Bottleneck1(512, outs=[256, 256, 1024], kernel_size=[1, 3, 1],
                        stride=[1, 2, 1, 2], padding=[0, 1, 0]),
            Bottleneck2(1024, outs=[256, 256, 1024], kernel_size=[1, 3, 1],
                        stride=[1, 1, 1, 1], padding=[0, 1, 0]),
            Bottleneck2(1024, outs=[256, 256, 1024], kernel_size=[1, 3, 1],
                        stride=[1, 1, 1, 1], padding=[0, 1, 0]),
            Bottleneck2(1024, outs=[256, 256, 1024], kernel_size=[1, 3, 1],
```

```
                    stride=[1, 1, 1, 1], padding=[0, 1, 0]),
        Bottleneck2(1024, outs=[256, 256, 1024], kernel_size=[1, 3, 1],
                    stride=[1, 1, 1, 1], padding=[0, 1, 0]),
        Bottleneck2(1024, outs=[256, 256, 1024], kernel_size=[1, 3, 1],
                    stride=[1, 1, 1, 1], padding=[0, 1, 0]),
    )

    #创建卷积块4
    self.block4 = nn.Sequential(
        Bottleneck1(1024, outs=[512, 512, 2048], kernel_size=[1, 3, 1],
                    stride=[1, 2, 1, 2], padding=[0, 1, 0]),
        Bottleneck2(2048, outs=[512, 512, 2048], kernel_size=[1, 3, 1],
                    stride=[1, 1, 1, 1], padding=[0, 1, 0]),
        Bottleneck2(2048, outs=[512, 512, 2048], kernel_size=[1, 3, 1],
                    stride=[1, 1, 1, 1], padding=[0, 1, 0]),
    )
    #定义全局平均池化层
    self.avgpool = nn.AdaptiveAvgPool2d(output_size=(1, 1))
    #定义分类器
    self.fc = nn.Linear(2048, 10)

def forward(self, x):
    out = self.conv1(x)
    out = self.maxpool(out)
    out = self.block1(out)
    out = self.block2(out)
    out = self.block3(out)
    out = self.block4(out)
    #使用全局平均池化层进行降维
    out = self.avgpool(out)
    out = out.reshape(x.shape[0], -1)
    out = self.fc(out)
    return out


if __name__ == '__main__':
    net = ResNet50()
    print(net)
```

7.4 案例应用

前面对于卷积网络的组成和常用网络架构有了初步了解，本节将着重介绍卷积网络在图像识别中的两个应用，分别是 MNIST 手写数字识别和 Kaggle 猫狗大战。通过学习这两个应用，可以了解加载数据集、构建卷积神经网络模型、模型训练、模型测试以及迁移学习的相关知识。

7.4.1 MNIST 手写数字识别

在大数据时代的背景下，手写数字识别作为计算机视觉领域的一个重要研究问题，在各行各业的应用都非常广泛，比如，用于金融领域通过计算机自动处理财务报表等，手写数字识别有着重要的理论价值与实践价值。

MNIST 数据集来自美国国家标准与技术研究所，是图像识别领域中较为典型的手写数字数据集。该数据集由 6 万张训练样本和 1 万张测试样本组成，每个样本为一张大小为 28×28 的手写数字图像和相应的标签，标签一共有 10 类，分别对应数字从 0 到 9。实验中使用训练样本训练出相应的模型，测试样本评估训练模型的性能。

对于常用的开源数据集，可以使用 torchvision 中的 datasets 工具对封装好的数据集进行调用。datasets 中所有封装的数据集都是 torch. utils. data. Dataset 的子类，它们都实现了 __getitem__ 和 __len__ 方法，因此，都可以用 torch. utils. data. DataLoader 进行数据加载，然后使用 datasets. MNIST( ) 类加载 MNIST 数据集。在 PyTorch 中加载 MNIST 数据集的 Python 代码见例 7-12。

【例 7-12】 在 PyTorch 中加载 MNIST 数据集。

```
#获取训练集数据加载器
train_loader = torch. utils. data. DataLoader(
        datasets. MNIST('data', train=True, download=True,
                        transform=transforms. Compose([
                                transforms. ToTensor(),
                                transforms. Normalize(mean=(0.5,), std=(0.5,))
                                ])),
        batch_size=BATCH_SIZE, shuffle=True)

#获取测试集数据加载器
test_loader = torch. utils. data. DataLoader(
        datasets. MNIST('data', train=False, transform=transforms. Compose([
            transforms. ToTensor(),
            transforms. Normalize((0.5,), (0.5,))
        ])),
        batch_size=BATCH_SIZE, shuffle=True)
```

模型训练阶段代码如例 7-13 所示，首先可通过数据加载器获取训练集样本与标签，并将其输入构建好的模型中，获得模型输出。然后计算预测值（模型输出）与真实值（样本标签）之间的损失函数值，利用反向传播算法更新模型参数，使损失函数值最小化，这一过程中可输出模型的损失函数值与分类准确率，便于观察训练效果。最终训练得到较好的模型参数。

【例 7-13】 模型训练过程。

```
def train(num_epochs, model, criterion, device, train_loader, optimizer):
    for epoch in range(num_epochs):
        #设置模型为训练模式
        model. train()
        #test_loss 为训练时的总损失
        total_test_loss = 0

        #从数据加载器获取样本和标签
        for i, (images, labels) in enumerate(train_loader):
            samples,labels = images. to(device),labels. to(device)
            #获取当前模型的输出
            output = model(samples. reshape(-1, 1, 28, 28))
            #计算损失函数值
            loss = criterion(output, labels)
```

```
    #参数更新前优化器内部参数梯度设置为0
    optimizer. zero_grad( )
    #损失值前向传播
    loss. backward( )
    #更新模型参数
    optimizer. step( )
    #转成 Python 数据类型
    loss = loss. item( )
    #累计损失
    total_test_loss += loss


model. eval( )    #设置模型进入预测模式
correct = 0
for data, target in train_loader:
    data, target = data. to( device), target. to( device)
    #获得模型输出
    output =lenet5( data. reshape( -1, 1, 28, 28))
    #获得模型分类结果
    pred = output. data. max( 1)[ 1]
    #计算分类正确的样本数
    correct +=pred. eq( target. data. view_as( pred)). cpu( ). sum( )


#打印迭代训练过程中训练集的损失和准确率
print( "Epoch: {}/{}". format( epoch + 1, num_epochs))
print( "Train-lose: {:. 4f}". format( total_test_loss / len( train_loader. dataset)))
print( 'Accuracy: {:. 3f}% \n'. format( 100. * correct / len( train_loader. dataset)))
```

这里将 7.3 节中介绍的 LeNet-5 应用于 MNIST 数据集下的手写数字识别，全部代码如例 7-14 所示。代码主要包含 train( ) 函数、test( ) 函数、LeNet5( ) 模型以及 main( ) 主函数。Train( ) 函数为模型训练阶段的代码，上面已详细介绍。test( ) 函数为模型测试阶段的代码，主要步骤为获取测试集样本与标签，将其输入训练好的模型，最终获得测试集样本的损失函数值与分类准确率。Main( ) 主函数主要通过调用其他函数来完成实验，除此之外还负责超参数的设置。超参数包含批次大小、迭代次数、学习率、优化器等，实验中通过对超参数的调优，使得模型效果更好。

【例 7-14】利用 LeNet-5 进行 MNIST 手写数字识别。

```
import torch
import torch. nn as nn
import torch. optim as optim
from torchvision import transforms
from torchvision import datasets


def main( ):
    #超参数设置
    BATCH_SIZE = 64    #批次大小
    EPOCHS = 10    #迭代次数
    learning_rate = 0. 01    #学习率
    #如果 cuda 可用,则使用 cuda,否则使用 CPU 训练
    DEVICE = torch. device( "cuda" if torch. cuda. is_available( ) else "cpu")
    #实例化 LeNet5 模型
```

```python
lenet5 = LeNet5().to(DEVICE)
#实例化交叉熵损失函数(包含了 softmax 损失函数)
criterion = nn.CrossEntropyLoss().to(DEVICE)
#实例化 Adam 优化器
optimizer = optim.Adam(lenet5.parameters(), lr = learning_rate)

#获取训练集数据加载器
train_loader = torch.utils.data.DataLoader(
    datasets.MNIST('data', train = True, download = True, transform = transforms.Compose(
        [transforms.ToTensor(), transforms.Normalize(mean = (0.5,), std = (0.5,))])),
    batch_size = BATCH_SIZE, shuffle = True)
#获取测试集数据加载器
test_loader = torch.utils.data.DataLoader(
    datasets.MNIST('data', train = False, transform = transforms.Compose([
        transforms.ToTensor(),
        transforms.Normalize((0.5,), (0.5,))
    ])),
    batch_size = BATCH_SIZE, shuffle = True)

#训练模型
print('---------训练模型---------')
train(EPOCHS, lenet5, criterion, DEVICE, train_loader, optimizer)
#测试模型
print('---------测试模型---------')
test(test_loader, lenet5, criterion, DEVICE)

#定义 LeNet5 模型
class LeNet5(nn.Module):
    def __init__(self):
        super(LeNet5, self).__init__()
        #搭建由卷积层、池化层和激活函数组成的特征提取器
        self.features = nn.Sequential(
            nn.Conv2d(1, 6, 5),
            nn.Tanh(),
            nn.AvgPool2d(2, 2),
            nn.Conv2d(6, 16, 5),
            nn.Tanh(),
            nn.AvgPool2d(2, 2),
        )
        #创建分类器
        self.classifier = nn.Sequential(
            nn.Linear(16 * 4 * 4, 120),
            nn.Linear(120, 84),
            nn.Linear(84, 10),
        )

    def forward(self, x):
        x = self.features(x)
        #平铺特征图
        x = torch.flatten(x, start_dim = 1)
        x = self.classifier(x)
        return x
```

```python
def train(num_epochs, model, criterion, device, train_loader, optimizer):
    for epoch in range(num_epochs):
        #设置模型为训练模式
        model.train()
        #test_loss 为训练时的总损失
        total_test_loss = 0
        #从迭代器抽取图片和标签
        for i, (images, labels) in enumerate(train_loader):
            samples,labels = images.to(device),labels.to(device)
            #获取当前模型的输出
            output = model(samples.reshape(-1, 1, 28, 28))
            #计算损失函数值
            loss = criterion(output, labels)
            #参数更新前优化器内部参数梯度设置为0
            optimizer.zero_grad()
            #损失值前向传播
            loss.backward()
            #更新模型参数
            optimizer.step()
            #转成 Python 数据类型
            loss = loss.item()
            #累计损失
            total_test_loss += loss
        model.eval()    #设置模型进入预测模式
        correct = 0
        for data, target in train_loader:
            data, target = data.to(device), target.to(device)
            #获得模型输出
            output = lenet5(data.reshape(-1, 1, 28, 28))
            #获得模型分类结果
            pred = output.data.max(1)[1]
            #计算分类正确的样本数
            correct += pred.eq(target.data.view_as(pred)).cpu().sum()
        #打印迭代训练过程中训练集的损失和准确率
        print("Epoch: {}/{}".format(epoch + 1, num_epochs))
        print("Train-lose: {:.4f}".format(total_test_loss / len(train_loader.dataset)))
        print('Accuracy: {:.3f}%\n'.format(100. * correct / len(train_loader.dataset)))


def test(test_loader, model, criterion, device):
    #设置模型为验证模式
    model.eval()
    correct = 0
    for data, target in test_loader:
        data, target = data.to(device), target.to(device)
        output = model(data.reshape(-1, 1, 28, 28))
        #找到概率值最大的下标,为输出值
        pred = output.data.max(1)[1]
        #正确的样本数
        correct += pred.eq(target.data.view_as(pred)).cpu().sum().item()
    #打印测试结果
    print('Total number of test samples: ', len(test_loader.dataset))
```

```
        print('Number of correct classifications: ', correct)
        print('Accuracy: { :.3f} % '.format(100. * correct / len( test_loader. dataset)))

    if __name__ == '__main__':
        main()
```

本例运行结果如图 7-20 所示，可以看出使用 LeNet-5 进行手写数字识别的准确率较高。读者也可尝试使用其他卷积神经网络模型或者通过修改超参数等方法进一步提高准确率。

```
----------训练模型----------
Epoch: 1/10 Train-lose: 0.0049 Accuracy: 93.910%

Epoch: 2/10 Train-lose: 0.0031 Accuracy: 97.022%

Epoch: 3/10 Train-lose: 0.0093 Accuracy: 96.397%

Epoch: 4/10 Train-lose: 0.0015 Accuracy: 97.502%

Epoch: 5/10 Train-lose: 0.0015 Accuracy: 96.537%

Epoch: 6/10 Train-lose: 0.0132 Accuracy: 97.715%

Epoch: 7/10 Train-lose: 0.0019 Accuracy: 97.928%

Epoch: 8/10 Train-lose: 0.0012 Accuracy: 97.977%

Epoch: 9/10 Train-lose: 0.0070 Accuracy: 92.302%

Epoch: 10/10 Train-lose: 0.0075 Accuracy: 97.423%

----------测试模型----------
Total number of test samples:  10000
Number of correct classifications:  9721
Accuracy: 97.210%
```

图 7-20　MNIST 手写数字识别运行结果

7.4.2　Kaggle 猫狗大战

在机器学习竞赛平台 Kaggle 中有一个图像识别竞赛，名为 Dogs vs. Cat，也就是著名的猫狗大战。上一节中 MNIST 手写数字识别案例是采用 torchvision. datasets 自带的方法加载数据集，不需对数据集进行过多的处理，而本节案例需要对数据集进行数据读取、数据划分等数据预处理操作，另外还尝试将迁移学习应用在实际案例中。

近年来，深度学习技术获得了快速发展，卷积神经网络作为其重要的一个分支，能够模拟人脑分层提取特征的机制，自动提取从简单到复杂、从低层到高层以及从具体到抽象的特征，在图像识别领域取得了较好的效果。但是卷积神经网络效果好的前提需要有大量带标签的训练样本对模型进行训练，如果训练样本的数量较少，对模型的训练不充分，就会导致卷积神经网络的识别性能不佳。而且当训练的模型应用到现实场景中，而不是专门构建的数据集时，模型的性能往往不会太好。因为现实场景相对而言更加复杂，还可能包含训练时没有见过的全新的场景，这就使得模型无法达到好的预测效果。

面对以上问题，一些专家学者提出了新的解决办法，将源领域学习到的知识迁移应用到另一个相关的目标领域中，该方法通常被称为迁移学习。本例将使用 ImageNet 数据集训练所得的 ResNet-50 迁移到 Kaggle 猫狗大战中，并与单独使用卷积神经网络模型进行对比，通过实验说明迁移学习的有效性。

可在 https://www.kaggle.com/c/dogs-vs-cats/data 网址下载猫狗数据集，下载得到 train.zip 压缩包，解压后得到名为 train 的一个文件夹，此文件夹中共包含 25000 张猫和狗的图片。由于猫和狗的图片是混合在一起的，所以第一步需要对数据进行预处理，首先构建 train 与 test 文件夹，并且在每个文件夹下分别构建 cats 与 dogs 两个文件夹。将混合在一起的图片按照猫和狗两个类别进行划分，并且按照 9:1 的比例划分为训练集与测试集。最终训练集中 cats 文件与 dogs 文件均有 11250 张图片，共 22500 张图片，测试集中 cats 文件与 dogs 文件均有 1250 张图片，共 2500 张图片。猫狗大战数据预处理过程具体代码见例 7-15。

【例 7-15】猫狗大战数据预处理的 Python 代码。

```python
#制作数据集
def data_preprocess():
    #kaggle 原始数据中'train'的地址
    original_dataset_dir = 'train'
    total_num = int(len(os.listdir(original_dataset_dir)) / 2)
    index = np.array(range(total_num))
    #待处理的数据集地址
    base_dir = 'cats_and_dogs'
    if not os.path.exists(base_dir):
        os.mkdir(base_dir)

    #训练集、测试集的划分
    sub_dirs = ['train', 'test']
    animals = ['cats', 'dogs']
    train_index = index[:int(total_num * 0.9)]
    test_index = index[int(total_num * 0.9):]
    numbers = [train_index, test_index]
    for idx, sub_dir in enumerate(sub_dirs):
        dir = os.path.join(base_dir, sub_dir)
        if not os.path.exists(dir):
            os.mkdir(dir)
        for animal in animals:
            animal_dir = os.path.join(dir, animal)
            if not os.path.exists(animal_dir):
                os.mkdir(animal_dir)
            fnames = [animal[:-1] + '.{}.jpg'.format(i) for i in numbers[idx]]
            for fname in fnames:
                src = os.path.join(original_dataset_dir, fname)
                dst = os.path.join(animal_dir, fname)
                shutil.copyfile(src, dst)
            #验证训练集、测试集的划分的图片数目
            print(animal_dir + ' total images : %d' % (len(os.listdir(animal_dir))))

def get_dataloader(train=True, root='cats_and_dogs/train/', batch_size=8):
    loader = None
    dataset = None
```

```
data_transform = transforms. Compose([
    transforms. Scale(256),
    transforms. CenterCrop(224),
    transforms. ToTensor(),
    transforms. Normalize(mean=[0. 485, 0. 456, 0. 406], std=[0. 229, 0. 224, 0. 225])])
if train:
    dataset = datasets. ImageFolder(root=root, transform=data_transform)
    loader = torch. utils. data. DataLoader(dataset, batch_size=batch_size, shuffle=True,)
else:
    dataset = datasets. ImageFolder(root=root, transform=data_transform)
    loader = torch. utils. data. DataLoader(dataset, batch_size=batch_size, shuffle=True,)
return loader
```

在这里将 LeNet-5 应用于 Kaggle 猫狗大战，将预训练的 ResNet-50 迁移到 Kaggle 猫狗大战中，全部代码见例 7-16。代码中 main() 函数为 LeNet-5 应用于 Kaggle 猫狗大战的主函数，main2() 函数为预训练的 ResNet-50 迁移到 Kaggle 猫狗大战的主函数。train() 函数与 test() 函数为模型的训练函数与测试函数，与上一节案例原理相同，在此不做详细介绍。

【例 7-16】实现 Kaggle 猫狗大战的 Python 代码。

```
import os
import shutil
import numpy as np
import torch
import torch. nn as nn
import torch. nn. functional as F
import torch. optim as optim
from torch. autograd import Variable
from torch. utils. data import Dataset
from torchvision import transforms, datasets, models
from torchvision import transforms
from torchvision import datasets

#制作数据集
def data_preprocess():
    #kaggle 原始数据中'train'的地址
    original_dataset_dir = 'train'
    total_num = int(len(os. listdir(original_dataset_dir)) / 2)
    index = np. array(range(total_num))
    #待处理的数据集地址
    base_dir = 'cats_and_dogs'
    if not os. path. exists(base_dir):
        os. mkdir(base_dir)
    #训练集、测试集的划分
    sub_dirs = ['train', 'test']
    animals = ['cats', 'dogs']
    train_index = index[:int(total_num * 0. 9)]
    test_index = index[int(total_num * 0. 9):]
    numbers = [train_index, test_index]
    for idx, sub_dir in enumerate(sub_dirs):
        dir = os. path. join(base_dir, sub_dir)
        if not os. path. exists(dir):
```

```python
                os.mkdir(dir)
            for animal in animals:
                animal_dir = os.path.join(dir, animal)
                if not os.path.exists(animal_dir):
                    os.mkdir(animal_dir)
                fnames = [animal[:-1] + '.{}.jpg'.format(i) for i in numbers[idx]]
                for fname in fnames:
                    src = os.path.join(original_dataset_dir, fname)
                    dst = os.path.join(animal_dir, fname)
                    shutil.copyfile(src, dst)
                #验证训练集、测试集的划分的图片数目
                print(animal_dir + ' total images : %d' % (len(os.listdir(animal_dir))))


def get_dataloader(train=True, root='cats_and_dogs/train/', batch_size=8):
    loader = None
    dataset = None
    data_transform = transforms.Compose([
        transforms.Scale(256),
        transforms.CenterCrop(224),
        transforms.ToTensor(),
        transforms.Normalize(mean=[0.485, 0.456, 0.406], std=[0.229, 0.224, 0.225])])
    if train:
        dataset = datasets.ImageFolder(root=root, transform=data_transform)
        loader = torch.utils.data.DataLoader(dataset, batch_size=batch_size, shuffle=True, )
    else:
        dataset = datasets.ImageFolder(root=root, transform=data_transform)
        loader = torch.utils.data.DataLoader(dataset, batch_size=batch_size, shuffle=True, )
    return loader


#创建模型
class LeNet5(nn.Module):
    def __init__(self):
        super(LeNet5, self).__init__()
        #搭建由卷积层、池化层和激活函数组成的特征提取器
        self.features = nn.Sequential(
            nn.Conv2d(3, 6, 5),
            nn.Tanh(),
            nn.AvgPool2d(2, 2),
            nn.Conv2d(6, 16, 5),
            nn.Tanh(),
            nn.AvgPool2d(2, 2),
        )
        #创建分类器
        self.classifier = nn.Sequential(
            nn.Linear(44944, 120),
            nn.Linear(120, 84),
            nn.Linear(84, 2),
        )

    def forward(self, x):
        x = self.features(x)
        #平铺特征图
```

```
        x = torch. flatten(x, start_dim=1)
        x = self. classifier(x)
        return x

#使用 LeNet-5 进行猫狗分类
def main():
    #超参数设置
    BATCH_SIZE = 256   #批次大小
    EPOCHS = 10  #迭代次数
    learning_rate = 0. 01  #学习率
    #如果 cuda 可用,则使用 cuda,否则使用 CPU 训练
    DEVICE = torch. device("cuda" if torch. cuda. is_available() else "cpu")
    #实例化 LeNet5 模型
    lenet5 = LeNet5(). to(DEVICE)
    #实例化交叉熵损失函数(包含了 softmax 损失函数)
    criterion = nn. CrossEntropyLoss(). to(DEVICE)
    #实例化 Adam 优化器
    optimizer =optim. Adam(lenet5. parameters(), lr=learning_rate)
    #获取训练集数据加载器
    train_loader = get_dataloader(train=True, root='cats_and_dogs/train/', batch_size=BATCH_SIZE)
    #获取测试集数据加载器
    test_loader = get_dataloader(train=False, root='cats_and_dogs/test/', batch_size=BATCH_SIZE)
    #训练模型
    print('---------训练模型---------')
    train(EPOCHS,lenet5, criterion, DEVICE, train_loader, optimizer)
    #测试模型
    print('---------测试模型---------')
    test(test_loader,lenet5, criterion, DEVICE)

#利用 ResNet 进行迁移学习
def main2():
    #超参数设置
    BATCH_SIZE = 16  #批次大小
    EPOCHS = 10   #迭代次数
    learning_rate = 0. 01   #学习率
    #如果 cuda 可用,则使用 cuda,否则使用 CPU 训练
    DEVICE = torch. device("cuda" if torch. cuda. is_available() else "cpu")
    #使用预训练的 resnet50,进行基于模型的迁移
    resnet = models. resnet50(pretrained=True). to(DEVICE)
    #实例化交叉熵损失函数(包含了 softmax 损失函数)
    criterion = nn. CrossEntropyLoss(). to(DEVICE)
    #实例化 Adam 优化器
    optimizer =optim. Adam(resnet. parameters(), lr=learning_rate)
    #获取训练集数据加载器
    train_loader = get_dataloader(train=True, root='cats_and_dogs/train/', batch_size=BATCH_SIZE)
    #获取测试集数据加载器
    test_loader = get_dataloader(train=False, root='cats_and_dogs/test/', batch_size=BATCH_SIZE)
    #训练模型
    print('---------训练模型---------')
    train(EPOCHS,resnet, criterion, DEVICE, train_loader, optimizer)
    #测试模型
    print('---------测试模型---------')
```

```python
        test(test_loader,resnet, criterion, DEVICE)

#训练
def train(num_epochs, model, criterion, device, train_loader, optimizer):
    for epoch in range(num_epochs):
        #设置模型为训练模式
        model.train()
        #test_loss 为训练时的总损失
        total_test_loss = 0
        #从迭代器抽取图片和标签
        for i, (images, labels) in enumerate(train_loader):
            samples = images.to(device)
            labels = labels.to(device)
            #获取当前模型的输出
            output = model(samples)
            #计算损失函数值
            loss = criterion(output, labels)
            #参数更新前优化器内部参数梯度设置为0
            optimizer.zero_grad()
            #损失值前向传播
            loss.backward()
            #更新模型参数
            optimizer.step()
            #转成对应的 Python 数据类型
            loss = loss.item()
            #累计损失
            total_test_loss += loss
        model.eval()    #设置模型进入验证模式
        correct = 0
        for data, target in train_loader:
            data, target = data.to(device), target.to(device)
            #获得模型输出
            output = model(data)
            #获得模型分类结果
            pred = output.data.max(1)[1]
            #计算分类正确的样本数
            correct += pred.eq(target.data.view_as(pred)).cpu().sum()
        #打印迭代训练过程中训练集的损失和准确率
        print("Epoch: {}/{}".format(epoch + 1, num_epochs))
        print("Train-lose: {:.4f}".format(total_test_loss / len(train_loader.dataset)))
        print('Accuracy: {:.3f}%\n'.format(100. * correct / len(train_loader.dataset)))

#测试
def test(test_loader, model, criterion, device):
    #设置模型为验证模式
    model.eval()
    correct = 0
    for data, target in test_loader:
        data, target = data.to(device), target.to(device)
        output = model(data)
        #找到概率最大的下标,为输出值
        pred = output.data.max(1)[1]
```

```
                    #正确的样本数
                    correct += pred. eq( target. data. view_as( pred) ). cpu( ). sum( ). item( )
            #打印测试结果
            print('Total number of test samples: ', len( test_loader. dataset) )
            print('Number of correct classifications: ', correct)
            print('Accuracy: {:.3f} % '. format( 100. * correct / len( test_loader. dataset) ) )

      if __name__ == '__main__':
            if not os. path. exists('cats_and_dogs'):
                  data_preprocess( )
            main( )
            main2( )
```

本案例中 main( ) 函数、main2( ) 函数的运行 10 代结果如图 7-21、图 7-22 所示，从实验结果可以看出，利用 ResNet-50 进行迁移提高了猫狗大战的识别率，表明了迁移学习可以提高图像分类的识别率。读者还可以尝试利用 AlexNet、VGGNet 等模型进行迁移。

```
---------训练模型---------                          ---------训练模型---------
Epoch: 1/10 Train-lose: 0.0195 Accuracy: 52.873%   Epoch: 1/10 Train-lose: 0.0436 Accuracy: 69.095%

Epoch: 2/10 Train-lose: 0.0027 Accuracy: 56.631%   Epoch: 2/10 Train-lose: 0.0355 Accuracy: 73.843%

Epoch: 3/10 Train-lose: 0.0027 Accuracy: 60.821%   Epoch: 3/10 Train-lose: 0.0314 Accuracy: 74.337%

Epoch: 4/10 Train-lose: 0.0026 Accuracy: 63.189%   Epoch: 4/10 Train-lose: 0.0292 Accuracy: 80.831%

Epoch: 5/10 Train-lose: 0.0025 Accuracy: 62.757%   Epoch: 5/10 Train-lose: 0.0265 Accuracy: 73.678%

Epoch: 6/10 Train-lose: 0.0026 Accuracy: 62.888%   Epoch: 6/10 Train-lose: 0.0241 Accuracy: 81.842%

Epoch: 7/10 Train-lose: 0.0025 Accuracy: 65.002%   Epoch: 7/10 Train-lose: 0.0223 Accuracy: 84.738%

Epoch: 8/10 Train-lose: 0.0025 Accuracy: 64.926%   Epoch: 8/10 Train-lose: 0.0201 Accuracy: 79.263%

Epoch: 9/10 Train-lose: 0.0025 Accuracy: 64.237%   Epoch: 9/10 Train-lose: 0.0183 Accuracy: 87.608%

Epoch: 10/10 Train-lose: 0.0024 Accuracy: 67.776%  Epoch: 10/10 Train-lose: 0.0168 Accuracy: 87.042%

---------测试模型---------                          ---------测试模型---------
Total number of test samples:  2500                Total number of test samples:  2500
Number of correct classifications:  1597           Number of correct classifications:   2150
Accuracy: 63.880%                                  Accuracy: 86.000%
```

图 7-21　LeNet-5 用于猫狗大战运行结果　　　图 7-22　利用 ResNet-50 迁移的猫狗大战运行结果

7.5　深度学习框架

这些年人工智能的发展得益于深度学习取得的重大突破，让学术界和工业界情绪高涨。为了更好地支持深度学习算法的研究与落地，各大公司和研究机构陆续推出了多种深度学习框架，其中广泛使用的是 Google 的 TensorFlow 和 Facebook 的 PyTorch。

1. TensorFlow

2015 年，谷歌大脑（Google Brain）团队推出了深度学习开源框架 TensorFlow，其前身是谷歌的 DistBelief 框架。凭借其优越的性能与谷歌在深度学习领域的巨大影响力，TensorFlow

一经推出就引起了广泛的关注，逐渐成为深受用户欢迎的深度学习框架。

TensorFlow 使用数据流图进行网络计算，图中的节点代表具体的数学运算，边则代表了节点之间流动的多维张量 Tensor。TensorFlow 有 Python 与 C++两种编程接口，并且随着发展，也渐渐支持 Java、Go 等语言，可以在 ARM 移动式平台上进行编译与优化，因此，TensorFlow 拥有非常完备的生态与生产环境。

TensorFlow 的优点明显，功能齐全，对于多 GPU 的支持更好，有强大且活跃的社区，并且拥有强大的可视化工具 TensorBoard。但是，TensorFlow 也存在不足之处，其系统设计复杂、接口变化快、与其他框架的兼容性差，而且由于它构造的图是静态的，在执行之前必需对图进行编译。

2. PyTorch

2017 年 1 月，Facebook 人工智能研究院（Facebook AI Research，FAIR）团队在 GitHub 上开放了 PyTorch 源代码，迅速登上 GitHub 热门榜单。2002 年在纽约大学诞生的 Torch 是 PyTorch 的前身。在此之前，虽然 Lua 具有简洁高效的优势，但是作为小众语言，使用的人较少。Torch 使用了 Lua 作为接口，将 Lua 进行简单封装。Torch 还提供 Python 接口，在 Tensor 基础上重构了所有模块，使其成为最流行的动态图框架之一。

PyTorch 的设计追求最少的封装，尽量避免重复，为使用人员提供了一份完整的文档、分步指南，以及一个作者亲自维护的论坛以供用户交流和提问。作为当今排名前三的深度学习研究机构，Facebook 人工智能研究院对 PyTorch 提供了强大的支持，以确保 PyTorch 不断更新。对深度学习初学者作者推荐此框架。

我国也有很多自主研发的深度学习框架，如清华大学的 Jittor、腾讯的优图、百度的飞桨、阿里的 X-DeepLearning 等，下面做一个简单的介绍。

3. 飞桨

2016 年 8 月，百度开源了国内首个深度学习平台飞桨，其设计思想基于 Layer。飞桨深度学习框架基于与编程一致的深度学习计算抽象以及相应的前端和后端设计。它有一个易于学习和使用的前端编程界面，以及一个统一高效的内部核心架构。对于国内开发人员来说，它更容易入门，并且具有领先的培训功能。飞桨兼容命令式（动态图）和声明式（静态图）两种编程范式，并且可以通过一个命令实现动态和静态转换，兼顾灵活开发、高效训练和便捷部署三大特点。此外，飞桨深度学习框架还提供了领先的深度学习自动化技术，网络结构自动设计的模型的效果也非常好。

Github 地址：https://github.com/PaddlePaddle

4. Jittor

2020 年 3 月，清华大学计算机系图形实验室团队开源了 Jittor，中文名计图。计图作为一个完全基于动态编译的深度学习框架，其内部使用了创新的元算子和统一计算图。元算子和 Numpy 同样便于使用，并且可以实现比 Numpy 更复杂、更高效的操作。统一计算图结合了静态和动态计算图的许多优点，易于使用并且提供高性能优化。基于元算子开发的深度学习模型可以在指定的硬件设备上运行实时自动优化。在一些视觉领域中，其运算速度是 PyTorch 的 1.4~13 倍。

在编程语言上，Jittor 采用了灵活且易用的 Python。用户可以使用它编写元算子计算的 Python 代码，然后 Jittor 将其动态编译为 C++，实现高性能。

Github 地址：https://github.com/Jittor/jittor

5. 优图

2017 年，腾讯优图实验室公布了开源项目 ncnn，这是一个为手机端优化的高性能神经网络前向计算框架，无第三方依赖，跨平台，手机端 CPU 的速度快于目前所有已知的开源框架。

Github 地址：https://github.com/Tencent/ncnn

6. X–DeepLearning

阿里研发的 X-DeepLearning 是业界首个面向广告、推荐、搜索等高维稀疏数据场景的深度学习开源框架，可以与 TensorFlow、PyTorch 等现有框架形成互补。此框架采用了"桥接"的架构设计理念，已大规模部署应用在核心生产场景。其很好地解决了目前已有开源深度学习框架分布式运行能力不足，以及大规模稀疏特征表征学习能力不足的问题。

Github 地址：https://github.com/alibaba/x-deeplearning

习题和作业

1. 读入 MNIST 训练数据和测试数据，创建一个 LeNet-5 网络；

其训练损失函数采用交叉熵损失，优化算法采用 SGD 算法，训练 batch size 设为 30；

记录每批次训练误差，并将误差可视化；

保存网络模型参数，直接载入网络模型，将测试集分批进行验证，并记录每批次的测试精度。

2. 从 http://image-net.org/index 下载 ImageNet 数据集，并搭建 AlexNet 网络，训练损失函数为 reduce_mean( )，优化算法使用 AdamOptimizer( )，训练 batch_size 为 64，learning rate 设为 0.001，训练模型，记录每批次的训练误差，并将误差可视化，训练完成后保存网络模型的参数，载入网络模型，在测试集上进行验证，并记录精度。

第 8 章　Python 视觉分析

上一章介绍了 Python 在图像分类领域的应用，本章介绍 Python 在视觉分析尤其是目标检测领域的应用，相较于图像分类，目标检测更为复杂，不仅要区分出正确类别，还要标出所在区域，图 8-1 就是一个目标检测的例子。由于每张图像中物体的数量、大小及姿态各不相同，这使得目标检测任务难度非常大，是计算机视觉分析研究的热点问题之一。

图 8-1　目标检测实例

本章学习目标

❖ 了解目标检测
❖ 了解 Faster R-CNN 目标检测模型
❖ 了解 YOLO 目标检测模型
❖ 能够利用 Python 进行目标检测

8.1　基于 OpenCV 的视频操作

现在对视频分析与处理的需求越来越多，Python 中有专门用于视频处理的库，可以方便地对视频进行处理。

MoviePy 是 Python 中的一个视频处理库，能够对音频、视频、图像进行剪辑、合并、输出等处理，支持大多数图文格式。MoviePy 可以对视频进行批量自动化处理，也可以进行逐帧视频处理、格式转换等任务。

FFmpeg 是一套强大的视频、音频处理程序，是很多视频处理软件的基础。ffmpeg-python 让开发者使用 python 就可以调用 FFmpeg 的功能。

OpenCV 的全称是 Open Source Computer Vision Library，是一个开源的跨平台计算机视觉和机器学习软件库，可以在 Linux、Windows、Android 和 Mac OS 操作系统上运行。OpenCV 具有轻量且高效的特点，其仅由一些 C 函数和少量 C++类构成，提供了 Python、Ruby、MATLAB 等语言的接口，实现了图像处理和计算机视觉方面的很多通用算法。

由于 OpenCV 中包含大量图像视频处理算法，运行速度快，兼容多种操作系统，因此被广泛应用于人机交互、物体识别、图像分割、人脸识别等领域。

Python 中 OpenCV 可以使用 pip 或 Anaconda 进行安装，安装语句为：

```
pip install opencv-contrib-python
conda install opencv
```

利用 OpenCV 可以实时获取图像，并将获取的图像保存为视频，下面是实时获取图像并将其保存为视频的操作过程。

（1）使用摄像头获取视频

```
cap = cv2.VideoCapture(0)    #调用摄像头,0 为默认摄像头
```

（2）修改视频分辨率

```
#设置视频分辨率为 640 * 480(需要摄像头支持)
cap.set(cv2.CAP_PROP_FRAME_WIDTH,640)
cap.set(cv2.CAP_PROP_FRAME_HEIGHT, 480)
```

（3）查看摄像头是否初始化成功

```
cap.isOpened()    #检查摄像头是否初始化,成功则返回 True
```

（4）帧捕捉

```
ret, frame = cap.read()    #cap 为捕获的帧对象,ret 为一个 bool 值,如果为 False,则没有读取到图像
```

（5）颜色空间转换

```
gray = cv2.cvtColor(frame, cv2.COLOR_BGR2GRAY) #将 frame 转换为灰度图
```

（6）关闭摄像头

```
cap.release()
```

（7）新建视频解码方式

```
fourcc = cv2.VideoWriter_fourcc( * 'XVID') #解码方式为 XVID
```

（8）设置保存的视频格式及属性

```
#视频文件名为 shipin.mp4,解码方式为 XVID,帧率为 20 fps,分辨率为 640 * 480
#0 为保存只有两维的灰度图,否则为彩色
out = cv2.VideoWriter(shipin.mp4', fourcc, 20.0, (640, 480),0)
```

【例 8-1】 运用 OpenCV 调用摄像头进行灰度图像视频录制。frame 为视频录制过程中的一帧一帧的图像，如果需要进行人脸识别、目标检测，可以对 frame 进行识别和检测。

```
import cv2
#获取摄像头
```

```
cap = cv2. VideoCapture(0)
#设置视频
cap. set(cv2. CAP_PROP_FRAME_WIDTH,640)
cap. set(cv2. CAP_PROP_FRAME_HEIGHT, 480)

#设置解码方式及视频属性
fourcc = cv2. VideoWriter_fourcc( * 'XVID')
out = cv2. VideoWriter('shipin. avi', fourcc, 20. 0, (640, 480),0)

#实时显示并录制
while cap. isOpened():
    ret, frame = cap. read()
    if ret:
        gray = cv2. cvtColor(frame, cv2. COLOR_BGR2GRAY)
        out. write(gray)
        cv2. imshow("frame", gray)
    if cv2. waitKey(1) = = ord("q"):
        break
#释放资源
out. release()
cap. release()
cv2. destroyAllWindows()
```

8.2 目标检测简介

目标检测，也叫目标提取，是一种基于几何和统计特征的图像分割。目标检测是计算机视觉分析的重点问题，是很多计算机视觉任务的基础，如实例分割、图像字幕、目标跟踪等。目标检测的准确性和实时性是整个系统的重中之重。尤其在复杂场景中，需要对多个目标进行实时处理，此时目标自动提取和识别就显得特别重要。

随着目标检测的发展愈加迅速，应用范围越来越广泛，不断涌现出新的目标检测算法。目标检测算法的发展大致分为两个阶段：传统的目标检测算法和基于深度学习的目标检测算法。

第一阶段在 2000 年前后，传统的目标检测算法主要基于滑动窗口和人工特征提取，缺点是计算复杂度高以及复杂场景下鲁棒性差。

第二阶段是 2014 年至今，基于深度学习的目标检测算法从 R-CNN 算法提出以来，发展非常迅速。利用深度学习技术自动提取图像中的特征，对图像进行更高精度的分类和预测。Fast R-CNN、Faster R-CNN、SPPNet、YOLO 系列等都是基于深度学习的目标检测算法。

基于深度学习的目标检测方法原理为：用矩形框从图像中选出一些候选图像区域，输入深度神经网络模型中识别出该图像区域中目标的类别；然后用不同大小的矩形框对整个图像进行扫描，直到框选的图像区域被预测为某个类别的可能性大于设定的阈值。

基于深度学习的目标检测算法大致可以分为两类：

1) 两阶段目标检测算法，例如 R-CNN、Fast R-CNN、Faster R-CNN 等算法。

2) 一阶段目标检测算法，例如 YOLO 系列目标检测算法。

8.3 R-CNN 系列发展历程

目标检测任务是目标定位和目标分类的结合，包含两部分内容：图像内的待检测物体处于什么位置、待检测物体属于什么类别。目标定位负责用外接矩形框标注目标物体的位置，目标分类负责判断图像内是否包含检测物体及其所属类别。

无论是传统的目标检测方法还是深度学习方法，都是为了解决两个问题：如何提高预测框的精确度、如何提高分类准确率。传统的目标检测方法，由于手工设计特征的局限性，始终没有很好地解决这两个问题。

随着 CNN 的出现和发展，AlexNet 深度神经网络模型以其强大的特征提取能力，在百万数量级数据的视觉领域比赛（ImageNet Large Scale Visual Recognition Challenge，ILSVRC）中，将图像分类准确率由 70% 提升到 80%，并获得 ILSVC 2012 的冠军。

为了将 CNN 模型在图像分类上的能力迁移到目标检测任务中，基于候选区域的 R-CNN 模型，采用 AlexNet 自动提取特征代替传统方法的手工提取特征，将目标检测问题划分为两个阶段：产生候选区域、提取候选区域特征进行目标分类和预测框调整。

1. R-CNN 网络

R-CNN 的一个主要贡献是将深度神经网络用于目标检测问题，利用 CNN 强大的特征提取能力学习目标物体的各级特征，再使用 SVM 对目标分类，通过基于候选区域生成的方法完成目标检测任务。R-CNN 算法的主要步骤如下：

1）输入图像，使用选择性搜索算法（Selective Search，SS）对每一张图像生成 2000～3000 个候选区域。因为候选区域大小各不相同，因此需要把区域内的图像归一化为卷积神经网络的固定输入尺寸。

2）使用 AlexNet 对每一个候选区域内的图像提取特征，这相当于对同一张图像进行 2000～3000 次重复卷积操作。图像的特征提取结果如图 8-2 所示。

图 8-2 图像卷积层特征提取结果

3）使用提取到的特征训练 SVM 分类器，判断该区域是否为目标物体及其所属类别。因为 SVM 是二分类器，所以需要为每个检测类别单独训练一个分类器。

4）将特征输入预先训练好的线性回归器，对目标区域进行回归微调，获得更精准的预测框。

选择性搜索算法将图像分割成若干个初始区域计算相似度，然后遍历所有区域将相似度最高的两块区域合并。由此可见，选择性搜索算法是一种穷举搜索算法，这极大地限制了目标检测模型的训练速度和检测时间。

R-CNN 算法的缺点是每生成一个候选区域都要进行一次 CNN 的卷积池化操作，重复计算导致大量无关计算量；卷积层的输出可以是任意大小，但分类器需要固定尺寸的输入，因此必需对输入图像进行归一化操作。

2. SPP-Net 网络

针对重复卷积造成的冗余计算的问题，SPP-Net 不再把每个候选区域对应的图像作为一次独立的输入向前传播，而是找到一种候选区域图像与特征向量之间的映射关系。这样经过一次 CNN 就可以提取图像内所有候选区域的特征图，无需进行重复卷积增加无关计算量，从而缩短模型的训练时间。同时引入 SPP 层代替 R-CNN 中的拉伸裁剪归一化过程，不但原始图像的完整性得以保存，而且输入图像可以包含任意比例、任意尺度。

但是 SPP-Net 的缺点依然明显，除了特征提取模块得到改进之外，主体框架结构仍然与 R-CNN 相同，CNN 中的卷积层在回归微调时不能参与训练，分类任务和回归任务是两个单独学习的过程，时间开销大、速度瓶颈明显。

3. Fast R-CNN

Fast R-CNN 在 SPP-Net 的基础上借鉴了空间金字塔池化的思想，提出一个简化版 SPP 层的 ROI Pooling 层，可以把不同尺寸的输入映射到一个 6×6 尺度的特征向量上，使目标检测过程不需要对原始图像进行缩放处理。Fast R-CNN 的主要创新是将分类任务与边框回归（Bounding-box Regression）任务合并成一个多任务模型，两个任务共享卷积特征，联合训练时还能相互促进。

Fast R-CNN 的主要检测步骤如下：

1）使用选择性搜索生成 1000~2000 个初始候选框。

2）将完整的图像作为网络输入，经过卷积得到特征图，将候选区域在原图的位置映射到特征图上，通过 ROI 层实现归一化。

3）利用特征训练分类器（由 softmax 多分类器代替 SVM 分类器），判断该区域是否为目标物体及其所属的类别；对目标区域进行回归微调获得更精准的预测框。

Fast R-CNN 的缺点是仍然使用选择性搜索算法生成候选区域，检测流程中开销最大的初始候选框生成算法仍然是一个穷举算法；基于 CPU 的实现非常消耗时间，训练一个模型往往需要数月的时间。Faster R-CNN 的出现克服了 Fast R-CNN 的缺点，实现将生成候选框的任务交给神经网络，性能得到进一步提高。

8.4 Faster R-CNN 详解

2015 年，经典的目标检测框架 Faster R-CNN 被提出，至今许多算法仍是在其基础上进行延伸和改进，这在快速发展的深度学习领域十分难得。Faster R-CNN 的优点：RPN 通过标注来学习预测跟真实边界框更相近的候选区域，从而减小候选区域的数量，同时保证最终模型的预测精度。

Faster R-CNN 改善了候选框生成时存在的计算瓶颈问题，它不再使用遍历搜索，而是将搜索候选框的任务分配给神经网络去做，加入一个提取边缘的神经网络 RPN 共享之前的卷积计算，通过减少计算量的方法取代传统搜索方法。因此 RPN 生成候选区域的时间成本比选择性搜索算法要小得多，检测速度可以提升 10 倍左右。

1. RPN

RPN 是一个全卷积网络,以特征提取网络的共享卷积特征图作为输入,然后经过两个并行的全连接层,一个全连接层输出每个锚盒包含目标与不包含目标的概率,另一个全连接层输出每个锚盒与真实标注框的平移缩放值。

RPN 采用滑动窗口(Sliding Window,SW)机制,在滑动窗口中心处选择 3 种尺寸和 3 种比例的候选窗口(9 个锚盒),锚点本身以及锚点计算函数都具有平移不变形,若图像内的目标发生位置变化,由锚点生成的区域也会随之发生改变。使用 3×3 的滑动窗口在共享卷积层得到的特征图上滑动,每个滑动窗口都映射到一个 256 维(特征提取模型为 ZF 网络)或者 512 维(特征提取模型为 VGG 网络)长度的低维特征,然后将特征输入两个平行分支的全连接层:分类层和回归层。分类层用来判定候选框包含的内容是背景还是前景,回归层则对候选框的位置进行调整。

最后将预候选框映射回原图,按照分类得分(Softmax Score)从大到小排序,使用非极大抑制(Non-Maximum Suppression,NMS)算法对 2000 个预候选框进行筛选,输出 300 个初始候选框。

2. Faster R-CNN 目标检测

Faster R-CNN 目标检测主要步骤如下:

1)将整张图像输入 Faster R-CNN 网络,经过共享卷积层计算后得到公共特征图。首先将特征图输入 RPN 网络,筛选出包含目标图像的正样本,同时进行初步回归产生大约 2000 个预候选框,再使用 NMS 算法进行筛选,输出 300 个初始候选框。共享卷积层的卷积核大小为 7×7 与 3×3,步长为 2,卷积池化结果如图 8-3 所示。

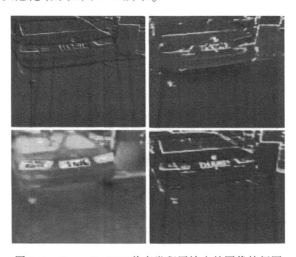

图 8-3 Faster R-CNN 共享卷积层输出的图像特征图

NMS 通过搜索局部得分最大值,筛选每个检测目标周围存在的大量重叠候选框,计算步骤如下:

步骤 1:假设检测目标周围存在 6 个候选框,且包含目标的概率从大到小排列依次是:A、B、C、D、E、F。

步骤 2:从包含目标概率最大的框 A 开始,分别计算候选框 B~F 与 A 的交并比(Intersection over Union,IOU)。IOU 的计算如下:

$$IOU = (A \cap B)/(A \cup B)$$
$$= \frac{A \cap B}{A+B-(A \cap B)} \qquad (8-1)$$

步骤 3：设定阈值为 0.8。若某一候选框的 IOU 大于阈值，则舍弃该候选框，同时保留候选框 A。

步骤 4：对 IOU 小于阈值的候选框（B~E），从中选择包含目标概率最大的候选框 B，计算候选框 C~E 与 B 的 IOU。若 IOU 大于阈值，则舍弃该候选框，同时保留候选框 B。

步骤 5：重复步骤 4，直到所有候选框筛选完毕。

NMS 结果如图 8-4 所示。

图 8-4　经过 NMS 后的初始候选框

2）将图像中的候选框按照空间位置对应关系映射至卷积层，并对每一特征图进行 ROI Pooling 得到固定维度的特征。

3）利用提取到的特征训练 softmax 分类器，判断目标所属类别；对包含检测目标的候选框进行回归微调输出更准确的预测框。

Faster R-CNN 单独设计了区域生成网络代替选择性搜索算法生成初始候选框，并让区域生成网络与 Fast R-CNN 检测网络共享卷积特征，从而减少了大量重复计算。更重要的是，目标检测的四大步骤：生成候选框、提取特征、目标分类、预测框位置调整，被统一到一个深度神经网络内，而且所有计算可以在 GPU 内加速运行。无论在检测速度还是检测精度上，目标检测模型都取得了不小的提升。

8.5　YOLO 系列发展历程

R-CNN 系列目标检测算法的主要缺点是运行速度慢。YOLO（You Only Look Once）是指只需要看一次图像就能输出结果。它把图像的分类问题转换为一个回归问题，回归 Bounding Box 的位置，采用基于端到端的训练方式，无需候选区域，极大地加快了检测的速度。

Joseph Redmon 于 2015 年提出 YOLOv1，是一阶段目标检测算法的开山之作，在此之前的目标检测都是采用两阶段的算法。YOLO 算法能够满足实时检测要求，因此受到了工程应用人员的欢迎。

1. YOLOv1

YOLOv1 的基本思想是：把目标检测看成一个回归任务，将图像划分为 m×m 个网格，物体落在哪个网格中心，就在此网格上检测该物体。YOLOv1 的缺点是定位不准确。YOLOv1 的网络结构比较简单，由卷积层、池化层以及全连接层组成。

2. YOLOv2

2016 年，Joseph Redmon 发表论文"YOLO9000：Better, Faster, Stronger"，提出 YOLOv2，与 YOLOv1 相比，在保持处理速度优势的基础上，预测更准确、速度更快、识别对象更多，扩展到能够检测 9000 种不同对象，也被称为 YOLO9000。

YOLOv2 在很多方面进行了改进，主要有：

1）批量归一化（Batch Normalization）。

2）高分辨率图像分类器（High Resolution Classifier）。

3）使用先验框（Convolution with Anchor Boxes）。

4）聚类提取先验框的尺度信息（Dimension Clusters）。

5）约束预测边框的位置（Direct Location Prediction）。

6）细粒度特征（Fine-Grained Features）。

7）多尺度图像训练（Multi-Scale Training）。

8）高分辨率图像的对象检测（High Resolution Detector）。

9）分层分类（Hierarchical Classification）。

3. YOLOv3

2018 年，Joseph Redmon 发表论文"YOLOv3：An incremental improvement"，提出 YOLOv3 目标检测模型，YOLOv3 与 YOLOv2 相比复杂了很多，通过改变模型结构来权衡速度与精度。

YOLOv3 的主要改进之处有：

1）多尺度预测。

2）更好的基础分类网络，骨干网络采用 Darknet53。

3）分类器不再使用 Softmax，分类损失采用二分类交叉熵损失函数。

4）采用跨尺度特征融合技术。

4. YOLOv4

2020 年，Alexey Bochkovskiy 发表论文"YOLOv4：Optimal Speed and Accuracy of Object Detection"，提出 YOLOv4 目标检测模型。YOLOv4 的 PyTorch 实现代码下载地址：https://github.com/bubbliiiing/yolov4-pytorch。

8.6 YOLOv4 详解

YOLOv4 优越性的一个体现是集成了很多技术，这些技术包括：

1）加权残差连接（Weighted Residual Connections，WRC）。

2）跨阶段-部分连接（Cross-Stage-Partial-connections，CSP）。

3）交叉小批量规范化（Cross mini-Batch Normalization，CmBN）。

4）自对抗训练（Self-Adversarial-Training，SAT）。

5）Mish 激活函数（Mish activation，Mish）。

6）Mosaic 数据增强（Mosaic data augmentation，Mosaic）。

7）Dropblock 正则化（Dropblock regularization，Dropblock）。

8）CIOU 损失函数（Complete Intersection Over Union，CIOU）。

1. 网络结构

观察 YOLO 各个版本的演进，网络结构优化是一个重要内容。YOLO 从 v1 到 v3 的网络结构，呈现出 3 个趋势。

1）网络深度越来越深：Backbone 从能够完成基本功能的网络（YOLOv1），进化到具有成熟结构的 Darknet19（YOLOv2），又进化到 Darknet53（YOLOv3），网络能够变深的根本原因是使用了残差结构，保证网络加深的同时，性能不会退化。

2）结构越来越简洁：逐渐取消池化层，更多地使用便于求导的线性激活函数；卷积层逐渐模块化；残差结构也呈现模块化的状态，全连接层消失。简洁不意味着简单，而是更加优美和便于计算。

3）不断增加新的技术：随着标准化层、残差层、路由层等经典结构的出现，YOLO 的网络结构不断引入新技术。

下面详细介绍 YOLOv4 的网络结构。YOLOv4 网络结构模型如图 8-5 所示。

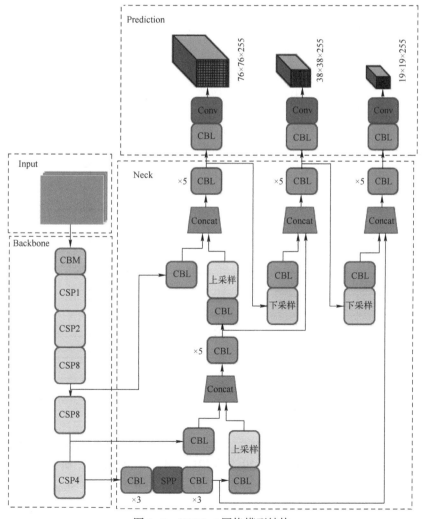

图 8-5　YOLOv4 网络模型结构

（1）Input

YOLOv4 模型与 YOLOv1~v3 相比，输入端的创新主要是采用了 Mosaic 数据增强、cmBN、SAT 自对抗训练。YOLOv4 模型在进行数据的预处理后，输入为 608×608×3，即图像尺寸大小为 608×608，红、绿、蓝三个通道。

（2）Backbone

YOLOv4 的 backbone 采用 CSPDarknet53 网络，CSPDarknet53 网络是在 YOLOv3 的主干网络 Darknet-53 基础上提出的。Darknet53 的网络结构如表 8-1 所示，其中虚线方块×1，×2，×8，×4 分别表示该模块重复 1 次、2 次、8 次和 4 次。

表 8-1　Darknet53 结构

模块名称		滤波器个数	滤波器大小	输出特征图
卷积		32	3×3	256×256
卷积		64	3×3/2	128×128
×1	卷积	32	1×1	/
	卷积	64	3×3	/
	残差	/	/	128×128
卷积		128	3×3/2	64×64
×2	卷积	64	1×1	/
	卷积	128	3×3	/
	残差	/	/	64×64
卷积		256	3×3/2	32×32
×8	卷积	128	1×1	/
	卷积	256	3×3	/
	残差	/	/	32×32
卷积		512	3×3/2	8×8
×8	卷积	256	1×1	/
	卷积	512	3×3	/
	残差	/	/	16×16
卷积		1024	3×3/2	8×8
×4	卷积	512	1×1	/
	卷积	1024	3×3	/
	残差	/	/	8×8
全局平均池化层		/	/	/
全连接层		/	1000	/
Softmax		/	/	/

在 YOLOv4 中，CSPDarkNet53 包含 29 个卷积层，5 个 CSP 模块，研究者从理论与实验角度表明：CSPDarkNet53 适合作为检测模型的 Backbone。CSP 是 Cross Stage Partial 的缩写，即阶段交叉梯度模型，其实就是把不同位置的梯度交叉混合。CSPDarknet53 网络结构中添加 CSP 的优势在于：

- 丰富的梯度分流——提高训练准确度和收敛速度，有效增强网络的学习能力。
- 计算权重的均衡——提高运算速度和硬件资源使用率。CSPDarknet53 中增加了 Dropblock 技术，缓解过拟合现象。此外重要的一点是使用 Mish 激活函数。

由 CBM（CNN-BN-Mish）卷积层和多个残差组件堆叠而成的 CSP 模块通过路由层（route 操作）插入到卷积层中，一方面加深了网络模型的深度，使网络能获取更高层次的语义信息和更多的特征图；另一方面通过引入多个残差网络和路由分流，使各层的计算量得到一定程度的平衡，提高运算速度，同时也有效防止了网络深度增加导致的梯度爆炸或梯度消失问题。CSP 结构如图 8-6 所示。

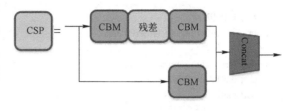

图 8-6　CSP 模块结构

YOLOv4 的主干网络 Backbone 采用 CSP-Darknet53 网络，主要有三个方面的优点：

优点一：增强 CNN 的学习能力，在轻量化的同时保持准确性。

优点二：降低计算瓶颈。

优点三：降低内存成本。

（3）Neck

网络主要结构确定以后，下一个目标是选择更好的特征汇聚模块（如 FPN、PAN、ASFF、BiFPN 等），这些模块通常在 Backbone 和输出层，该部分称为 Neck，相当于目标检测网络的颈部，具有非常关键的作用。对于分类而言最好的模型可能并不适合检测，检测模型需要具有三个特性：更高的输入分辨率，可以更好地检测小目标；更多的网络层，可以具有更大的感受野；更多的参数，更大的模型可以同时检测不同大小的目标。

YOLOv4 的 Neck 结构采用了空间金字塔池化（Spatial Pyramid Pooling，SPP）模块，主要目的是能够处理不同尺寸的图像，即开始的时候不规定特征图的尺寸，而是将池化后产生固定长度的图像统一输出到全连接层。SPP 模块结构如图 8-7 所示，SPP 模块用不同尺度的最大池化方式连接不同尺寸的特征图，能够显著分离上下文的特征，增大网络的感受野。

FPN+PAN 的结构如图 8-8 所示，FPN+PAN 在 YOLOv4 模型中起到了特征聚合的作用，FPN 是高维度向低维度传递语义信息，能够使大目标更明确，PAN 是低维度向高维度再传递一次语义信息，能够使小目标也更明确。

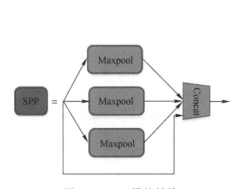

图 8-7　SPP 模块结构

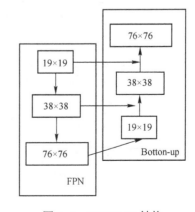

图 8-8　FPN+PAN 结构

（4）Head

该部分输出层的锚框机制与 YOLOv3 相同，仍采用 FPN 输出的 3 个分支。主要创新点是 CIOU_Loss 替换了 IOU_Loss，DIOU_nms 替换了 nms，充分考虑了边框不重合、中心点距离，以及边框宽高比的问题。

【例 8-2】 搭建 YOLOv4 模型。

```python
#导入工具包
from collections import OrderedDict
import torch
import torch. nn as nn
import torch. nn. functional as F
import math

#Backbone 模块步长参数设置
def Backbone( ) :
    model =CSPDarkNet([1, 2, 8, 8, 4])
    return model

#Backbone 模块定义
class CSPDarkNet( nn. Module) :
    def __init__(self, layers) :
        super( CSPDarkNet, self). __init__( )
        #CBM 模块定义
        self. inplanes = 32
        self. conv1 = Conv(3, self. inplanes, kernel_size=3, stride=1)
        #CSP_Resblock 模块通道数设置
        self. feature_channels = [64, 128, 256, 512, 1024]
        #搭建五层 CSP_Resblock 模块
        self. stages = nn. ModuleList([
            CSP_Resblock( self. inplanes, self. feature_channels[0], layers[0], first=True),
            CSP_Resblock( self. feature_channels[0], self. feature_channels[1], layers[1], first=False),
            CSP_Resblock( self. feature_channels[1], self. feature_channels[2], layers[2], first=False),
            CSP_Resblock( self. feature_channels[2], self. feature_channels[3], layers[3], first=False),
            CSP_Resblock( self. feature_channels[3], self. feature_channels[4], layers[4], first=False)])
        self. num_features = 1
        #遍历模块初始化部分
        for m in self. modules( ) :
            ifisinstance( m, nn. Conv2d) :
                n = m. kernel_size[0] * m. kernel_size[1] * m. out_channels
                m. weight. data. normal_(0, math. sqrt(2. / n))
            elif isinstance( m, nn. BatchNorm2d) :
                m. weight. data. fill_(1)
                m. bias. data. zero_( )
    def forward( self, x) :
        x = self. conv1( x)
        x = self. stages[0]( x)
        x = self. stages[1]( x)
        out3 = self. stages[2]( x)
        out4 = self. stages[3]( out3)
        out5 = self. stages[4]( out4)
        return out3, out4, out5
```

172

```python
#卷积定义
defconv2d(filter_in, filter_out, kernel_size, stride=1):
    pad = (kernel_size - 1) // 2 if kernel_size else 0
    return nn.Sequential(OrderedDict([("conv", nn.Conv2d(filter_in, filter_out,
                                            kernel_size=kernel_size, stride=stride, padding=pad, bias=False)),
                                       ("bn", nn.BatchNorm2d(filter_out)),
                                       ("relu", nn.LeakyReLU(0.1)),]))
#卷积层定义
classConv(nn.Module):
    def __init__(self, in_channels, out_channels, kernel_size, stride=1):
        super(Conv, self).__init__()
        self.conv = nn.Conv2d(in_channels, out_channels, kernel_size, stride, kernel_size//2, bias=
False)
        self.bn = nn.BatchNorm2d(out_channels)
        self.activation = Mish()
    def forward(self, x):
        x = self.conv(x)
        x = self.bn(x)
        x = self.activation(x)
        return x


#Mish 激活函数定义
class Mish(nn.Module):
    def __init__(self):
        super(Mish, self).__init__()
    def forward(self, x):
        return x * torch.tanh(F.softplus(x))


#CSP_Resblock 模块定义
class CSP_Resblock(nn.Module):
    #设置条件参数 first 对不同层的 CSP_Resbloc 结构进行定义
    def __init__(self, in_channels, out_channels, num_blocks, first):
        super(CSP_Resblock, self).__init__()
        self.downsample = Conv(in_channels, out_channels, 3, stride=2)
        #该条件为 True 的 CSP_Resbloc 结构
        if first:
            self.split_conv0 = Conv(out_channels, out_channels, 1)
            self.split_conv1 = Conv(out_channels, out_channels, 1)
            #CSP_Resbloc 模块中的残差结构判断和调用
            self.blocks_conv = nn.Sequential(
                            Resblock(channels=out_channels, hidden_channels=out_channels//2),
                            Conv(out_channels, out_channels, 1))
            self.concat_conv = Conv(out_channels*2, out_channels, 1)
        #该条件为 False 的 CSP_Resblock 结构
        else:
            self.split_conv0 = Conv(out_channels, out_channels//2, 1)
            self.split_conv1 = Conv(out_channels, out_channels//2, 1)
            self.blocks_conv = nn.Sequential(
                            *[Resblock(out_channels//2) for _ in range(num_blocks)],
                            Conv(out_channels//2, out_channels//2, 1))
            self.concat_conv = Conv(out_channels, out_channels, 1)
    def forward(self, x):
```

```
            x = self.downsample(x)
            x0 = self.split_conv0(x)
            x1 = self.split_conv1(x)
            x1 = self.blocks_conv(x1)
            x = torch.cat([x1, x0], dim=1)
            x = self.concat_conv(x)
            return x

#残差结构定义
class Resblock(nn.Module):
    def __init__(self, channels, hidden_channels=None):
        super(Resblock, self).__init__()
        if hidden_channels is None:
            hidden_channels = channels
        self.block = nn.Sequential(
            Conv(channels, hidden_channels, 1),
            Conv(hidden_channels, channels, 3))
    def forward(self, x):
        return x + self.block(x)

#三层卷积层模块定义
def make_three_conv(filters_list, in_filters):
    m = nn.Sequential(
        conv2d(in_filters, filters_list[0], 1),
        conv2d(filters_list[0], filters_list[1], 3),
        conv2d(filters_list[1], filters_list[0], 1),)
    return m

#不同参数池化层堆叠模块
class SpatialPyramidPooling(nn.Module):
    #设置不同参数,循环堆叠
    def __init__(self, pool_sizes=[5, 9, 13]):
        super(SpatialPyramidPooling, self).__init__()
        self.maxpools = nn.ModuleList([nn.MaxPool2d(pool_size, 1, pool_size//2)
                                       for pool_size in pool_sizes])
    def forward(self, x):
        features = [maxpool(x) for maxpool in self.maxpools[::-1]]
        features = torch.cat(features + [x], dim=1)
        return features

#卷积层和采样层模块定义
class Upsample(nn.Module):
    def __init__(self, in_channels, out_channels):
        super(Upsample, self).__init__()
        self.upsample = nn.Sequential(
            conv2d(in_channels, out_channels, 1),
            nn.Upsample(scale_factor=2, mode='nearest'))
    def forward(self, x,):
        x = self.upsample(x)
        return x

#五层卷积层模块定义
```

```python
def make_five_conv(filters_list, in_filters):
    m = nn.Sequential(
        conv2d(in_filters, filters_list[0], 1),
        conv2d(filters_list[0], filters_list[1], 3),
        conv2d(filters_list[1], filters_list[0], 1),
        conv2d(filters_list[0], filters_list[1], 3),
        conv2d(filters_list[1], filters_list[0], 1),)
    return m

#预测模块定义
def yolo_head(filters_list, in_filters):
    m = nn.Sequential(
        conv2d(in_filters, filters_list[0], 3),
        nn.Conv2d(filters_list[0], filters_list[1], 1),)
    return m

#YOLOv4 模型搭建
class YOLOv4(nn.Module):
    def __init__(self, anchors_mask, num_classes):
        self.backbone = Backbone()
        self.conv1 = make_three_conv([512,1024],1024)
        self.SPP = SpatialPyramidPooling()
        self.conv2 = make_three_conv([512,1024],2048)
        self.upsample1 = Upsample(512,256)
        self.conv_for_P4 = conv2d(512,256,1)
        self.make_five_conv1 = make_five_conv([256, 512],512)
        self.upsample2 = Upsample(256,128)
        self.conv_for_P3 = conv2d(256,128,1)
        self.make_five_conv2 = make_five_conv([128, 256],256)
        self.yolo_head3 = yolo_head([256, len(anchors_mask[0]) * (5 + num_classes)],128)
        self.down_sample1 = conv2d(128,256,3,stride=2)
        self.make_five_conv3 = make_five_conv([256, 512],512)
        self.yolo_head2 = yolo_head([512, len(anchors_mask[1]) * (5 + num_classes)],256)
        self.down_sample2 = conv2d(256,512,3,stride=2)
        self.make_five_conv4 = make_five_conv([512, 1024],1024)
        self.yolo_head1 = yolo_head([1024, len(anchors_mask[2]) * (5 + num_classes)],512)

    def forward(self, x):
        x2, x1, x0 = self.backbone(x)
        P5 = self.conv1(x0)
        P5 = self.SPP(P5)
        P5 = self.conv2(P5)
        P5_upsample = self.upsample1(P5)
        P4 = self.conv_for_P4(x1)
        P4 = torch.cat([P4,P5_upsample],axis=1)
        P4 = self.make_five_conv1(P4)
        P4_upsample = self.upsample2(P4)
        P3 = self.conv_for_P3(x2)
        P3 = torch.cat([P3,P4_upsample],axis=1)
        P3 = self.make_five_conv2(P3)
        P3_downsample = self.down_sample1(P3)
        P4 = torch.cat([P3_downsample,P4],axis=1)
```

```
            P4 = self. make_five_conv3(P4)
            P4_downsample = self. down_sample2(P4)
            P5 = torch. cat([P4_downsample,P5],axis=1)
            P5 = self. make_five_conv4(P5)
            out2 = self. yolo_head3(P3)
            out1 = self. yolo_head2(P4)
            out0 = self. yolo_head1(P5)
            return out0, out1, out2
```

2. Mosaic 数据增强

YOLOv4 使用了 Mosaic 数据增强技术，Mosaic 是基于 CutMix 数据增强技术提出的。CutMix 数据增强使用两张图像进行拼接，Mosaic 数据增强增加为四张图像，对每张图像进行随机缩放、随机裁剪、随机排布等操作，然后将四张图像按照一定比例组合成一张图像。Mosaic 数据增强有以下几个优点：

1）增加数据多样性：随机选取四张图像进行组合，组合得到的图像个数比原图像个数多。

2）增强模型鲁棒性：混合四张具有不同语义信息的图像，可以让模型检测超出常规语境的目标。

3）加强批归一化层的效果：当模型设置 BN 操作后，训练时会尽可能增大批样本总量，因为 BN 原理为计算每一个特征层的均值和方差，如果批样本总量越大，那么 BN 计算的均值和方差就越接近于整个数据集的均值和方差，效果也就越好。

4）提升小目标检测性能：由四张原始图像进行拼接，这样每张图像会有更大概率包含小目标，提升检测到小目标的概率。

实现 Mosaic 数据增强算法的主要步骤如下。

（1）加载图像及标签

本书以拍摄的四张图像为例。利用 OpenCV 处理图像，获取图像标签文件中检测框的坐标信息，将图像及其对应的坐标信息保存在同一列表中。

【例 8-3】加载图像及标签。

```
#导入工具包
from xml. etree import ElementTree as ET
import numpy as np
import cv2

#给出图像及其标签文件夹所在路径
image_dir = './imageshuffer/'
annotation_dir = './XML/'
#定义空列表存放每张图像和该图像对应的检测框坐标信息
image_list = []

#读取四张图像及其检测框信息
for i in range(4):
    #存放每张图像的检测框信息
    image_box = []
    #图像位置及其对应的检测框信息
    image_path = image_dir + str(i + 1) + '.jpg'
```

```
        annotation_path = annotation_dir + str(i + 1) + '.xml'
        #读取图像
        image = cv2.imread(image_path)
        #读取检测框信息
        with open(annotation_path, 'r') as new_f:
            #getroot()获取根节点
            root = ET.parse(annotation_path).getroot()
#findall 查询根节点下的所有直系子节点,find 查询根节点下的第一个直系子节点
for obj in root.findall('object'):
    obj_name = obj.find('name').text
    bndbox = obj.find('bndbox')
    #左上坐标 x
    left = eval(bndbox.find('xmin').text)
    #左上坐标 y
    top = eval(bndbox.find('ymin').text)
    #右下坐标 x
    right = eval(bndbox.find('xmax').text)
    #右下坐标 y
    bottom = eval(bndbox.find('ymax').text)
    #保存每张图像的检测框信息
    image_box.append([left, top, right, bottom])
    #保存图像及其对应的检测框信息
    image_list.append([image, image_box])
```

(2) 图像分割

原始输入图像的尺寸为 (iw, ih),大小规一化后图像的尺寸为 (w, h),其中 w = h = 416;进行随机缩放后的图像的尺寸为 (nw, nh)。实现图像分割的具体步骤如下:

1) 对图像进行缩放。通过 cv2.resize 方法将图像尺寸从 (iw, ih) 变成 (w, h),再乘以缩放比例 scale,将 scale 设置为 0.6 至 0.8 之间的一个随机数,得到缩放后的图像尺寸 (nw, nh)。

2) 调整缩放图像后检测框的宽高和中心点坐标。

3) 生成一个尺寸为 (416, 416) 的画布,确定每张图的位置。按照第一张压缩后的图像在左上方,第二张压缩后的图像在右上方,第三张压缩后的图像在左下方,第四张压缩后的图像在右下方的顺序排列在画布中。

4) 修正图像中每个检测框的位置。

【例 8-4】图像分割。

```
def get_random_data(image_list, input_shape):
    #获取图像的宽高
    h, w = input_shape
    #设置拼接的分隔线位置
    min_offset_x = 0.4
    min_offset_y = 0.4
    scale_low = 1 - min(min_offset_x, min_offset_y)
    scale_high = scale_low + 0.2    #0.8

    image_datas = []    #存放图像信息
    box_datas = []    #存放检测框信息
    index = 0    #当前是第几张图
```

```python
#图像分割
for frame_list in image_list:
    #取出第一张图像
    frame = frame_list[0]
    #检测框坐标
    box = np.array(frame_list[1:])
    #图像的宽高
    ih, iw = frame.shape[0:2]
    #检测框中心点的 x 坐标
    cx = (box[0,:,0] + box[0,:,2]) // 2
    #检测框中心点的 y 坐标
    cy = (box[0,:,1] + box[0,:,3]) // 2
    #对输入图像进行缩放操作
    new_ar = w/h    #图像的宽高比
    scale = np.random.uniform(scale_low, scale_high)    #缩放 0.6~0.8 倍
    #调整后的宽高
    nh = int(scale * h)    #缩放比例乘以要求的宽高
    nw = int(nh * new_ar)    #保持原始宽高比例
    #缩放图像
    frame = cv2.resize(frame, (nw,nh))
    #调整检测框中心点坐标
    cx = cx * nw/iw
    cy = cy * nh/ih
    #调整检测框的宽高
    bw = (box[0,:,2] - box[0,:,0]) * nw/iw
    bh = (box[0,:,3] - box[0,:,1]) * nh/ih

    #创建一块[416,416]的画布
    new_frame = np.zeros((h,w,3), np.uint8)
    #确定每张图的位置
    if index==0: new_frame[0:nh, 0:nw] = frame    #第一张位于左上方
    elif index==1: new_frame[0:nh, w-nw:w] = frame    #第二张位于右上方
    elif index==2: new_frame[h-nh:h, 0:nw] = frame    #第三张位于左下方
    elif index==3: new_frame[h-nh:h, w-nw:w] = frame    #第四张位于右下方

    #左上图像
    if index==0:
        box[0,:,0] = cx - bw // 2    #x1
        box[0,:,1] = cy - bh // 2    #y1
        box[0,:,2] = cx + bw // 2    #x2
        box[0,:,3] = cy + bh // 2    #y2
    #右上图像
    if index==1:
        box[0,:,0] = cx - bw // 2 + w - nw    #x1
        box[0,:,1] = cy - bh // 2    #y1
        box[0,:,2] = cx + bw // 2 + w - nw    #x2
        box[0,:,3] = cy + bh // 2    #y2
    #左下图像
    if index==2:
        box[0,:,0] = cx - bw // 2    #x1
        box[0,:,1] = cy - bh // 2 + h - nh    #y1
        box[0,:,2] = cx + bw // 2    #x2
```

```
            box[0,:,3] = cy + bh // 2 + h - nh    #y2
        #右下图像
        if index == 3:
            box[0,:,2] = cx - bw // 2 + w - nw    #x1
            box[0,:,3] = cy - bh // 2 + h - nh    #y1
            box[0,:,0] = cx + bw // 2 + w - nw    #x2
            box[0,:,1] = cy + bh // 2 + h - nh    #y2
        index = index + 1

        #保存处理后的图像及对应的检测框坐标
        image_datas. append( new_frame)
        box_datas. append( box)

        #取出图像以及对应的检测框信息
        for image, boxes in zip( image_datas, box_datas):
        #复制原图
        image_copy = image. copy()
        #遍历该张图像中的所有检测框
        for box in boxes[0]:
                #获取检测框的坐标
                x1, y1, x2, y2 = box
                cv2. rectangle( image_copy, (x1,y1), (x2,y2), (0,255,0), 2)
        #显示分割后的图像
        cv2. imshow('img', image_copy)
        cv2. waitKey(0)
        cv2. destroyAllWindows()
```

（3）图像合并

先设置拼接线，cut_x 代表在 x 轴方向把图像分割成两块区域，cut_y 代表在 y 轴方向把图像分割成两块区域；再创建一块形状为（416，416）的新画布，将切割后的四张图像合并在一起。

【例 8-5】图像合并。

```
#在指定范围中选择横纵向分割线
cut_x = np. random. randint( int( w * min_offset_x), int( w * (1-min_offset_x)))
cut_y = np. random. randint( int( h * min_offset_y), int( h * (1-min_offset_y)))

#创建一块[416,416]的画布用来组合四张图
new_image = np. zeros(( h,w,3), np. uint8)
new_image[:cut_y, :cut_x, :] = image_datas[0][:cut_y, :cut_x, :]
new_image[:cut_y, cut_x:, :] = image_datas[1][:cut_y, cut_x:, :]
new_image[cut_y:, :cut_x, :] = image_datas[2][cut_y:, :cut_x, :]
new_image[cut_y:, cut_x:, :] = image_datas[3][cut_y:, cut_x:, :]

#复制合并后的原图
final_image_copy = new_image. copy()

#显示有检测框合并后的图像
for boxes in box_datas:
#遍历该图像中的所有检测框
    for box in boxes[0]:
```

```
        #获取检测框的坐标
        x1, y1, x2, y2 = box
        cv2. rectangle(final_image_copy, (x1,y1), (x2,y2), (0,255,0), 2)
cv2. imshow('new_img_bbox', final_image_copy)
cv2. waitKey(0)
cv2. destroyAllWindows()
```

（4）处理检测框边界

图像合并后，有时某个图像的检测框会伸展到其他图像区域，因为只对图像进行了拼接，而图像中的检测框仍然是原来分割前的检测框坐标，故最后一步要处理检测框边界。对以下三种情形的检测框边界实施剔除操作，步骤如下：

1）将不在该图像所在区域内的检测框剔除。

2）一部分在图像区域内，一部分不在图像区域内的检测框，以该图像的区域分界线代替越界的检测框线条。

3）如果修正后的检测框的高度或者宽度过小，那么便没有意义，剔除这样的检测框。

【例8-6】 处理检测框边界。

```
def merge_bboxes(bboxes, cut_x, cut_y):
    #保存修改后的检测框
    merge_box = []
    #遍历四张图像
    for i, box in enumerate(bboxes):
        #每张图像中需要删掉的检测框
        index_list = []
        #遍历每张图像的所有检测框
        for index, box in enumerate(box[0]):
            #获取每个检测框的宽高
            x1, y1, x2, y2 = box

            #对左上图的处理,修正右侧和下侧框线
            if i == 0:
                #如果检测框左上坐标点不在第一部分中,忽略此框
                if x1 > cut_x or y1 > cut_y:
                    index_list. append(index)
                #如果检测框右下坐标点不在第一部分中,右下坐标变成边缘点
                if y2 >= cut_y and y1 <= cut_y:
                    y2 = cut_y
                    if y2-y1 < 5:
                        index_list. append(index)
                    if x2 >= cut_x and x1 <= cut_x:
                        x2 = cut_x
                        #如果修正后的左上坐标和右下坐标之间的距离过小,忽略此框
                        if x2-x1 < 5:
                            index_list. append(index)

            #对右上图的处理,修正左侧和下侧框线
            if i == 1:
                if x2 < cut_x or y1 > cut_y:
                    index_list. append(index)
```

```
                            if y2 >= cut_y and y1 <= cut_y:
                                y2 = cut_y
                                if y2-y1 < 5:
                                    index_list. append(index)
                            if x1 <= cut_x and x2 >= cut_x:
                                x1 = cut_x
                                if x2-x1 < 5:
                                    index_list. append(index)

                    #对左下图的处理
                    if i == 2:
                        if x1 > cut_x or y2 < cut_y:
                            index_list. append(index)
                        if y1 <=cut_y and y2 >= cut_y:
                            y1 = cut_y
                            if y2-y1 < 5:
                                index_list. append(index)
                        if x1 <= cut_x and x2 >= cut_x:
                            x2 = cut_x
                            if x2-x1 < 5:
                                index_list. append(index)

                    #对右下图的处理
                    if i == 3:
                        if x2 < cut_x or y2 < cut_y:
                            index_list. append(index)
                        if x1 <= cut_x and x2 >=cut_x:
                            x1 = cut_x
                            if x2-x1 < 5:
                                index_list. append(index)
                        if y1 <= cut_y and y2 >= cut_y:
                            y1 = cut_y
                            if y2-y1 < 5:
                                index_list. append(index)
                    #更新第 i 张图的第 index 个检测框的坐标
                    bboxes[i][0][index] = [x1, y1, x2, y2]
            #删除不满足要求的框,并保存
            merge_box. append(np. delete(bboxes[i][0], index_list, axis=0)
    return merge_box


#处理超出图像边缘的检测框
new_boxes = merge_bboxes(box_datas, cut_x, cut_y)

#复制合并后的图像
modify_image_copy = new_image. copy()

#显示修正后的检测框
for boxes in new_boxes:
    #遍历每张图像中的所有检测框
    for box in boxes:
        #获取框的坐标
        x1, y1, x2, y2 = box
```

```
          cv2. rectangle(modify_image_copy, (x1, y1), (x2, y2), (0, 255, 0), 2)
cv2. imshow('new_img_bbox', modify_image_copy)
cv2. waitKey(0)
cv2. destroyAllWindows( )
```

四张原始图像如图 8-9 所示，使用 Mosaic 数据增强后结果如图 8-10 所示。

图 8-9　原始图像

图 8-10　Mosaic 数据增强结果

3. Mish 激活函数

YOLOv4 的 Backbone 中把 leakyRelu 激活函数替换为 Mish 激活函数。YOLOv4 论文作者
Alexey Bochkovskiy 在 ImageNet 数据集上做图像分类任务时，发现使用 Mish 激活函数的精度比

没有使用 Mish 激活函数时略高一些。Mish 激活函数计算公式为

$$\text{Mish}(x) = x * \tanh\left(\ln\left(1+e^x\right)\right) \tag{8-2}$$

【例 8-7】 Mish 激活函数实现。

```python
#导入所需的包
import torch
import numpy as np
import matplotlib. pyplot as plt

#生成一个起始点为-10,终点为10,步长为0.001 的排列
x = torch. arange(-10,10,0.001)

#计算 Mish(x)的值
y = x * (torch. tanh(torch. nn. functional. softplus(x)))

#获取图像的轴
ax =plt. gca()

#将顶部和右边两个轴隐藏
ax. spines['top']. set_color('none')
ax. spines['right']. set_color('none')

#设置坐标轴上的数字显示的位置,left:显示在左边,bottom:显示在底部,默认是none
ax. xaxis. set_ticks_position('bottom')
ax. yaxis. set_ticks_position('left')

#移动左边的轴到x=0 的位置
ax. spines['left']. set_position(('data', 0))
#移动底部的轴到y=0 的位置
ax. spines['bottom']. set_position(('data', 0))

#绘图
plt. plot(x, y, 'r', label='Mish')
plt. title('Mish')
plt. legend()
plt. show()
```

Mish 激活函数如图 8-11 所示。

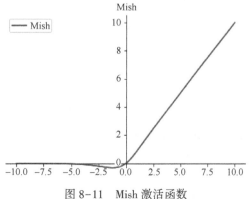

图 8-11　Mish 激活函数

4. Dropblock

Dropblock 是一种正则化技术，以前经常使用的正则化技术是 Dropout。在深度学习中，Dropout 是一个被广泛用来解决模型过拟合问题的策略，它的思想是随机失活一定比例的神经元个数和通道个数。这个思想在 CNN 中的全连接层是有效的，但对于卷积层并不是十分奏效。Dropout 在卷积层失效的原因是卷积层生成的特征图中相邻位置元素之间不仅在输入的值上非常接近，而且它们拥有相似的感受野以及相同的卷积核，在空间上共享语义信息，尽管某个单元被丢弃掉，但与其相邻的元素依然可以保留该位置的语义信息，信息仍然可以在卷积层中流通。

针对卷积层，需要一种结构形式的 Dropout 来正则化，即按块来丢弃。于是，用于卷积层的正则化方法 Dropblock 便应运而生。Dropblock 将特征图相邻区域中的单元放在一起丢弃掉，克服了 Dropout 随机失活的缺点，它将一个区域的神经元或通道整体失活。此外，在跳跃连接中应用 Dropblock，也可以提高精度。

Dropblock 与 Dropout 的对比如图 8-12 所示，其中阴影区域为包含小猫语义信息的激活单元，图 8-12a 为一张小猫的原始图像；图 8-12b 为 Dropout 操作示意图，随机失活一定比例的神经元，其周围相似的语义信息仍可以向下一层传递；图 8-12c 为 Dropblock 操作示意图，将一个连续区域的神经元全部丢弃掉。

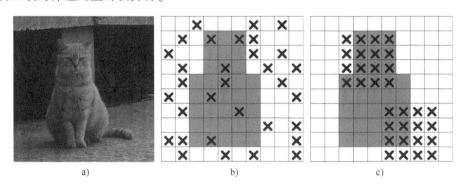

图 8-12　Dropblock 与 Dropout 对比

a）原始图像　b）Dropout　c）Dropblock

【例 8-8】Dropblock 功能的实现。

（1）定义 Dropblock 函数

```
class Dropblock(nn.Module):
    def __init__(self, block_size: int, keep_prob: float = 0.5):
        super().__init__()
        self.block_size = block_size
        self.keep_prob = keep_prob

    #根据公式计算 γ
    def calculate_gamma(self, x: Tensor) -> float:
        invalid = (1 - self.keep_prob) / (self.block_size ** 2)
        valid = (x.shape[-1] ** 2) / ((x.shape[-1] - self.block_size + 1) ** 2)
        return invalid * valid

    def forward(self, x: Tensor) -> Tensor:
```

```
if self. training:
    gamma = self. calculate_gamma(x)
    #利用 bernoulli 函数得到 mask
    mask = torch. bernoulli(torch. ones_like(x) * gamma)
    #使用 max_pool 方法求 mask_block
    mask_block = 1 - F. max_pool2d(
        mask,
        kernel_size=(self. block_size, self. block_size),
        stride=(1, 1),
        padding=(self. block_size // 2, self. block_size // 2),
    )
    #使用 mask_block 对特征图进行丢弃,丢弃完成后对数据进行归一化
    x = mask_block * x * (mask_block. numel() / mask_block. sum())
return x
```

上述定义的 Dropblock 类中主要有三个函数,分别为 __init__( )函数、calculate_gamma( )函数和 forward( )函数。

1) __init__( )函数:包括 block_size 和 keep_prob 两个参数,其中 block_size 为删除块的大小,当 block_size=1 时,Dropblock 等同于 Dropout 操作;keep_prob 为每个激活单元被删除的概率值,一般取 0. 85~0. 95。

2) calculate_gamma( )函数:根据设置的 keep_prob 参数值,计算要删除的激活单元数 γ。

3) forward( )函数:通过 bernoulli 函数以 γ 为均值产生 mask;利用 mask 作为二维最大池化的池化对象,得到真正的 mask_block;使用 mask_block 对特征图进行丢弃,丢弃完成后对数据进行归一化。

(2) 利用 permute 函数进行维度交换

```
to_plot = lambda x: x. squeeze(0). permute(1,2,0). numpy()
```

(3) 对输入图像进行 Dropblock 操作

为了直观地看到 Dropblock 效果,只对图像的单通道进行输出显示。分别设置不同的参数,观察对比效果。

```
img = Image. open('cat. jpg')
tr = T. Compose([
    T. Resize((224, 224)),
    T. ToTensor()
])
x = tr(img)
drop_block = Dropblock(block_size=1, keep_prob=0. 9)
x_drop = drop_block(x)
fig, axs = plt. subplots(1, 2)
axs[0]. imshow(x[0,:,:]. squeeze(). numpy())
axs[1]. imshow(x_drop[0,:,:]. squeeze(). numpy())
```

设置 block_size=19,keep_prob=0. 85 的参数,结果如图 8-13 所示。

设置 block_size=1,keep_prob=0. 9 的参数,此时 Dropblock 的效果等同于 Dropout,结果如图 8-14 所示。由图 8-14 可知,并不能有效删除语义信息。

5. CIOU_Loss

目标检测任务的损失函数一般由 Classification Loss 和 Bounding Box Regression Loss 两部分

构成。近些年，Bounding Box Regression 的损失函数一直在不断发展：Smooth L1_Loss→IOU_Loss（2016 年）→GIOU_Loss（2019 年）→DIOU_Loss（2020 年）→CIOU_Loss（2020 年）。每一种损失函数较上一种损失函数都有所改进。IOU_Loss、GIOU_Loss、DIOU_Loss、CIOU_Loss 的优缺点如表 8-2 所示。

图 8-13　参数 block_size = 19，keep_prob = 0.85 的结果

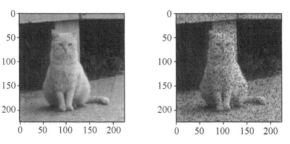

图 8-14　参数 block_size = 1，keep_prob = 0.9 的结果

表 8-2　各种损失函数优缺点

损失函数 ＼ 优缺点	优　　点	缺　　点
IOU_Loss	使用交并比 IOU 衡量预测框和真实框之间的差距	当预测框与真实框不相交时，会出现梯度消失问题
GIOU_Loss	通过使用预测框和真实框的最小包围框来解决 IOU_Loss 无法处理预测框与真实框不重叠情况的缺陷	无法衡量多个大小相等的预测框在真实框内部的优劣
DIOU_Loss	弥补了 GIOU_Loss 的缺点，通过计算预测框中心点和真实框中心点的欧氏距离来判断预测框与真实框两者之间的位置关系	无法区分出多个面积相等、中心点相同但宽高比不同的预测框的优劣
CIOU_Loss	充分考虑了重叠面积、中心点距离和矩形框宽高比的问题	计算更加复杂

下面对 IOU_Loss、GIOU_Loss、DIOU_Loss、CIOU_Loss 方法进行具体描述。

（1）IOU_Loss

在目标检测任务中，常用矩形框来定位对象，如图 8-15 所示定位图像中的猫，假设真实框是图中白色的框，算法预测给出的是黑色的框，怎样判断所用算法预测的这个框的效果好坏呢？IOU_Loss 主要考虑真实框和预测框的重叠面积，但是忽略了下面两个问题：

问题一：当预测框和真实框不相交时，也就是当 IOU = 0 时，无法反映两个框距离的远近，此时损失函数不可导，所以 IOU Loss 无法优化两个框不相交的情况。

问题二：当两个预测框和同一个真实框相重叠，且两者 IOU 相同，这时 IOU_Loss 对两个预测框的惩罚相同，无法区分两个预测框与真实框的相交情况。

（2）GIOU_Loss

GIOU_Loss 是为了缓解 IOU_Loss 在预测框和真实框不相交时出现的梯度消失问题而提出来的，在 IOU_Loss 的基础上加了一个惩罚项。

用蓝色矩形框表示预测框，红色矩形框表示真实框，黄色矩形框表示预测框与真实框的最小包围框，它们的关系具体如图 8-16 所示。惩罚项如图 8-17 中黄色阴影区域与最小包围框的比值。

图 8-15　目标定位

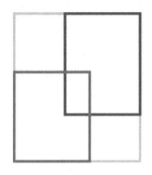

图 8-16　示例框

图 8-17　惩罚项

GIOU_Loss 只解决了前面所述的 IOU_Loss 存在的问题一，问题二仍然存在。当预测框在真实框内部，且大小一致时，这时预测框和真实框的差集相等，GIOU_Loss 会退化成 IOU_Loss，无法区分各个预测框的位置关系。

（3）DIOU_Loss

DIOU_Loss 通过计算预测框中心点和真实框中心点的欧氏距离来判断预测框与真实框两者之间的位置关系，即使当真实框包裹预测框的时候，DIOU_Loss 可以衡量两者之间的位置关系。但是 DIOU_Loss 没有考虑预测框的长宽比，当预测框在真实框内部，并且多个预测框的中心点位置都一样但宽高比不同时，DIOU_Loss 便无法区分这几个预测框的位置。

（4）CIOU_Loss

CIOU_Loss 在 DIOU_Loss 的基础上将长宽比添加进来。CIOU_Loss 充分考虑了重叠面积、中心点距离和矩形框宽高比的问题。计算公式如下：

$$\text{CIOU\_Loss} = 1 - \text{IOU}(A,B) + \frac{\rho^2(b,b^{gt})}{c^2} + \alpha v \tag{8-3}$$

$$\alpha = \frac{v}{(1-\text{IOU}(A,B)+v} \tag{8-4}$$

$$v = \frac{4}{\pi^2}\left(\arctan\frac{w^{gt}}{h^{gt}} - \arctan\frac{w}{h}\right)^2 \tag{8-5}$$

式中，$\rho^2(b,b^{gt})$ 分别代表了预测框和真实框的中心点的欧氏距离，α 为权重函数，v 用来度量宽高比的一致性；w^{gt} 和 h^{gt} 分别表示真实框的宽和高，w 和 h 分别表示预测框的宽和高。

【例 8-9】CIOU_Loss 的实现。

```python
#导入需要的工具包
import torch
import math
import numpy as np
import cv2


#CIOU_Loss
def box_ciou(b1, b2):
    """
    输入为：
    b1: tensor, shape = (batch, feat_w, feat_h, anchor_num, 4), xywh
    b2: tensor, shape = (batch, feat_w, feat_h, anchor_num, 4), xywh
    返回为：
    ciou: tensor, shape = (batch, feat_w, feat_h, anchor_num, 1)
    """
    #求出预测框左上角、右下角坐标
    b1_xy = b1[..., :2]
    b1_wh = b1[..., 2:4]
    b1_wh_half = b1_wh / 2.
    b1_mins = b1_xy - b1_wh_half
    b1_maxes = b1_xy + b1_wh_half

    #求出真实框左上角、右下角坐标
    b2_xy = b2[..., :2]
    b2_wh = b2[..., 2:4]
    b2_wh_half = b2_wh / 2.
    b2_mins = b2_xy - b2_wh_half
    b2_maxes = b2_xy + b2_wh_half

    #求真实框和预测框所有的 IOU
    intersect_mins = torch.max(b1_mins, b2_mins)
    intersect_maxes = torch.min(b1_maxes, b2_maxes)
    intersect_wh = torch.max(intersect_maxes - intersect_mins, torch.zeros_like(intersect_maxes))
    intersect_area = intersect_wh[..., 0] * intersect_wh[..., 1]
    b1_area = b1_wh[..., 0] * b1_wh[..., 1]
    b2_area = b2_wh[..., 0] * b2_wh[..., 1]
    union_area = b1_area + b2_area - intersect_area
    iou = intersect_area / torch.clamp(union_area, min=1e-6)

    #计算预测框中心点与真实框中心点的距离
    center_distance = torch.sum(torch.pow((b1_xy - b2_xy), 2), axis=-1)

    #找到包裹两个框的最小框的左上角和右下角
    enclose_mins = torch.min(b1_mins, b2_mins)
    enclose_maxes = torch.max(b1_maxes, b2_maxes)
    enclose_wh = torch.max(enclose_maxes - enclose_mins, torch.zeros_like(intersect_maxes))

    #计算对角线距离
    enclose_diagonal = torch.sum(torch.pow(enclose_wh, 2), axis=-1)
    ciou = iou - 1.0 * (center_distance) / (enclose_diagonal + 1e-7) ### CIou
    v = (4 / (math.pi ** 2)) * torch.pow((torch.atan(b1_wh[..., 0] / b1_wh[..., 1]) -
torch.atan(b2_wh[..., 0] / b2_wh[..., 1])), 2)
```

```
        alpha = v / (1.0 -iou + v)
        ciou = ciou - alpha * v
        return ciou

#  测试
if __name__ == "__main__":
    img = np.zeros((512, 512, 3), np.uint8)
    img.fill(255)
    RecA = [1, 100, 100, 150, 150]
    RecB = [1, 150, 150, 200, 200]
    a = torch.tensor(RecA, dtype=torch.float)
    b = torch.tensor(RecB, dtype=torch.float)
    cv2.rectangle(img, (int(RecA[1] - RecA[3] / 2), int(RecA[2] - RecA[4] / 2)),
                   (int(RecA[1] + RecA[3] / 2), int(RecA[2] + RecA[4] / 2)), (0, 255, 0), 5)
    cv2.rectangle(img, (int(RecB[1] - RecB[3] / 2), int(RecB[2] - RecB[4] / 2)),
                   (int(RecB[1] + RecB[3] / 2), int(RecB[2] + RecB[4] / 2)), (255, 0, 0), 5)
    CIOU = box_ciou(a, b)
    font = cv2.FONT_HERSHEY_SIMPLEX
    cv2.putText(img, "CIOU_ = %.2f" % CIOU, (130, 190), font, 0.8, (0, 0, 0), 2)
    cv2.imshow("image", img)
    cv2.waitKey()
    cv2.destroyAllWindows()
```

CIOU_Loss 测试结果如图 8-18 所示。

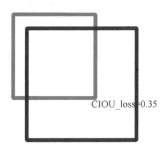

图 8-18　CIOU_Loss 测试结果

8.7　案例应用

下面通过 Faster R-CNN 和 YOLOv4 两个案例说明目标检测算法。

8.7.1　Faster R-CNN 目标检测

在 PyTorch 中可以使用 torchvision 中的目标检测模型 fasterrcnn_resnet50_fpn，此模型利用 ResNet-50-FPN 作为特征提取网络，能够快速实现目标检测任务。

1）使用 OpenCV 包对图像进行读取，读取结果如图 8-19 所示。

【例 8-10】读取图像。

```
import cv2
image_path ='img.jpg'
src = cv2.imread(image_path)
```

```
cv2.namedWindow("mypicture",cv2.ACCESS_READ)
cv2.imshow("mypicture",src)
cv2.waitKey(0)
cv2.destroyAllWindows()
```

图 8-19　图像读取结果

2）将图像转为 tensor 格式。

使用网络模型对图像进行特征提取，将其转换为 tensor 格式，设置为通道数、长和宽。图像转为 tensor 格式结果如图 8-20 所示。

```
tensor([[[0.7216, 0.6549, 0.7216,  ..., 0.9529, 0.9529, 0.9529],
         [0.6863, 0.7255, 0.6863,  ..., 0.9529, 0.9529, 0.9529],
         [0.6863, 0.6627, 0.7137,  ..., 0.9529, 0.9529, 0.9529],
         ...,
         [0.5176, 0.5137, 0.5098,  ..., 0.6078, 0.6000, 0.6196],
         [0.5098, 0.5059, 0.5020,  ..., 0.6157, 0.6118, 0.6157],
         [0.5216, 0.5176, 0.5176,  ..., 0.6078, 0.6196, 0.6314]],

        [[0.6824, 0.6157, 0.6824,  ..., 0.9569, 0.9569, 0.9569],
         [0.6471, 0.6863, 0.6471,  ..., 0.9569, 0.9569, 0.9569],
         [0.6471, 0.6235, 0.6745,  ..., 0.9569, 0.9569, 0.9569],
         ...,
         [0.5176, 0.5137, 0.5098,  ..., 0.5922, 0.5843, 0.5922],
         [0.5098, 0.5059, 0.5020,  ..., 0.6000, 0.5961, 0.5882],
         [0.5216, 0.5176, 0.5176,  ..., 0.5922, 0.6039, 0.6039]],

        [[0.6353, 0.5686, 0.6353,  ..., 0.9765, 0.9725, 0.9725],
         [0.6000, 0.6392, 0.6000,  ..., 0.9765, 0.9725, 0.9725],
         [0.6000, 0.5765, 0.6275,  ..., 0.9765, 0.9725, 0.9725],
         ...,
         [0.4863, 0.4824, 0.4784,  ..., 0.5569, 0.5412, 0.5529],
         [0.4784, 0.4745, 0.4706,  ..., 0.5647, 0.5529, 0.5490],
         [0.4902, 0.4863, 0.4863,  ..., 0.5569, 0.5608, 0.5647]]],
       device='cuda:0')
数据大小为 torch.Size([3, 441, 465])
```

图 8-20　图像转为 tensor 的结果

【例 8-11】 图像转为 tensor 格式。

```
import cv2
image_path = 'img. jpg'
src_img = cv2. imread(image_path)
img = cv2. cvtColor(src_img, cv2. COLOR_BGR2RGB)
img_tensor = torch. from_numpy(img / 255. ). permute(2, 0, 1). float(). cuda()
print(img_tensor)
print(img_tensor. shape)
```

3）特征提取。

导入 torchvision 包，之后使用在 COCO 数据集上利用训练好的 fasterrcnn_resnet50_fpn 网络对特征进行提取，并输出特征的尺寸。输出 torchvision 版本号结果如图 8-21 所示。

```
torchvision版本号为： 0.10.0+cu111
源码位置为： ['F:\\python\\Anaconda3\\envs\\tensorflow\\lib\\site-packages\\torchvision']
```

图 8-21　输出 torchvision 版本号结果

【例 8-12】 查看 torchvision 版本和源码位置。

```
import torchvision
print('torchvision 版本号为:', torchvision. __version__)
print('源码位置为:', torchvision. __path__)
```

由于输入数据的格式为（720，960，3），经过特征提取后，得到 4 层卷积和 1 层 pooling 层，因为只输入一个图像，所以 batch_size 为 1，使用 Region Proposal Network 选用第三层的数据格式（1，256，13，17）。特征图尺寸结果如图 8-22 所示。

```
torch.Size([1, 256, 200, 216])
torch.Size([1, 256, 100, 108])
torch.Size([1, 256, 50, 54])
torch.Size([1, 256, 25, 27])
torch.Size([1, 256, 13, 14])
```

图 8-22　特征图尺寸结果

【例 8-13】 显示特征图尺寸。

```
import cv2
image_path ='img. jpg'
src_img = cv2. imread(image_path)
img = cv2. cvtColor(src_img, cv2. COLOR_BGR2RGB)
img_tensor = torch. from_numpy(img / 255. ). permute(2, 0, 1). float(). cuda()
print(img_tensor)
print('数据大小为', img_tensor. shape)

img_tensors = [img_tensor]
images, targets = model. transform(img_tensors, targets=None)
features = model. backbone(images. tensors)

for f in features. values():
    print(f. size())
```

4）使用 Region Proposal Network （RPN）得到预测框。

通过 Region Proposal Network 得到候选框后，对候选框进行分类，得到预测分数。预测框坐标结果如图 8-23 所示，其中预测框的四个值分别代表左上角的 x，y 坐标，右下角的 x，y 坐标。

预测框为: [tensor([[518.7368, 224.5858, 802.8029, 752.5934],
        [242.6961, 310.6226, 597.6370, 712.6320],
        [282.7900, 240.4484, 561.5708, 721.0840],
        ...,
        [35.0710, 405.5149, 165.4613, 455.5351],
        [24.4472, 403.5615, 108.8914, 476.4616],
        [332.3060, 293.1526, 377.0645, 360.2282]], device='cuda:0')]

图 8-23   预测框的位置

【例 8-14】RPN 网络定义。

```
rpn = RegionProposalNetwork(
    rpn_anchor_generator, rpn_head,
    rpn_fg_iou_thresh, rpn_bg_iou_thresh,
    rpn_batch_size_per_image, rpn_positive_fraction,
    rpn_pre_nms_top_n, rpn_post_nms_top_n, rpn_nms_thresh,
    score_thresh = rpn_score_thresh)
model = torchvision. models. detection. fasterrcnn_resnet50_fpn( pretrained = True )
proposals, proposal_losses = model. rpn( images, features, targets)
print('预测框为:', proposals)
```

5）Roi align。

Roi align 的作用是使用双线性插值取代 Roi pooling 的取整操作，使取得的特征能够更好地对齐图像上的区域。

【例 8-15】实现 Roi align 操作。

```
class RoIAlign( nn. Module):
    """
    See :func:'roi_align'.
    """
    def __init__(
        self,
        output_size:BroadcastingList2[int],
        spatial_scale: float,
        sampling_ratio: int,
        aligned: bool = False,
    ):
        super( RoIAlign, self). __init__()
        self. output_size = output_size
        self. spatial_scale = spatial_scale
        self. sampling_ratio = sampling_ratio
        self. aligned = aligned

    def forward( self, input: Tensor, rois: Tensor) -> Tensor:
        return roi_align( input, rois, self. output_size, self. spatial_scale, self. sampling_ratio, self. aligned)

    def __repr__( self) -> str:
        tmpstr = self. __class__. __name__ + '('
        tmpstr += 'output_size=' + str( self. output_size)
        tmpstr += ', spatial_scale=' + str( self. spatial_scale)
        tmpstr += ', sampling_ratio=' + str( self. sampling_ratio)
        tmpstr += ', aligned=' + str( self. aligned)
```

```
        tmpstr += ')'
        return tmpstr
```

下面为 Faster R-CNN 目标检测的完整代码，实验结果如图 8-20 所示。

图 8-20　Faster R-CNN 目标检测结果

【例 8-16】Faster R-CNN 目标检测实现。

```
#导入需要的包
import torch
import torchvision
import argparse
import cv2
import numpy as np
import sys
sys. path. append('. /')
import coco_names
import random
import torchvision

image_path = 'img. jpg'
dataset = 'coco'
model = 'fasterR-CNN_resnet50_fpn'
score = 0. 8

def random_color( ):
    b = random. randint(0, 255)
    g = random. randint(0, 255)
    r = random. randint(0, 255)
    return (b, g, r)
input = [ ]
```

```python
#coco 数据集中 gongyou 91 类
num_classes = 91
names = {'0': 'background', '1': 'person', '2': 'bicycle', '3': 'car', '4': 'motorcycle', '5': 'airplane', '6': 'bus', '7':
'train', '8': 'truck', '9': 'boat', '10': 'traffic light', '11': 'fire hydrant', '13': 'stop sign', '14': 'parking meter', '15':
'bench', '16': 'bird', '17': 'cat', '18': 'dog', '19': 'horse', '20': 'sheep', '21': 'cow', '22': 'elephant', '23': 'bear',
'24': 'zebra', '25': 'giraffe', '27': 'backpack', '28': 'umbrella', '31': 'handbag', '32': 'tie', '33': 'suitcase', '34':
'frisbee', '35': 'skis', '36': 'snowboard', '37': 'sports ball', '38': 'kite', '39': 'baseball bat', '40': 'baseball glove',
'41': 'skateboard', '42': 'surfboard', '43': 'tennis racket', '44': 'bottle', '46': 'wine glass', '47': 'cup', '48': 'fork',
'49': 'knife', '50': 'spoon', '51': 'bowl', '52': 'banana', '53': 'apple', '54': 'sandwich', '55': 'orange', '56':
'broccoli', '57': 'carrot', '58': 'hot dog', '59': 'pizza', '60': 'donut', '61': 'cake', '62': 'chair', '63': 'couch', '64':
'potted plant', '65': 'bed', '67': 'dining table', '70': 'toilet', '72': 'tv', '73': 'laptop', '74': 'mouse', '75': 'remote',
'76': 'keyboard', '77': 'cell phone', '78': 'microwave', '79': 'oven', '80': 'toaster', '81': 'sink', '82': 'refrigerator',
'84': 'book', '85': 'clock', '86': 'vase', '87': 'scissors', '88': 'teddybear', '89': 'hair drier', '90': 'toothbrush'}
#定义模型
model = torchvision. models. detection. fasterR-CNN_resnet50_fpn(pretrained=True)
model = model. cuda()
model. eval()


#读取数据
image_path = 'img. jpg'
src_img = cv2. imread(image_path)
img = cv2. cvtColor(src_img, cv2. COLOR_BGR2RGB)
img_tensor = torch. from_numpy(img / 255. ). permute(2, 0, 1). float(). cuda()
print(img_tensor)
print('数据大小为', img_tensor. shape)
input. append(img_tensor)
out = model(input)
boxes = out[0]['boxes']
labels = out[0]['labels']
scores = out[0]['scores']


#显示预测框
for idx in range(boxes. shape[0]):
    if scores[idx] >= score:
        x1, y1, x2, y2 = boxes[idx][0], boxes[idx][1], boxes[idx][2], boxes[idx][3]
        name = names. get(str(labels[idx]. item()))
        cv2. rectangle(src_img, (x1, y1), (x2, y2), random_color(), thickness=2)
        cv2. putText(src_img, text=name, org=(x1, y1 + 10), fontFace=cv2. FONT_HERSHEY_SIMPLEX,
            fontScale=0. 5, thickness=1, lineType=cv2. LINE_AA, color=(0, 0, 255))
cv2. imshow('result', src_img)
cv2. waitKey()
cv2. destroyAllWindows()
```

8.7.2 YOLOv4 目标检测

利用 YOLOv4 的预训练权重进行目标检测, 目标检测结果如图 8-21 所示。可以在网盘下载训练好的 YOLOv4 权重, 预测自己的图像数据集。

1) 输入需要测试的数据集, 并对数据集进行相应的处理。输入进行预测的图像数据集, 在预测之前需要进行图像规范化处理。首先改变图像大小, 使其适用于该模型的输入, 并加入 batch_size 维度, 其次进行图像的 RGB 处理, 当输入数据为灰度图时可以直接进行预测。

2) 下载所需要的预训练权重以及所对应的分类名称文件。引用下载的模型预训练权重及其相应的类别文件,引用模型训练所设置的先验框文件及辅助寻找先验框的参数文件;设置预测置信度及 IOU 阈值,只有预测结果大于置信度时才进行显示。

3)建立模型、载入权重并进行条件设置。建立所需要的 YOLOv4 模型,然后载入权重并进行条件设置。在预测过程中,需要获得该权重所对应的种类及先验框数量,然后对不同种类进行不同颜色的预测框设置,还需要判断预测种类是否能被识别。

4)进行预测。将处理好的图像输入带有权重的网络中进行预测,并对预测结果的字体及边框厚度进行设置,最后输出预测结果。

图 8-21 YOLOv4 目标检测结果

【例 8-17】图像大小归一化。

```
#导入需要的工具包
import time
import cv2
import numpy as np
from PIL import Image
from torchvision. ops import nms
from PIL import ImageDraw, ImageFont
import colorsys
import os
import torch
import torch. nn as nn

#图像数据集处理
def detect_image(self, image, crop = False, count = False):
    #获取图像大小
    image_shape = np. array(np. shape(image)[0:2])
    #进行 RGB 处理
    image = cvtColor(image)
    #将图像处理成统一的大小
    image_data = resize_image(image, (self. input_shape[1], self. input_shape[0]), self. letterbox_image)
    #添加 batch_size 维度
    image_data = np. expand_dims(np. transpose(preprocess_input(
                       np. array(image_data, dtype = 'float32')), (2, 0, 1)), 0)

#对图像进行归一化处理
def preprocess_input(image):
```

```
        image /= 255.0
        return image

#图像RGB处理模块
def cvtColor(image):
    if len(np.shape(image)) == 3 and np.shape(image)[2] == 3:
        return image
    else:
        image = image.convert('RGB')
        return image

#图像resize处理
def resize_image(image, size, letterbox_image):
    iw, ih = image.size
    w, h = size
    if letterbox_image:
        scale = min(w/iw, h/ih)
        nw   = int(iw * scale)
        nh = int(ih * scale)
        image = image.resize((nw,nh), Image.BICUBIC)
        new_image = Image.new('RGB', size, (128,128,128))
        new_image.paste(image, ((w-nw)//2, (h-nh)//2))
    else:
        new_image = image.resize((w, h), Image.BICUBIC)
    return new_image
```

【例8-18】 建立模型并载入权重。

```
#参数设置
_defaults = {
"model_path": 'model_data/yolo4_weights.pth',          #模型权重文件
"classes_path": 'model_data/coco_classes.txt',         #权重对应的类别文件
"anchors_path": 'model_data/yolo_anchors.txt',         #先验框文件
"anchors_mask": [[6, 7, 8], [3, 4, 5], [0, 1, 2]],     #辅助寻找先验框参数
"confidence"  : 0.5,#预测置信度
"nms_iou"     : 0.3,}  #  IOU阈值

def generate(self):
        self.net = YOLOv4(self.anchors_mask, self.num_classes)   #调用网络模型代码
        device = torch.device('cuda' if torch.cuda.is_available() else 'cpu')
        self.net.load_state_dict(torch.load(self.model_path, map_location=device))
        self.net = self.net.eval()
        print('{} model, anchors, and classes loaded.'.format(self.model_path))
        if self.cuda:
            self.net = nn.DataParallel(self.net)
            self.net = self.net.cuda()

#获得种类及先验框数量,设置预测框颜色
def __init__(self, **kwargs):
    self.__dict__.update(self._defaults)
    for name, value in kwargs.items():
        setattr(self, name, value)
```

```python
#获得种类及先验框数量
    self.class_names, self.num_classes = get_classes(self.classes_path)
    self.anchors, self.num_anchors = get_anchors(self.anchors_path)
    self.bbox_util = DecodeBox(self.anchors, self.num_classes,
                            (self.input_shape[0],self.input_shape[1]),self.anchors_mask)
#获得种类模块定义
def get_classes(classes_path):
    with open(classes_path, encoding='utf-8') as f:
        class_names = f.readlines()
    class_names = [c.strip() for c in class_names]
    return class_names, len(class_names)

#获得先验框模块定义
def get_anchors(anchors_path):
    '''loads the anchors from a file'''
    with open(anchors_path, encoding='utf-8') as f:
        anchors = f.readline()
    anchors = [float(x) for x in anchors.split(',')]
    anchors = np.array(anchors).reshape(-1, 2)
     return anchors, len(anchors)

#预测框颜色设置
hsv_tuples = [(x / self.num_classes, 1., 1.) for x in range(self.num_classes)]
self.colors = list(map(lambda x:colorsys.hsv_to_rgb(*x), hsv_tuples))
self.colors = list(map(lambda x: (int(x[0] * 255), int(x[1] * 255),int(x[2] * 255)), self.colors))
self.generate()

#预测结果筛选及先验框显示模块
classDecodeBox():
    def __init__(self, anchors, num_classes, input_shape,
            anchors_mask = [[6,7,8], [3,4,5], [0,1,2]]):
        super(DecodeBox, self).__init__()
        self.anchors = anchors
        self.num_classes = num_classes
        self.bbox_attrs = 5 + num_classes
        self.input_shape = input_shape
        self.anchors_mask   = anchors_mask
    def decode_box(self, inputs):
        outputs = []
        for i, input in enumerate(inputs):
            #获得输入参数
            batch_size = input.size(0)
            input_height = input.size(2)
            input_width = input.size(3)
            stride_h = self.input_shape[0] / input_height
            stride_w = self.input_shape[1] / input_width
            #获得此时scaled_anchors大小
            scaled_anchors = [(anchor_width / stride_w, anchor_height / stride_h) for anchor_width,anchor_height,inself.anchors[self.anchors_mask[i]]]
            #预测
            prediction = input.view(batch_size, len(self.anchors_mask[i]),self.bbox_attrs,
                        input_height,input_width).permute(0,1,3,4,2).contiguous()
```

```
            #先验框的中心位置的调整参数
            x = torch.sigmoid(prediction[..., 0])
            y = torch.sigmoid(prediction[..., 1])
            #先验框的宽高调整参数
            w = prediction[..., 2]
            h = prediction[..., 3]
            #获得置信度,判断是否有物体
            conf = torch.sigmoid(prediction[..., 4])
            #种类置信度
            pred_cls = torch.sigmoid(prediction[..., 5:])
            FloatTensor = torch.cuda.FloatTensor if x.is_cuda else torch.FloatTensor
            LongTensor  = torch.cuda.LongTensor if x.is_cuda else torch.LongTensor
            #生成网格,先验框中心,网格左上角
            grid_x = torch.linspace(0, input_width-1, input_width).repeat(input_height, 1).repeat(batch_
size * len(self.anchors_mask[i]), 1, 1).view(x.shape).type(FloatTensor)
            grid_y = torch.linspace(0, input_height1, input_height).repeat(input_width, 1).t().repeat
(batch_size * len(self.anchors_mask[i]), 1, 1).view(y.shape).type(FloatTensor)
            #按照网格格式生成先验框的宽高
            anchor_w = FloatTensor(scaled_anchors).index_select(1, LongTensor([0]))
            anchor_h = FloatTensor(scaled_anchors).index_select(1, LongTensor([1]))
            anchor_w = anchor_w.repeat(batch_size, 1).repeat(1, 1, input_height * input_width).view
(w.shape)
            anchor_h = anchor_h.repeat(batch_size, 1).repeat(1, 1, input_height * input_width).view
(h.shape)
            #利用预测结果对先验框进行调整
            #先调整先验框的中心,从先验框中心向右下角偏移
            #再调整先验框的宽高
            pred_boxes = FloatTensor(prediction[..., :4].shape)
            pred_boxes[..., 0]    = x.data + grid_x
            pred_boxes[..., 1]    = y.data + grid_y
            pred_boxes[..., 2]    = torch.exp(w.data) * anchor_w
            pred_boxes[..., 3]    = torch.exp(h.data) * anchor_h
            #将输出结果归一化成小数的形式
            _scale = torch.Tensor([input_width, input_height, input_width, input_height]).type(FloatTensor)
            output = torch.cat((pred_boxes.view(batch_size, -1, 4) / _scale,
                                conf.view(batch_size, -1, 1),
                                pred_cls.view(batch_size, -1, self.num_classes)),
            outputs.append(output.data)
    return outputs

    defyolo_correct_boxes(self, box_xy, box_wh, input_shape, image_shape, letterbox_image):
        #把 y 轴放前面是因为方便预测框和图像的宽高进行相乘
        box_yx = box_xy[..., ::-1]
        box_hw = box_wh[..., ::-1]
        input_shape = np.array(input_shape)
        image_shape = np.array(image_shape)
        if letterbox_image:
            #这里求出来的 offset 是图像有效区域相对于图像左上角的偏移情况
            #new_shape 指的是宽高缩放情况
            new_shape = np.round(image_shape * np.min(input_shape/image_shape))
            offset = (input_shape - new_shape)/2./input_shape
            scale = input_shape/new_shape
```

```python
            box_yx   = (box_yx - offset) * scale
            box_hw  *= scale
            box_mins = box_yx - (box_hw / 2.)
            box_maxes = box_yx + (box_hw / 2.)
            boxes = np.concatenate([box_mins[..., 0:1], box_mins[..., 1:2], box_maxes[..., 0:
1], box_maxes[...,1:2]], axis=-1)
            boxes *= np.concatenate([image_shape, image_shape], axis=-1)
        return boxes
    def non_max_suppression(self, prediction, num_classes,
                            input_shape, image_shape, letterbox_image,
                            conf_thres=0.5, nms_thres=0.4):
        #将预测结果的格式转换成左上角右下角的格式
        box_corner = prediction.new(prediction.shape)
        box_corner[:, :, 0] = prediction[:, :, 0] - prediction[:, :, 2] / 2
        box_corner[:, :, 1] = prediction[:, :, 1] - prediction[:, :, 3] / 2
        box_corner[:, :, 2] = prediction[:, :, 0] + prediction[:, :, 2] / 2
        box_corner[:, :, 3] = prediction[:, :, 1] + prediction[:, :, 3] / 2
        prediction[:, :, :4] = box_corner[:, :, :4]
        output = [None for _ in range(len(prediction))]
        for i, image_pred in enumerate(prediction):
            #对种类预测部分取 max
            class_conf, class_pred = torch.max(image_pred[:, 5:5 + num_classes], 1, keepdim=True)
            #利用置信度进行第一轮筛选
            conf_mask = (image_pred[:, 4] * class_conf[:, 0] >= conf_thres).squeeze()
            #根据置信度进行预测结果的筛选
            image_pred = image_pred[conf_mask]
            class_conf = class_conf[conf_mask]
            class_pred = class_pred[conf_mask]
            if not image_pred.size(0):
                continue
            detections = torch.cat((image_pred[:, :5], class_conf.float(), class_pred.float()), 1)
            #获得预测结果中包含的所有种类
            unique_labels = detections[:, -1].cpu().unique()
            if prediction.is_cuda:
                unique_labels = unique_labels.cuda()
                detections = detections.cuda()
            for c in unique_labels:
                #获得类别得分筛选后全部的预测结果
                detections_class = detections[detections[:, -1] == c]
                keep = nms(
                    detections_class[:, :4],
                    detections_class[:, 4] * detections_class[:, 5],
                    nms_thres)
                max_detections = detections_class[keep]
                #显示预测结果
                output[i] = max_detections if output[i] is None else torch.cat((output[i], max_detec-
tions))
            if output[i] is not None:
                output[i] = output[i].cpu().numpy()
                box_xy, box_wh = (output[i][:, 0:2] + output[i][:, 2:4])/2,
                                                output[i][:, 2:4] - output[i][:, 0:2]
                output[i][:, :4] = self.yolo_correct_boxes(box_xy, box_wh, input_shape, image_
shape, letterbox_image)
```

```
                return output
#判断数据集的类别是否能被识别
def get_defaults(cls, n):
        if n in cls._defaults:
             return cls._defaults[n]
        else:
             return "Unrecognized attribute name'" + n + "'"
```

【例 8-19】 测试目标检测效果。

```
with torch.no_grad():
        images = torch.from_numpy(image_data)
        if self.cuda:
             images = images.cuda()
        outputs = self.net(images)
         outputs = self.bbox_util.decode_box(outputs)

#将预测框进行堆叠,然后进行非极大抑制
results = self.bbox_util.non_max_suppression(torch.cat(outputs, 1), self.num_classes, self.input_shape,
                                image_shape, self.letterbox_image, conf_thres = self.confidence,
                                nms_thres = self.nms_iou)
if results[0] is None:
     return image
     top_label = np.array(results[0][:, 6], dtype='int32')
     top_conf = results[0][:, 4] * results[0][:, 5]
     top_boxes = results[0][:, :4]

#设置字体与边框厚度
font = ImageFont.truetype(font='model_data/simhei.ttf', size=np.floor(3e-2 * image.size[1] + 0.5).astype
('int32'))
thickness = int(max((image.size[0] + image.size[1]) // np.mean(self.input_shape), 1))

#图像显示
for i, c in list(enumerate(top_label)):
        predicted_class = self.class_names[int(c)]
        box = top_boxes[i]
        score = top_conf[i]
        top, left, bottom, right = box
        top = max(0, np.floor(top).astype('int32'))
        left = max(0, np.floor(left).astype('int32'))
        bottom = min(image.size[1], np.floor(bottom).astype('int32'))
        right = min(image.size[0], np.floor(right).astype('int32'))
        label = '{} {:.2f}'.format(predicted_class, score)
        draw = ImageDraw.Draw(image)
        label_size = draw.textsize(label, font)
        label = label.encode('utf-8')
        print(label, top, left, bottom, right)
        if top - label_size[1] >= 0:
             text_origin = np.array([left, top - label_size[1]])
        else:
             text_origin = np.array([left, top + 1])
        for i in range(thickness):
             draw.rectangle([left + i, top + i, right - i, bottom - i], outline = self.colors[c])
```

```
        draw. rectangle([tuple(text_origin), tuple(text_origin + label_size)], fill = self. colors[c])
        draw. text(text_origin, str(label,'UTF-8'), fill = (0, 0, 0), font = font)
        del draw
    return image
```

8.8 国内视觉分析研究

我国在视觉分析领域已达到世界先进水平，取得了丰硕的成果，下面从工业界和学术界两方面对我国视觉分析做一个简单概述。

8.8.1 工业界

1. 商汤科技

专注于计算机视觉和深度学习原创技术研究的领先的人工智能平台。通过自主研发成立全球顶级的深度学习平台和超算中心，推出一系列领先的人工智能技术，已成为亚洲最大的 AI 算法提供商。技术与人才等优势让其在多个垂直领域市场占有率位居前列，拥有合作伙伴1000 多家，业务已遍及国内外。

2. 旷视科技

专注人脸识别技术，拥有自主研发深度学习框架，通过商业化探索金融、安防等领域的垂直化人脸解决方案，在美图秀秀、淘宝等互联网领域有成功的应用。向个人物联网、城市物联网、供应链物联网提供包括算法、软件和硬件产品在内的全栈式、一体化解决方案。

3. 云从科技

孵化自中国科学院重庆研究院，核心技术先后 13 次斩获国际领域桂冠。在金融领域尤为突出。受托参加人工智能国标、行标制定，并成为第一个同时承担国家发改委人工智能基础平台、应用平台，工信部芯片平台等国家重大项目建设任务的人工智能科技企业。

8.8.2 学术界

国内很多高校都在进行视觉分析方面的研究工作，清华大学、北京大学、中科院、中科院、西安交通大学、西安电子科技大学、南京大学、浙江大学等高校都在进行相关研究工作，取得了大量优秀的科研成果。

2015 年我国机器视觉市场为 3.5 亿美元，仅占全球市场份额的 8% 左右，而美日两国占据着全球机器视觉市场超过一半份额。不过，随着"十三五"规划对制造业技术创新的重视，我国机器视觉领域迎来了爆发式增长。进入工业 4.0 时代以来，国内机器视觉市场长年以 20% 以上的增速飞速发展。

习题和作业

1. 将 Faster R-CNN 中进行特征提取的 CNN 更换为 VGG16，VGG16 模型实现的参考 Py-Torch 代码如下。请观察更改模型后区别。

```
import torch. nn as nn
import torch
```

```
class SE_VGG(nn.Module):
    def __init__(self, num_classes):
        super().__init__()
        self.num_classes = num_classes
        #define an empty for Conv_ReLU_MaxPool
        net = []

        #block 1
        net.append(nn.Conv2d(in_channels=3, out_channels=64, padding=1, kernel_size=3, stride=1))
        net.append(nn.ReLU())
        net.append(nn.Conv2d(in_channels=64, out_channels=64, padding=1, kernel_size=3, stride=1))
        net.append(nn.ReLU())
        net.append(nn.MaxPool2d(kernel_size=2, stride=2))

        #block 2
        net.append(nn.Conv2d(in_channels=64, out_channels=128, kernel_size=3, stride=1, padding=1))
        net.append(nn.ReLU())
        net.append(nn.Conv2d(in_channels=128, out_channels=128, kernel_size=3, stride=1, padding=1))
        net.append(nn.ReLU())
        net.append(nn.MaxPool2d(kernel_size=2, stride=2))

        #block 3
        net.append(nn.Conv2d(in_channels=128, out_channels=256, kernel_size=3, padding=1, stride=1))
        net.append(nn.ReLU())
        net.append(nn.Conv2d(in_channels=256, out_channels=256, kernel_size=3, padding=1, stride=1))
        net.append(nn.ReLU())
        net.append(nn.Conv2d(in_channels=256, out_channels=256, kernel_size=3, padding=1, stride=1))
        net.append(nn.ReLU())
        net.append(nn.MaxPool2d(kernel_size=2, stride=2))

        #block 4
        net.append(nn.Conv2d(in_channels=256, out_channels=512, kernel_size=3, padding=1, stride=1))
        net.append(nn.ReLU())
        net.append(nn.Conv2d(in_channels=512, out_channels=512, kernel_size=3, padding=1, stride=1))
        net.append(nn.ReLU())
        net.append(nn.Conv2d(in_channels=512, out_channels=512, kernel_size=3, padding=1, stride=1))
        net.append(nn.ReLU())
        net.append(nn.MaxPool2d(kernel_size=2, stride=2))

        #block 5
        net.append(nn.Conv2d(in_channels=512, out_channels=512, kernel_size=3, padding=1, stride=1))
        net.append(nn.ReLU())
        net.append(nn.Conv2d(in_channels=512, out_channels=512, kernel_size=3, padding=1, stride=1))
        net.append(nn.ReLU())
        net.append(nn.Conv2d(in_channels=512, out_channels=512, kernel_size=3, padding=1, stride=1))
        net.append(nn.ReLU())
        net.append(nn.MaxPool2d(kernel_size=2, stride=2))

        #add net into class property
        self.extract_feature = nn.Sequential(*net)

        #define an empty container for Linear operations
```

```
        classifier = [ ]
        classifier. append( nn. Linear( in_features = 512 * 7 * 7, out_features = 4096))
        classifier. append( nn. ReLU( ) )
        classifier. append( nn. Dropout( p = 0. 5) )
        classifier. append( nn. Linear( in_features = 4096, out_features = 4096) )
        classifier. append( nn. ReLU( ) )
        classifier. append( nn. Dropout( p = 0. 5) )
        classifier. append( nn. Linear( in_features = 4096, out_features = self. num_classes) )

        #add classifier into class property
        self. classifier = nn. Sequential( * classifier)

    def forward( self, x) :
        feature = self. extract_feature( x)
        feature = feature. view( x. size( 0) , -1)
        classify_result = self. classifier( feature)
        return classify_result
```

2. 在 http://host. robots. ox. ac. uk/pascal/VOC/下载 Pascal VOC 数据集,应用 Faster R-CNN 模型进行目标检测任务。

3. 总结 R-CNN、Fast R-CNN、Faster R-CNN 模型的特点。

4. 总结 YOLO 系列模型的优缺点。

5. 在 http://image-net. org/index 下载 ImageNet 数据集,应用 YOLOv4 模型进行目标检测任务。

第 9 章　Python 时序分析

上一章介绍了 Python 中的视觉分析，并实现了物体检测。本章将重点介绍对时间序列的分析，时间序列指的是序列中的数据按其发生时间的先后顺序排列，而时序分析主要分为基于时间序列的分类任务、基于时间序列的回归预测任务。时序分析一般多用于股票预测、天气预报、地震预测等领域。

本章学习目标

❖ 了解时序分析
❖ 理解循环神经网络模型
❖ 了解 LSTM、GRU 网络模型
❖ 能够利用 Python 进行时间序列的分析和预测

9.1　时序分析介绍

时序分析是以分析时间序列的发展过程、方向和趋势，预测将来时域可能达到的目标的方法。时间序列数据是基于时间的一些数据，它的种类有很多，如每日的温度、水果的价格、股票的涨幅、房价的波动等。时间序列是由一系列数据点组成，使用时间戳进行先后时间的排序，时序分析便是对时间序列数据进行分析。时序数据的分析大多用在预测，但也可以用在分类、异常检测等领域。

时间序列具有以下特点：

1）现实的、真实的一组数据，而不是数理统计中做实验得到的。既然是真实的，它就是反映某一现象的统计指标，因而，时间序列背后是某一现象的变化规律。

2）动态数据。

时间序列分析包括一般统计分析（如自相关分析、谱分析等），统计模型的建立与推断，以及关于时间序列的最优预测、控制与滤波等内容。时间序列分析则侧重研究数据序列的互相依赖关系。

时间序列依据其特征，有以下几种表现形式，并产生与之相适应的分析方法。

1）长期趋势变化：受某种基本因素的影响，数据依时间变化时表现为一种确定倾向，它按某种规则稳步地增长或下降。使用的分析方法有：移动平均法、指数平滑法、模型拟合法等。

2）季节性周期变化：受季节更替等因素影响，序列依一固定周期规则性地变化，又称商业循环。采用的方法：季节指数。

3）循环变化：周期不固定的波动变化。

4）随机性变化：由许多不确定因素引起的序列变化。

时间序列分析主要有确定性变化分析和随机性变化分析。其中，确定性变化分析包括趋势变化分析、周期变化分析、循环变化分析。随机性变化分析有 AR、MA、ARMA 模型等。

在深度学习还未兴起前，对时间序列的预测等问题共有以下几种传统的方法来实现：平滑法、趋势拟合法、组合模型的方法、AR 模型方法、ARIMA 模型方法等。在深度学习兴起之后，进行时序预测的方法变得更加多元，SVM、CNN、RNN 等方法均可对时间序列进行分析。由于时间序列数据非常复杂且不稳定，深度学习的方法目前成为时序分析的首选。深度学习方法不假设数据的基本模式，而且对噪声的鲁棒性更强。例如通过研究过去价格的变化模式，可以较准确地预测曾经想要购买的一台笔记本电脑的价格，判断它的最佳购买时间。用已知的数据预测未来的值，但这些数据的区别是变量处于不同的时间，所采用的方法一般是在连续时间流中截取一个时间窗口（一个时间段），窗口内的数据作为一个数据单元，然后让这个时间窗口在时间流上滑动，以获取建立模型所需要的训练集。

目前用于做时序分析的模型大多采用循环神经网络，因为循环神经网络对具有序列特性的数据非常有效，它能挖掘数据中的时序信息以及语义信息。现在常用的有长短期记忆网络、卷积-长短期记忆混合神经网络、门控循环单元等。时间序列分析的发展对很多领域都有着重大的意义。

9.2 循环神经网络

在传统的神经网络模型中，从输入层到隐含层再到输出层，模型所有的输入和输出都是独立的，所以在一些领域中传统的神经网络模型表现很糟糕。如本章的时序分析任务，输入的序列是有一定趋势的，后面的输入和前面的输入是有一定关联的，这时便不太适合使用传统的神经网络，于是循环神经网络的概念被提了出来。循环神经网络（Recurrent Neural Network，RNN）是一类以序列（Sequence）数据为输入，在序列的演进方向进行递归（Recursion）且所有节点（循环单元）按链式连接的递归神经网络（Recursive Neural Network）。循环神经网络可以很好地提取到序列的时间信息，所以在时序分析领域有着很好的表现。循环神经网络的结构如图 9-1 所示。

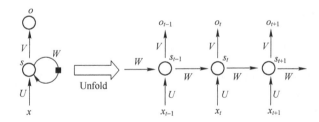

图 9-1　RNN 结构

9.2.1 记忆单元

RNN 基本单元如图 9-2 所示，RNN 相较于传统的神经网络的独特之处便在于其独特的记忆单元，即循环神经元的每一个隐含层的输出结果都与当前的输入和上一层的隐含层的结果相关。如图 9-2 所示在 t 时刻，h_t 是当前的隐藏状态（相当于图 9-1 中的 S_t），而 h_t 是根据以前的隐藏状态和当前步骤的输入进行计算的，计算方法为：$h_t = f(Ux_{t-1} + Wh_{t-1})$，此函数 f 通常是非线性的，如 ReLU 等。

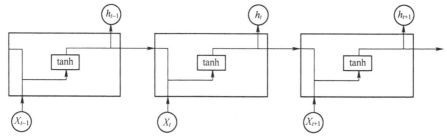

图 9-2　RNN 基本单元

9.2.2　输入输出序列

RNN 可以同时进行一系列的输入并产生一系列的输出，这种输入输出对处理时间序列非常有效。也可以向网络输入一个序列，忽略除最后一个输出之外的所有输出，这种方法对分类任务会很有效。或者也可以只在第一个单元内提供输入，得到一系列的输出。将上面两种输入输出方式结合起来，先向 RNN 网络中输入一个序列，只取最后一个输出，这便是编码器的思想，再由编码器的输出输入到 RNN 网络，得到一系列的输出，这便是解码器的思想。本章主要使用第一种输入输出方式来处理时间序列，并且由于每一时刻的输出结果都与上一时刻的输入有着非常大的关系，如果将输入序列换个顺序，那么得到的结果也将是截然不同，这就是 RNN 的特性，可以处理序列数据，同时对序列也很敏感。

【例 9-1】利用 Python 中的 PyTorch 包可以很容易地实现 RNN 的结构，代码如下：

```python
class RNN(nn.Module):
    def __init__(self, input_size, hidden_size, num_layers, output_size):
        super(RNN, self).__init__()
        self.rnn = nn.RNN(
            input_size=input_size,
            hidden_size=hidden_size,    #rnn hidden unit
            num_layers=num_layers,      #number of rnn layer
            batch_first=True,
        )
        self.out = nn.Linear(hidden_size, output_size)
    def forward(self, x, h_state):
        r_out, h_state = self.rnn(x, h_state)
        out = self.out(r_out[:, -1, :])
        return out
```

其中配置参数的含义如下：

- input_size：输入 x 的特征数量（必要）。
- hidden_size：隐状态 h 中的特征数量（必要）。
- num_layers：RNN 的层数（必要）。
- nonlinearity：指定非线性函数使用 ['tanh' | 'relu']．默认为'tanh'。
- bias：如果是 False，那么 RNN 层就不会使用偏置权重 b_ih 和 b_hh，默认为 True。
- batch_first：如果是 True，那么输入 Tensor 的 shape（改变…形状）应该是（batch, seq, feature），并且输出也是一样。
- dropout：如果值非零，那么除了最后一层外，其他层的输出都会添加一个 Dropout 层。
- bidirectional：如果是 True，将会变成一个双向 RNN，默认为 False。

9.2.3 LSTM 单元

尽管 RNN 拥有不错的性能，但是它还是有一定的缺陷，因为它在训练过程中容易产生梯度爆炸和梯度消失的问题。于是长短时记忆网络（Long Short-Term Memory，LSTM）被提了出来，它是 RNN 的一种变体。

LSTM 的基本单元结构如图 9-3 所示，与 RNN 相比 LSTM 有两个传输状态，即 c_t（cell state）和 h_t（hidden state），LSTM 能删除或者添加隐状态所包含的信息，这一特性让 LSTM 能够选择性地决定某个时间步信息是否需要更新。这一操作是通过三个门单元：输入门、输出门、遗忘门来实现的。

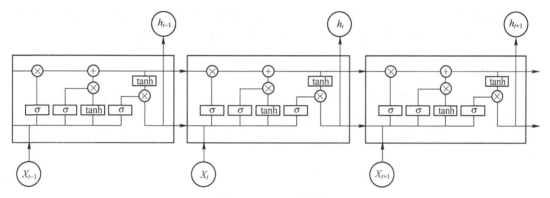

图 9-3　LSTM 基本单元

1）输入门控制着如何使用上一时间步的输入信息 h_{t-1} 和当前的输入信息 x_t 来更新存储在 cell 中的信息。

2）遗忘门决定了在新的存储单元内 cell 需要遗忘哪些信息（cell state 中存储的信息），具体实现过程是由上一时间步的输入信息 h_{t-1} 和当前时间步的输入信息 x_t 来进行线性变换，然后使用非线性激活函数来实现是保存信息或者遗忘信息。输入门和遗忘门通过共同作用来更新 c_t。

3）输出门决定从当前时间步的隐状态 c_t 中，哪些信息将会输入到 h_t 中。

因为 LSTM 其独特的结构，大大减轻 RNN 中出现的梯度爆炸和梯度消失问题，对于需要长期记忆的序列来说表现出色，但是由于 LSTM 中的参数较多，所以训练难度也增大了许多，在一部分项目中，由于网络结构设计得较为复杂，并且硬件设施并不理想，LSTM 训练起来会很费事。所以着重介绍一种和 LSTM 功能类似，但相对来说训练较快的 GRU 单元。

【例 9-2】利用 Python 中的 PyTorch 包可以很容易地实现 LSTM 的结构，代码如下：

```python
class LSTM( nn. Module):
    def __init__(self, input_size, hidden_size, num_layers, output_size):
        super(LSTM, self).__init__()
        self. rnn = nn. LSTM(
            input_size = input_size,
            hidden_size = hidden_size,
            num_layers = num_layers,
            batch_first = True,
        )
        self. out = nn. Linear( hidden_size, output_size)
    def forward(self, x):
```

```
            r_out, (h_n,h_c) = self.rnn(x,None)
            out = self.out(r_out[:, -1, :])
            return out
```

- input_size：输入 x 的特征数量（必要）。
- hidden_size：隐状态 h 中的特征数量（必要）。
- num_layers：RNN 的层数（必要）。
- bias：如果是 False，LSTM 层就不会使用偏置权重 b_ih 和 b_hh，默认为 True。
- batch_first：如果是 True，那么输入 Tensor 的 shape（改变…形状）应该是（batch，seq，feature），并且输出也是一样。
- dropout：如果值非零，那么除了最后一层外，LSTM 层的输出都会添加一个 Dropout 层。
- bidirectional：如果是 True，将会变成一个双向 LSTM，默认为 False。

9.2.4 GRU 单元

由于 LSTM 训练较慢的限制，门控循环单元（Gated Recurrent Unit，GRU）被提出用来改善这一限制。GRU 是 LSTM 的一种变体，它优化了 LSTM 的结构，加快了网络的训练速度，并且它在很多情况下和 LSTM 的表现相差无几，也可以很好地处理时间序列，解决梯度爆炸和梯度消失问题。GRU 的基本单元如图 9-4 所示。相比于 LSTM 的两个状态 c_t 和 h_t，GRU 只有一个隐状态 h_t。GRU 的优化在于将 LSTM 中的输入门和遗忘门合成为一个新的叫作更新门的门控单元，加上一个重置门，这便是 GRU 仅有的两个门控单元。

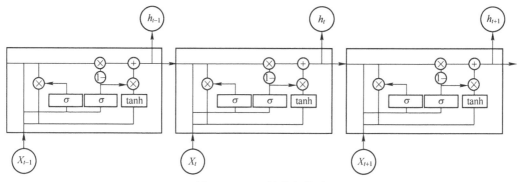

图 9-4　GRU 的基本单元

GRU 基本单元中的左半部分为重置门，重置门将当前时间步输入的数据 x_t 和上一时间步的隐状态 h_{t-1} 进行拼接，得到具有当前时刻状态的信息。

GRU 基本单元中的右半部分为更新门，更新门使用一个门控单元来完成 LSTM 多个门控单元的任务，即同时对信息进行遗忘和选择性的记忆，经过更新门后可得到当前时间步的隐状态 h_t。

【例 9-3】GRU 的参数配置和上述两个层是相似的，使用 Python 中的 PyTorch 包实现代码如下：

```
class GRU(nn.Module):
    def __init__(self, input_size, hidden_size, num_layers, output_size):
        super(GRU, self).__init__()
        self.rnn = nn.GRU(
            input_size = input_size,
```

```
                hidden_size=hidden_size,
                num_layers=num_layers,
                batch_first=True,
            )
            self.out = nn.Linear(hidden_size, output_size)
        def forward(self, x, h_state):
            r_out, h_state = self.rnn(x, h_state)
            out = self.out(r_out[:, -1, :])
            return out
```

9.3 案例应用

这里以高铁乘客预测、飞机乘客预测、温度预测为例，说明如何使用 LSTM、GRU 循环神经网络进行时间序列预测。

9.3.1 LSTM 预测 JetRail 高铁乘客

本节使用 JetRail 高铁通勤数据来分析序列问题。数据集包含从 2012 年 8 月 25 日到 2014 年 9 月 25 日，并每小时记录一次人数，共 18288 个数据。这个数据集可以到 https://gitee.com/kejian6/jet-rail/blob/master/jetrail_train.csv 下载 CSV 格式。

1. 数据描述

下载数据集后，在 Python 中使用 Pandas 包中的 read_csv() 方法导入数据，输出数据的大小可以得到数据长度为 18288，按照 8:2 的比例来划分训练集和测试集，使用 to_datatime() 方法按天来显示数据，使用 Matplotlib 包画图显示数据。

【例 9-4】 下面是数据前 5 行和后 5 行以及所有数据的显示（见图 9-5 和图 9-6）。使用代码如下：

```
#导入相关包
import numpy as np
import pandas as pd
import matplotlib.pyplot as plt

df = pd.read_csv('jetrail_train.csv')   #读取数据

#显示前 5 行
print('前 5 行数据为:\n',df[:5])
```

```
#显示后 5 行数据
print('后 5 行数据为:\n',df[-5:])
```

```
前5行数据为:
    ID          Datetime   Count
0   0   25-08-2012 00:00       8
1   1   25-08-2012 01:00       2
2   2   25-08-2012 02:00       6
3   3   25-08-2012 03:00       2
4   4   25-08-2012 04:00       2
```

图 9-5　前 5 行数据显示

```
后5行数据为:
          ID          Datetime   Count
18283  18283   25-09-2014 19:00     868
18284  18284   25-09-2014 20:00     732
18285  18285   25-09-2014 21:00     702
18286  18286   25-09-2014 22:00     580
18287  18287   25-09-2014 23:00     534
18288
```

图 9-6　后 5 行数据显示

所有的数据可视化显示，如图 9-7 所示。

```
print(len(df))    #打印数据的长度。

#数据集按照 0.2 来划分，训练集共有 14630 个数据
train = df[0:14630]
test = df[14630:]

#按照天数显示数据
df.Timestamp = pd.to_datetime(df.Datetime,format='%d-%m-%Y %H:%M')
df.index = df.Timestamp
df = df.resample('D').mean()
train.Timestamp = pd.to_datetime(train.Datetime,format='%d-%m-%Y %H:%M')
train.index = train.Timestamp
train = train.resample('D').mean()
test.Timestamp = pd.to_datetime(test.Datetime,format='%d-%m-%Y %H:%M')
test.index = test.Timestamp
test = test.resample('D').mean()

#可视化数据
train.Count.plot(figsize=(15,8), title= 'Daily Ridership', fontsize=14)
test.Count.plot(figsize=(15,8), title= 'Daily Ridership', fontsize=14)
plt.show()
```

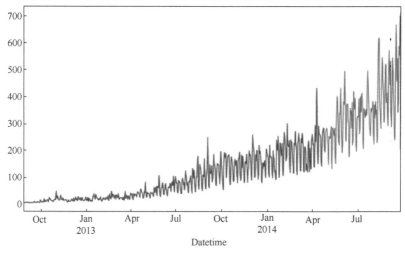

图 9-7　数据可视化显示

2. 准备数据

对数据集进行显示后，便可以对数据进行处理，使其能输入到模型当中，使用 sklearn 包中的 MinMaxScaler 方法对数据进行归一化，接下来构建数据集，按照上述 8:2 划分训练集和测试集，并按给定的时间步长生成数据。

【例 9-5】数据处理以及生成数据函数代码如下：

```
#处理数据，按照 look_back 天的数据预测下一天的数据
def create_dataset(dataset):
    dataX, dataY = [], []
    for i in range(len(dataset) - look_back -1):
        x = dataset[i: i + look_back, 0]
```

```
            dataX. append(x)
            y = dataset[i + look_back, 0]
            dataY. append(y)
            print('X:%s ,Y:%s'%(x, y))
        return np. array(dataX), np. array(dataY)
#读取数据
df = pd. read_csv("jetrail_train. csv", header=None, usecols=[2])
Jet_data =df. values[1:]. astype(float)
#最大最小归一化
scaler =MinMaxScaler(feature_range=(-1, 1))
Jet_dataset = scaler. fit_transform(Jet_data)

#划分数据集
train_data = Jet_dataset[0:14630, :]
test_data = Jet_dataset[14630:, :]

#创建 dataset
X_train, Y_train = create_dataset(train_data)
X_test, Y_test = create_dataset(test_data)
print(X_train. shape)
print(Y_train. shape)
#转换数据类型为 [样本,时间步长,特征]
X_train = np. reshape(X_train, (X_train. shape[0], X_train. shape[1], 1))
X_test = np. reshape(X_test, (X_test. shape[0], X_test. shape[1], 1))
Y_train = np. reshape(Y_train, (1, Y_train. shape[0], 1))
Y_test = np. reshape(Y_test, (Y_test. shape[0]))
```

3. 模型搭建

【例 9-6】使用 PyTorch 搭建 LSTM 模型，代码如下：

```
class lstm(nn. Module):
    def __init__(self, input_size=1, hidden_size=64, num_layers=1, output_size=1, dropout=0, batch_
first=True):    ##定义网络参数,输入维度为1,隐层为64,层数为1,输出维度为1
        super(lstm, self). __init__()
        self. hidden_size = hidden_size
        self. input_size = input_size
        self. num_layers = num_layers
        self. output_size = output_size
        self. dropout = dropout
        self. batch_first = batch_first
        self. rnn = nn. LSTM(input_size=self. input_size, hidden_size=self. hidden_size, num_layers=
self. num_layers, batch_first=self. batch_first, dropout=self. dropout)
        self. linear = nn. Linear(self. hidden_size, self. output_size)
    def forward(self, x):
        out, (hidden, cell) = self. rnn(x)    #x. shape : batch, seq_len, hidden_size, hn. shape and
cn. shape : num_layes * direction_numbers, batch, hidden_size
        out = self. linear(hidden)
        return out
```

4. 训练模型与结果显示

【例 9-7】模型搭建完毕后，输入处理好的数据对模型进行训练，最后使用训练好的模型
在测试集上进行测试，对结果进行反归一化处理，显示原本的数据，本节使用的完整代码如下

（执行代码，可以看到测试集上的数据趋势与实际的数据趋势基本一致）。预测结果如图 9-8 所示。

```python
#导入需要的包
import pandas as pd
import numpy as np
import torch
import torch.nn as nn
import warnings
warnings.filterwarnings("ignore")
import seaborn as sns
import matplotlib.pyplot as plt
import json
from sklearn.preprocessing import MinMaxScaler
from torch.autograd import Variable
from torch.utils.data import DataLoader, Dataset


look_back = 16    #用前16天的预测后一天的
batch_size = 1
#定义数据集函数
def create_dataset(dataset):
    dataX, dataY = [], []
    for i in range(len(dataset) - look_back -1):
        x = dataset[i: i + look_back, 0]
        dataX.append(x)
        y = dataset[i + look_back, 0]
        dataY.append(y)
        print('X:%s ,Y:%s'%(x, y))
    return np.array(dataX), np.array(dataY)


#读取数据
df = pd.read_csv("jetrail_train.csv", header=None, usecols=[2])
Jet_data = df.values[1:].astype(float)
#最大最小归一化
scaler = MinMaxScaler(feature_range=(-1, 1))
Jet_dataset = scaler.fit_transform(Jet_data)


#划分数据集
train_data = Jet_dataset[0:14630, :]
test_data = Jet_dataset[14630:, :]


#创建 dataset
X_train, Y_train = create_dataset(train_data)
X_test, Y_test = create_dataset(test_data)
print(X_train.shape)
print(Y_train.shape)
#转换数据类型为 [样本,时间步长,特征]
X_train = np.reshape(X_train, (X_train.shape[0], X_train.shape[1], 1))
X_test = np.reshape(X_test, (X_test.shape[0], X_test.shape[1], 1))
Y_train = np.reshape(Y_train, (1, Y_train.shape[0], 1))
Y_test = np.reshape(Y_test, (Y_test.shape[0]))
#使用 GPU 加速训练
device = torch.device("cuda" if torch.cuda.is_available() else "cpu")
```

```python
x = torch.from_numpy(X_train)
y = torch.from_numpy(Y_train)
x1 = torch.from_numpy(X_test)
print(X_train.shape)
print(x.shape)
#定义模型
class lstm(nn.Module):
    def __init__(self, input_size=1, hidden_size=64, num_layers=1, output_size=1, dropout=0, batch_first=True):   #定义网络参数,输入维度为1,隐层为64,层数为1,输出维度为1
        super(lstm, self).__init__()
        #LSTM 的输入 #batch,seq_len,input_size
        self.hidden_size = hidden_size
        self.input_size = input_size
        self.num_layers = num_layers
        self.output_size = output_size
        self.dropout = dropout
        self.batch_first = batch_first
        self.rnn = nn.LSTM(input_size=self.input_size, hidden_size=self.hidden_size, num_layers=self.num_layers, batch_first=self.batch_first, dropout=self.dropout)
        self.linear = nn.Linear(self.hidden_size, self.output_size)
    def forward(self, x):   #前馈传播
        out, (hidden, cell) = self.rnn(x)
        out = self.linear(hidden)
        return out
device = torch.device("cuda:0" if torch.cuda.is_available() else "cpu")
print(device)
model = lstm().to(device)
#定义损失函数和优化器,损失函数选用 MSE,优化器选用 Adam,初始学习率为 0.001
loss_function = nn.MSELoss()
optimizer = torch.optim.Adam(model.parameters(), lr=0.001)
print(model)


#训练模型,训练轮数为 1500
epochs = 1500
for i in range(epochs):
    inputs = Variable(x)
    pred = model(inputs.float().to(device))
    label = Variable(y).float()
    loss = loss_function(pred, label.float().to(device))   #MSE 损失
    loss.backward()
    optimizer.step()
    optimizer.zero_grad()   #梯度清零
    print(f'epoch: {i:3} loss: {loss.item():10.8f}')   #输出损失
torch.save(model, 'JetRail.pth')                           #保存模型
#预测
#model = torch.load('JetRail.pth')
model = model.eval()
predictions = model(x1.float().to(device))
print(predictions.shape)
pre = predictions.detach().cpu().numpy()                   #预测
print(pre.shape)
#将预测数据和真实数据反归一化,显示真实结果
```

213

```
actual_predictions = scaler. inverse_transform( np. array( pre). reshape( -1, 1))
actual_test = scaler. inverse_transform( np. array( Y_test). reshape( -1, 1))
print( actual_test)
print( actual_predictions)
#可视化显示结果
plt. figure( figsize = (14,8))
plt. title('JetRail prediction')
plt. ylabel('Count')
plt. grid( True)
plt. autoscale( axis='x', tight=True)
plt. plot( actual_test,color = 'red', label='Real Count')
plt. plot( actual_predictions, color = 'blue', label = 'Prediction Count')
plt. legend( )
plt. savefig('JetRail-LSTM. png')    #将结果保存
plt. show( )
```

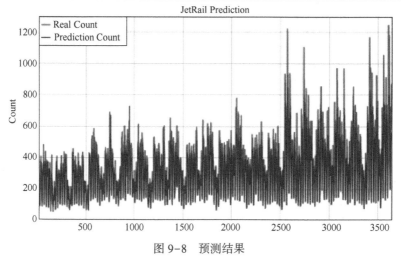

图 9-8　预测结果

📖 思考:

1. 将 LSTM 改为 GRU 进行实验。

2. 更改 LSTM 参数进行实验,观察并总结各个参数的改变对结果和训练时间的影响。

3. 将 LSTM 改为 BiLSTM,观察区别。

9.3.2　GRU 预测飞机乘客

本节使用飞机乘客数据来分析序列问题。数据集包含从 1949 年 1 月到 1960 年 12 月,并每个月记录一次人数,共 144 个数据。这个数据集可以到 https://gitee. com/kejian6/jet-rail/blob/master/flights. csv 下载 CSV 格式。

1. 数据描述

下载数据集后,在 Python 中使用 Pandas 包中的 read_csv( )方法导入数据,输出数据的大小可以得到数据长度为 144,按照 7∶3 来划分训练集和测试集,使用 to_datatime( )方法按天来显示数据,使用 Matplotlib 包画图显示数据。

【例 9-8】下面是数据前 5 行和后 5 行以及所有数据的显示(见图 9-9 和图 9-10)。使用代码如下，结果如图 9-11 所示。

```
#读取数据
df = pd. read_csv('flights. csv',usecols = [2])
#显示前 5 行数据
print('前 5 行数据为:\n',df[:5])
```

```
#显示后 5 行数据
print('后 5 行数据为:\n',df[-5:])
```

前5行数据为:

	passengers
0	112
1	118
2	132
3	129
4	121

图 9-9　前 5 行数据显示

后5行数据为:

	passengers
139	606
140	508
141	461
142	390
143	432
144	

图 9-10　后 5 行数据显示

```
#所有的数据可视化显示
print(len(df))    #打印数据长度
#划分训练集和测试集
train = df[0:100]
test = df[100:]
#可视化数据
plt. plot(train,color = 'red')
plt. plot(test, color = 'green')
plt. show()
```

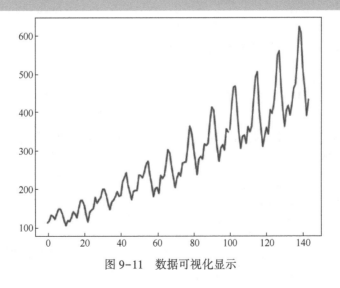

图 9-11　数据可视化显示

2. 准备数据

对数据集进行显示后，便可以对数据进行处理，使其能输入到模型当中，使用 sklearn 包中的 MinMaxScaler 方法对数据进行归一化，接下来构建数据集，按照上述 7:3 划分训练集和测试集，并按给定的时间步长生成数据。

【例 9-9】数据处理以及生成数据函数代码如下：

215

```python
#定义数据集函数,使用前 look_back 天预测后一天的数据
def create_dataset(dataset):
    dataX, dataY = [], []
    for i in range(len(dataset) - look_back -1):
        x = dataset[i: i + look_back, 0]
        dataX.append(x)
        y = dataset[i + look_back, 0]
        dataY.append(y)
        print('X:%s ,Y:%s'%(x, y))
    return np.array(dataX), np.array(dataY)
#读取数据
df = pd.read_csv("flights.csv", header=None, usecols=[2])
passenger_data = df.values[1:].astype(float)
#最大最小归一化
scaler = MinMaxScaler(feature_range=(-1, 1))
passenger_dataset = scaler.fit_transform(passenger_data)
#划分数据集
train_data = passenger_dataset[0:100, :]
test_data = passenger_dataset[100:, :]
#创建 dataset
X_train, Y_train = create_dataset(train_data)
X_test, Y_test = create_dataset(test_data)
print(X_train.shape)
print(Y_train.shape)
#转换数据类型为[样本,时间步长,特征]
X_train = np.reshape(X_train, (X_train.shape[0], X_train.shape[1], 1))
X_test = np.reshape(X_test, (X_test.shape[0], X_test.shape[1], 1))
Y_train = np.reshape(Y_train, (Y_train.shape[0], 1))
Y_test = np.reshape(Y_test, (Y_test.shape[0]))
```

3. 模型搭建

【例 9-10】 使用 PyTorch 搭建 GRU 模型,代码如下:

```python
class gru(nn.Module):
    def __init__(self, input_size=1, hidden_size=64, num_layers=2, output_size=1, dropout=0, batch_first=True):   #定义网络参数,输入维度为1,隐层为64,层数为2,输出维度为1
        super(gru, self).__init__()
        #LSTM 的输入 #batch,seq_len, input_size    如果 batch_first 为 True 则输入为这个参数
        self.hidden_size = hidden_size
        self.input_size = input_size
        self.num_layers = num_layers
        self.output_size = output_size
        self.dropout = dropout
        self.batch_first = batch_first
        self.rnn = nn.GRU(input_size=self.input_size, hidden_size=self.hidden_size, num_layers=self.num_layers, batch_first=self.batch_first, dropout=self.dropout)
        self.linear = nn.Linear(self.hidden_size, self.output_size)
    def forward(self, x, h_state):
        r_out, h_state = self.rnn(x, h_state)   # x.shape : batch, seq_len, hidden_size , hn.shape and cn.shape : num_layes * direction_numbers, batch, hidden_size
        out = self.linear(r_out[:, -1, :])
        return out, h_state
```

4. 训练模型与结果显示

【例9-11】模型搭建完毕后，输入处理好的数据对模型进行训练，最后使用训练好的模型在测试集上进行测试，对结果进行反归一化处理，显示原本的数据，本节使用的完整代码如下：

```
#导入使用到的包
import pandas as pd
import numpy as np
import torch
import torch. nn as nn
import warnings
warnings. filterwarnings("ignore")
import seaborn as sns
import matplotlib. pyplot as plt
import json
from sklearn. preprocessing import MinMaxScaler
from torch. autograd import Variable
from torch. utils. data import DataLoader,Dataset
look_back = 3    #用前3天的预测后一天的
batch_size = 1
#定义数据集函数,使用前 look_back 天预测后一天的数据
def create_dataset(dataset):
    dataX, dataY = [], []
    for i in range(len(dataset) - look_back -1):
        x = dataset[i: i + look_back, 0]
        dataX. append(x)
        y = dataset[i + look_back, 0]
        dataY. append(y)
        print('X:%s ,Y:%s'%(x, y))
    return np. array(dataX), np. array(dataY)
#对数据进行处理
df = pd. read_csv("flights. csv", header=None,usecols=[2])
Flights_data =df. values[1:]. astype(float)
#最大最小归一化
scaler =MinMaxScaler(feature_range=(-1, 1))
Flights_dataset = scaler. fit_transform(Flights_data)
#划分数据集
train_data = Flights_dataset[0:100, :]
test_data = Flights_dataset[100:, :]


#创建 dataset
X_train, Y_train = create_dataset(train_data)
X_test, Y_test = create_dataset(test_data)
print(X_train. shape)
print(Y_train. shape)
#转换数据类型为 [样本,时间步长,特征]
X_train = np. reshape(X_train, (X_train. shape[0] , X_train. shape[1], 1))
X_test = np. reshape(X_test, (X_test. shape[0], X_test. shape[1], 1))
Y_train = np. reshape(Y_train, (Y_train. shape[0], 1))
Y_test = np. reshape(Y_test, (Y_test. shape[0]))
device = torch. device("cuda" if torch. cuda. is_available() else "cpu")
x = torch. from_numpy(X_train)
```

```python
y = torch.from_numpy(Y_train)
x1 = torch.from_numpy(X_test)
print(X_train.shape)
print(x.shape)
#定义模型
class gru(nn.Module):

    def __init__(self, input_size=1, hidden_size=64, num_layers=2, output_size=1, dropout=0, batch_
first=True): #定义网络参数,输入维度为1,隐层为64,层数为2,输出维度为1
        super(gru, self).__init__()
        #LSTM 的输入 #batch, seq_len, input_size    如果 batch_first 为 True 则输入为这个参数
        self.hidden_size = hidden_size
        self.input_size = input_size
        self.num_layers = num_layers
        self.output_size = output_size
        self.dropout = dropout
        self.batch_first = batch_first
        self.rnn = nn.GRU(input_size=self.input_size, hidden_size=self.hidden_size, num_layers=
self.num_layers, batch_first=self.batch_first, dropout=self.dropout)
        self.linear = nn.Linear(self.hidden_size, self.output_size)
    def forward(self, x, h_state):
        r_out, h_state = self.rnn(x, h_state)   # x.shape : batch, seq_len, hidden_size , hn.shape and
cn.shape : num_layes * direction_numbers, batch, hidden_size
        out = self.linear(r_out[:, -1, :])
        return out, h_state
device = torch.device("cuda:0" if torch.cuda.is_available() else "cpu")
print(device)
model = gru().to(device)
#model
#定义损失函数和优化器,损失函数选用 MSE,优化器选用 Adam,初始学习率为 0.001
loss_function = nn.MSELoss()
optimizer = torch.optim.Adam(model.parameters(), lr=0.001)
print(model)
#训练模型,训练轮数为 1000
epochs = 1000
h_state = None   #初始化 hidden state
for i in range(epochs):
    inputs = Variable(x)
    pred, h_state = model(inputs.float().to(device), h_state)
    label = Variable(y).float()
    h_state = h_state.data
    loss = loss_function(pred, label.float().to(device)) #通过损失函数计算损失
    loss.backward()
    optimizer.step()
    optimizer.zero_grad()   #梯度清零
    print(f'epoch: {i:3}  loss: {loss.item():10.8f}')    #输出损失
predict_train = pred
predict_train = predict_train.detach().cpu().numpy()
actual_train = Y_train
torch.save(model, 'passengers.pth')   #保存模型
#预测
#model = torch.load('passengers.pth')
model = model.eval()
```

```
h_state = None
predictions, h_state = model(x1.float().to(device), h_state)
print(predictions.shape)
pre = predictions.detach().cpu().numpy()
print(pre.shape)
#将预测数据和真实数据反归一化,显示真实结果
predict_train = scaler.inverse_transform(np.array(predict_train).reshape(-1, 1))
#actual_train = scaler.inverse_transform(np.array(actual_train).reshape(-1, 1))
actual_predictions = scaler.inverse_transform(np.array(pre).reshape(-1, 1))
#actual_test = scaler.inverse_transform(np.array(Y_test).reshape(-1, 1))
Flights_dataset = scaler.inverse_transform(np.array(Flights_dataset).reshape(-1, 1))
#print(actual_test)
print(actual_predictions)
predict_train_plot = np.empty_like(Flights _dataset)
predict_train_plot[:, :] = np.nan
predict_train_plot[look_back: len(predict_train) + look_back , :] = predict_train
predict_test_plot = np.empty_like(Flights _dataset)
predict_test_plot[:, :] = np.nan
predict_test_plot[len(predict_train) +look_back * 2 +1: len(Flights_dataset) -1, :] = actual_predictions
#可视化显示结果
plt.figure(figsize=(14,8))
plt.title('Passengers prediction')
plt.ylabel('Count')
plt.grid(True)
plt.autoscale(axis='x', tight=True)
plt.plot(Flights_dataset,color = 'red', label='Real Passenger')
plt.plot(predict_train_plot,color = 'green', label = 'Prediction Train Passenger')
plt.plot(predict_test_plot, color = 'blue', label = 'Prediction Passenger')
plt.legend()
plt.savefig('passengers-GRU.png')    #保存结果
plt.show()
```

执行代码,可以看到测试集上的数据趋势与实际的数据趋势基本一致,如图 9-12 所示。

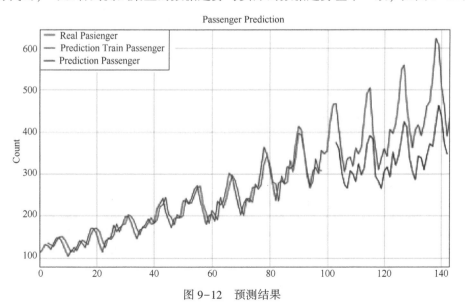

图 9-12　预测结果

思考：

1. 将 GRU 改为 LSTM 进行实验。

2. 更改 GRU 参数进行实验，观察并总结各个参数的改变对结果和训练时间的影响。

3. 将 GRU 改为 BiGRU，观察区别。

9.3.3 LSTM 预测温度

我们平时看的天气预报可以预测未来几天的天气情况，所以本节使用 2009_ena_climate_ 2009_2016 耶拿天气数据来分析时间序列的问题。该数据集包含从 2009 到 2016 年的数据，共 15 列，用 14 个特征预测未来一天的温度。这个数据集可以到 https://s3. amazonaws. com/keras‑ datasets/jena_climate_2009_2016. csv. zip 下载 Zip 格式。

1. 数据描述

下载数据集后，用 Pandas 包中的 read. csv( )方法读入数据，输出数据的值，以及每列所代表的意义，输出后是 420552 行，15 列。

【例 9‑12】下面显示前 5 行的数据，并使用 Matplotlib 包对数据可视化。使用代码如下，结果如图 9‑13 所示。

```
#导入相关的包
import pandas as pd
import numpy as np
import matplotlib. pyplot as plt
import os
#读取数据
df = pd. read_csv('./data/jena_climate_2009_2016. csv')
print('前 5 行数据为:\n',df[ :5])
```

```
前5行数据为:
          Date Time  p (mbar)  T (degC) ...  wv (m/s)  max. wv (m/s)  wd (deg)
0  01.01.2009 00:10:00   996.52    -8.02  ...    1.03        1.75      152.3
1  01.01.2009 00:20:00   996.57    -8.41  ...    0.72        1.50      136.1
2  01.01.2009 00:30:00   996.53    -8.51  ...    0.19        0.63      171.6
3  01.01.2009 00:40:00   996.51    -8.31  ...    0.34        0.50      198.0
4  01.01.2009 00:50:00   996.51    -8.27  ...    0.32        0.63      214.3
```

图 9‑13　前 5 行数据显示

显示后 5 行数据，结果如图 9‑14 所示。

```
print('后 5 行数据为:\n',df[ -5: ])
```

```
后5行数据为:
                Date Time  p (mbar) ...  max. wv (m/s)  wd (deg)
420546  31.12.2016 23:20:00  1000.07  ...      1.52      240.0
420547  31.12.2016 23:30:00   999.93  ...      1.92      234.3
420548  31.12.2016 23:40:00   999.82  ...      2.00      215.2
420549  31.12.2016 23:50:00   999.81  ...      2.16      225.8
420550  01.01.2017 00:00:00   999.82  ...      1.96      184.9
```

图 9‑14　后 5 行数据显示

```
#所有数据可视化显示
path = './data/jena_climate_2009_2016.csv'
f = open(path)
df = f.read()
f.close()
lines = df.split('\n')
header = lines[0].split(',')
lines = lines[1:]
float_data = np.zeros((len(lines),len(header) - 1))
#读取温度的列数据
for i, line in enumerate(lines):
    values = [float(x) for x in line.split(',')[1:]]
    float_data[i, :] = values
temp = float_data[:, 1]
plt.plot(range(len(temp)), temp)  #显示温度数据
plt.show()
```

数据可视化结果如图 9-15 所示。

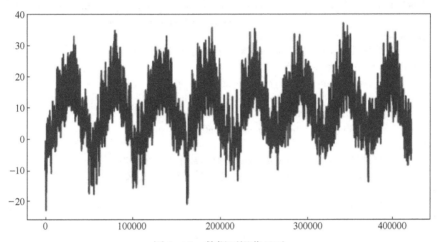

图 9-15 数据可视化显示

2. 数据处理

数据分析的好坏,对数据处理的过程非常重要。首先要熟悉这个数据集,知道每列代表的是什么意义,然后对数据做处理:用 np.mean() 和 np.std() 方法得到数据的均值和方差,再用 (data−mean)/std() 进行标准化处理,紧接着划分训练集、验证集并打乱,测试集中每 time_step 行数据会作为一个样本,比如:1~20 行,21~40 行,…,直到数据末尾。

【例 9-13】数据预处理具体代码如下:

```
class Data:
    def __init__(self, config):
        self.config = config
        self.data, self.data_column_name = self.read_data()
        self.data_num = self.data.shape[0]
        self.train_num = int(self.data_num * self.config.train_data_rate)
        #数据的均值和方差
        self.mean = np.mean(self.data, axis=0)
```

```python
        self.std = np.std(self.data, axis=0)
        #归一化，去量纲
        self.norm_data = (self.data - self.mean)/self.std
        #测试集中前几天的数据不进行预测，因为它不够一个 time_step
        self.start_num_in_test = 0
    #读取初始数据
    def read_data(self):
        if self.config.debug_mode:
            init_data = pd.read_csv(self.config.train_data_path, nrows=self.config.debug_num,
                                    usecols=self.config.feature_columns)
        else:
            init_data = pd.read_csv(self.config.train_data_path, usecols=self.config.feature_columns)
        #.columns.tolist() 是获取列名
        return init_data.values, init_data.columns.tolist()
    #获取训练和验证集
    def get_train_and_valid_data(self):
        feature_data = self.norm_data[:self.train_num]
        #将延后几天的数据作为预测目标
        label_data = self.norm_data[self.config.predict_day : self.config.predict_day + self.train_num,
                                    self.config.label_in_feature_index]
        if not self.config.do_continue_train:
            #在非连续训练模式下，每 time_step 行数据会作为一个样本
            #比如：1-20 行，2-21 行
            train_x = [feature_data[i:i+self.config.time_step] for i in
                       range(self.train_num-self.config.time_step)]
            train_y = [label_data[i:i+self.config.time_step] for i in
                       range(self.train_num-self.config.time_step)]
        else:
            #在连续训练模式下，每 time_step 行数据会作为一个样本
            #比如：1-20 行，21-40 行…，直到数据末尾，然后又是 2-21 行，22-41 行直到数据末
尾，……
            #这样才可以把上一个样本的 final_state 作为下一个样本的 init_state，而且不能进行 shuffle
（将所有元素随机排序）操作
            train_x = [feature_data[start_index + i * self.config.time_step : start_index +
                       (i+1) * self.config.time_step]
                       for start_index in range(self.config.time_step)
                       for i in range((self.train_num - start_index) // self.config.time_step)]
            train_y = [label_data[start_index + i * self.config.time_step : start_index +
                       (i+1) * self.config.time_step]
                       for start_index in range(self.config.time_step)
                       for i in range((self.train_num - start_index) // self.config.time_step)]
        train_x, train_y = np.array(train_x), np.array(train_y)
    #划分训练和验证集，并打乱
    train_x, valid_x, train_y, valid_y = train_test_split(train_x, train_y,
                                        test_size=self.config.valid_data_rate,
                                        random_state=self.config.random_seed,
                                        shuffle=self.config.shuffle_train_data)
    return train_x, valid_x, train_y, valid_y
    #获取测试集
    def get_test_data(self, return_label_data=False):
        feature_data = self.norm_data[self.train_num:]
        #防止 time_step 大于测试集数量
```

222

```
            sample_interval = min(feature_data. shape[0], self. config. time_step)
            #这些天的数据不够一个 sample_interval
            self. start_num_in_test = feature_data. shape[0] % sample_interval
            time_step_size = feature_data. shape[0] // sample_interval
            test_x = [feature_data[self. start_num_in_test+i * sample_interval :
                    self. start_num_in_test+(i+1) * sample_interval] for i in range(time_step_size)]
            #实际应用中的测试集是没有 label 数据的
            if return_label_data:
                label_data = self. norm_data[self. train_num + self. start_num_in_test:,
                        self. config. label_in_feature_index]
                return np. array(test_x), label_data
        return np. array(test_x)
```

3. 模型搭建

【例 9-14】使用 PyTorch 模型，进行模型的搭建，包括 LSTM 时序预测层和 Linear 回归输出层。

```
class Net(Module):
    def __init__(self, config):
        super(Net, self). __init__()
        #增加 LSTM 层
        self. lstm = LSTM(input_size=config. input_size, hidden_size=config. hidden_size,
                        num_layers=config. lstm_layers, batch_first=True, dropout=config. dropout_rate)
        #增加 Linear 层
        self. linear = Linear(in_features=config. hidden_size, out_features=config. output_size)
    def forward(self, x, hidden=None):
        lstm_out, hidden = self. lstm(x, hidden)
        linear_out = self. linear(lstm_out)
        return linear_out, hidden
```

4. 训练模型和预测结果

在训练模型之前，要把数据先转化为 Tensor 可以输入的形式。

【例 9-15】用 14 个特征预测未来一天的 T(degC)，下面是训练的代码和预测效果：

```
def train(config, logger, train_and_valid_data):
    if config. do_train_visualized:
        #导入可视化包
        import visdom
        vis = visdom. Visdom(env='model_pytorch')
    #定义训练集和验证集
    train_X, train_Y, valid_X, valid_Y = train_and_valid_data
    #将训练集数据转为 Tensor
    train_X, train_Y = torch. from_numpy(train_X). float(), torch. from_numpy(train_Y). float()
    #DataLoader 可自动生成可训练的 batch 数据
    train_loader = DataLoader(TensorDataset(train_X, train_Y), batch_size=config. batch_size)
    #将验证集数据转化为 Tensor
    valid_X, valid_Y = torch. from_numpy(valid_X). float(), torch. from_numpy(valid_Y). float()
    valid_loader = DataLoader(TensorDataset(valid_X, valid_Y), batch_size=config. batch_size)
    #是 CPU 训练还是 GPU
    device = torch. device("cuda:0" if config. use_cuda and torch. cuda. is_available() else "cpu")
    model = Net(config). to(device)
```

```python
#如果是增量训练,会先加载原模型参数
if config. add_train:
        model. load_state_dict( torch. load( config. model_save_path + config. model_name) )
#优化器使用 Adam,学习率初始化为 learning_rate
optimizer = torch. optim. Adam( model. parameters( ), lr = config. learning_rate)
#损失函数使用 MSE
criterion = torch. nn. MSELoss( )
#初始化损失最小值
valid_loss_min = float( "inf" )
bad_epoch = 0
global_step = 0
for epoch in range( config. epoch) :
    logger. info( "Epoch {}/{}". format( epoch, config. epoch) )
    #PyTorch 中,训练时要转换成训练模式
    model. train( )
    train_loss_array = [ ]
    hidden_train = None
    for i, _data in enumerate( train_loader) :
        _train_X, _train_Y = _data[ 0]. to( device) ,_data[ 1]. to( device)
        #训练前要将梯度信息置 0
        optimizer. zero_grad( )
        #这里用的就是前向计算 forward 函数
        pred_Y, hidden_train = model( _train_X, hidden_train)
        if not config. do_continue_train:
                #如果非连续训练,把 hidden 重置即可
                hidden_train = None
        else:
            h_0, c_0 = hidden_train
            #去掉梯度信息
            h_0. detach_( ), c_0. detach_( )
            hidden_train = ( h_0, c_0)
        #计算 loss
        loss = criterion( pred_Y, _train_Y)
        #将 loss 反向传播
        loss. backward( )
        #用优化器更新参数
        optimizer. step( )
        train_loss_array. append( loss. item( ) )
        global_step += 1
        #每 100 步显示一次
        if config. do_train_visualized and global_step % 100 == 0:
            vis. line( X = np. array( [ global_step] ), Y = np. array( [ loss. item( ) ] ), win = 'Train_Loss',
                    update = 'append' if global_step > 0 else None, name = 'Train',
                    opts = dict( showlegend = True) )
    #预测
    model. eval( )
    valid_loss_array = [ ]
    hidden_valid = None
    #验证具体过程
```

```
for _valid_X, _valid_Y in valid_loader:
    _valid_X, _valid_Y = _valid_X. to( device) , _valid_Y. to( device)
    pred_Y, hidden_valid = model(_valid_X, hidden_valid)
    if not config. do_continue_train: hidden_valid = None
    #验证过程只有前向计算,无反向传播过程
    loss = criterion( pred_Y, _valid_Y)
    valid_loss_array. append( loss. item( ) )
#训练集损失的平均值
train_loss_cur = np. mean( train_loss_array)
#验证集损失的平均值
valid_loss_cur = np. mean( valid_loss_array)
logger. info( "The train loss is {:. 6f}. ". format( train_loss_cur) +
        "The valid loss is {:. 6f}. ". format( valid_loss_cur) )
#第一个 train_loss_cur 太大,导致没有显示在 visdom 中
if config. do_train_visualized:
    vis. line( X=np. array( [ epoch] ) , Y=np. array( [ train_loss_cur] ) , win='Epoch_Loss',
            update='append' if epoch > 0 else None, name='Train',
            opts=dict( showlegend=True) )
    vis. line( X=np. array( [ epoch] ) , Y=np. array( [ valid_loss_cur] ) , win='Epoch_Loss',
            update='append' if epoch > 0 else None, name='Eval',
            opts=dict( showlegend=True) )
#验证集损失的平均值小于最小值,那么将平均值赋给最小值
if valid_loss_cur < valid_loss_min:
    valid_loss_min = valid_loss_cur
    bad_epoch = 0
    #模型保存
    torch. save( model. state_dict( ) , config. model_save_path + config. model_name)
else:
    bad_epoch += 1
    #如果验证集指标连续 patience 个 epoch 没有提升,就停止训练
    if bad_epoch >= config. patience:
        logger. info( " The training stops early in epoch {}". format( epoch) )
        break
```

执行代码后, 预测结果如图 9-16 所示。

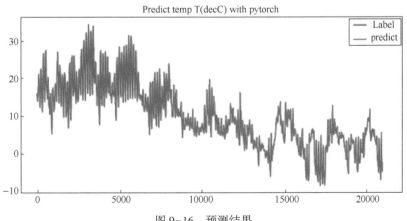

图 9-16 预测结果

习题和作业

1. 将任意一个例子中模型定义的 First_BATCH 更换为 False，调试代码，观察与分析 True 时的区别。

2. 将预测 JetRail 高铁乘客例子中使用的 LSTM 模型更改为 GRU，并比较训练时间。

3. 将预测飞机乘客例子中的模型改变成为双向 GRU 模型，观察和分析与 GRU 的区别。

4. 搭建一个循环神经网络，分别进行正弦函数 $\sin5x$ 和余弦函数 $\cos(3x)+\cos(10x)$ 的拟合。

5. 搭建一个循环神经网络，完成在 MNIST 手写数据集上的分类任务，数据集可以到 yann. lecun. com/exdb/mnist/下载。

第10章　综合案例

在本章中，介绍了两个案例，分别为人脸识别系统和 PM2.5 预测系统。首先分析了两个案例的应用背景，然后选择了相应的实现算法，其中人脸识别算法基于 OpenCV 中的 Haar 特征分类器，PM2.5 预测算法基于长短期记忆网络，最后分别为人脸识别和 PM2.5 预测设计了简单的人机交互。

本章学习目标

❖ 了解人脸识别
❖ 理解 Python 数据分析项目主要步骤
❖ 能够利用 OpenCV 进行人脸识别

10.1　人脸识别系统

人脸是一个常见而复杂的视觉模式，人脸所反映的视觉信息在人们的交往中有着重要的作用和意义。对人脸进行处理和分析在视频监控、出入口控制、视频会议以及人机交互等领域有着广泛的应用前景。人脸的处理和分析包括人脸识别、人脸跟踪、姿势估计和表情识别等，其中人脸识别是所有人脸信息处理中关键的第一步，近年来成为模式识别和计算机视觉领域内一个受到普遍重视、研究十分活跃的课题。

本节中将针对人脸识别任务，使用 OpenCV 包设计实现一个人脸识别系统，主要的功能为使用摄像头获取视频，在实时的视频中检测出人脸，对人脸进行识别。人脸识别功能使用的是 Haar 特征分类器，Haar 特征分类器在 OpenCV 中是一个 XML 文件，该文件中有描述人脸的 Haar 特征值，人脸识别使用的是 haarcascade_frontalface_default 分类器，使用基于 LBP 算法的 LBPHFaceRecognizer 人脸识别模型。

人脸识别的流程为：先收集需要识别的人脸信息，然后使用人脸信息训练人脸分类器，最后进行人脸识别，下面将围绕这三步进行人脸识别系统进行设计实现。

10.1.1　人脸数据收集

收集人脸信息是所有人脸识别方法中不可或缺的关键一步，在这个过程中需要使用摄像头进行人脸收集，在收集人脸时，必需保存人脸对应的人员身份信息，人员身份信息包括 id 和姓名，保存在文件 people_list.pkl 中。收集的过程如例 10-1 facecollecter.py 中的函数 collect_face_data( )所示，首先查看当前目录下是否有 people_list.pkl 文件，有则读取，没有则新建，再调用摄像头资源，加载检测人脸的分类器，准备完毕后即可输入人员身份信息，输入完成后对摄像头中读取图片，在图片中检测出人脸后，将人脸图片切割出来，并将其保存到 Face_data 文件夹中，收集完毕后会自动关闭窗口。

【例 10-1】人脸数据收集。

```python
import os
import cv2
import pandas as pd

def collect_face_data( ):
    #判断当前目录下是否存有名单,没有则创建
    if os. path. exists( r'people_list. pkl'):
        people_list = pd. read_pickle( r'people_list. pkl')
    else:
        people_list = pd. DataFrame( {'id': [ ], 'name': [ ]} )
    #调用笔记本计算机内置摄像头,所有参数为0,如果有其他的摄像头可以调整参数为1,2
    cap = cv2. VideoCapture( 0)
    #字体设置
    font = cv2. FONT_HERSHEY_COMPLEX
    #加载分类器,该类中封装的目标检测机制是晃动窗口机制+级联分类器的方式
    face_detector = cv2. CascadeClassifier(
        r'C:\Users\llh\Anaconda3\envs\py36\Lib\site-packages\cv2\data' +
        '\haarcascade_frontalface_default. xml')
    print('输入想增加的人脸及信息,输入 esc 停止录入')
    face_id = input('\n enter id:')
    face_name = input('\n enter name:')
    new_people = pd. DataFrame( {'id': [ face_id], 'name': [ face_name]} )
    people_list = people_list. append( new_people)
    print('\n 正在收集人脸信息,请注视摄像头......')
    count = 0
    while True:
        #从摄像头读取图片
        success, img = cap. read( )
        #转为灰度图片
        gray = cv2. cvtColor( img, cv2. COLOR_BGR2GRAY)
        #检测人脸
        faces = face_detector. detectMultiScale( gray, 1. 3, 5)
        for ( x, y, w, h) in faces:
            cv2. rectangle( img, ( x, y), ( x + w, y + w), ( 255, 0, 0), 2)
            cv2. putText( img, str( count + 1) + ' faces collected' + ", ( x, y), font, 0. 8, ( 139, 139, 0), 2)
            count += 1
            #保存图像
            ok = cv2. imwrite(
                r" C:/Users/llh/PycharmProjects/example_in_book/Face_detection/Facedate/User. " + str(
                    face_id) + '. ' + str(
                    count) + '. jpg', gray[ y: y + h, x: x + w])
            cv2. imshow('image', img)
        #保持画面的持续
        k = cv2. waitKey( 1)
        if k == 27:   #通过 esc 键退出摄像
            print('正在退出......')
            break
        elif count >= 500:   #得到 1000 个样本后退出摄像
            print('收集完毕,正在退出......')
            break
    #保存修改或新增的名单
    people_list. to_pickle( r'people_list. pkl')
```

```
#关闭摄像头
cap. release( )
cv2. destroyAllWindows( )


if __name__ == '__main__':
    collect_face_data( )
```

　　输入人员身份信息的交互如图 10-1 所示,输入 id 和 name 就可以开始采集人脸;采集人脸的过程如图 10-2 所示,采集过程中会显示已收集多少张人脸信息;采集完成后,在 Facedata 中会存储采集到的人脸图片如图 10-3 所示,图片名由 id 和照片的序号构成。

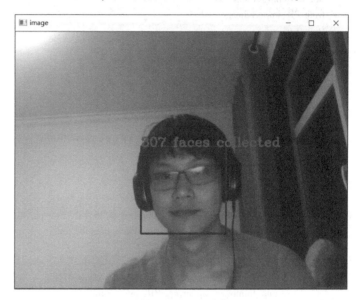

输入想增加的人脸及信息

enter id:*10001*

enter name:*llh*

正在收集人脸信息,请注视摄像头......

图 10-1　输入人员身份信息　　　　　　　　　图 10-2　人脸采集

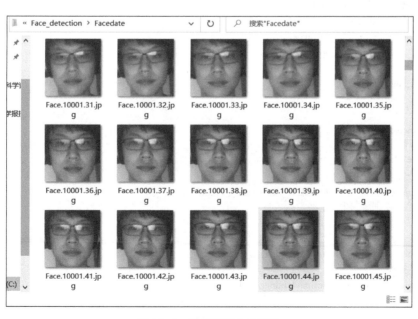

图 10-3　采集到的人脸图片

10.1.2 训练人脸分类器

收集完人脸后就可以开始训练人脸分类器，训练人脸分类器的过程如例 10-2 facerecognizer. py 所示，训练人脸分类器主要分为两步，第一步加载人脸信息，使用了上一小节中收集的人脸图片，使用 haar 分类器检测出图片中的人脸，从图片名中读取到对应人脸的 id，第二步就是使用加载的人脸和 id 进行训练了。训练环节中输出的信息如图 10-4 所示，可以显示有多少人脸参与训练。

【例 10-2】 训练人脸分类器的过程。

```python
import numpy as np
from PIL import Image
import os
import cv2


#获取人脸和对应的 id
def get_face_and_id(path):
    #获取所有人脸图片的路径
    imagePaths = [os.path.join(path, f) for f in os.listdir(path)]
    faceSamples = []
    ids = []
    #获取用于人脸检测的 haar 分类器
    detector = cv2.CascadeClassifier(
        r'C:\\Users\llh\Anaconda3\envs\py36\Lib\site-packages' +
        '\cv2\data\haarcascade_frontalface_default.xml')
    for imagePath in imagePaths:
        #转化为灰度
        PIL_img = Image.open(imagePath).convert('L')
        img_numpy = np.array(PIL_img, 'uint8')
        id = int(os.path.split(imagePath)[-1].split(".")[1])
        #检测出图片中的人脸
        faces = detector.detectMultiScale(img_numpy)
        for (x, y, w, h) in faces:
            faceSamples.append(img_numpy[y:y + h, x: x + w])
            ids.append(id)
    return faceSamples, ids


def train_recognizer():
    #人脸数据路径
    path = r'C:/Users/llh/PycharmProjects/example_in_book/Face_detection/Facedate/'
    #基于 LBP 算法的人脸识别器
    recognizer = cv2.face.LBPHFaceRecognizer_create()
    print('正在训练,稍等片刻......')
    faces, ids = get_face_and_id(path)
    #训练人脸识别器
    recognizer.train(faces, np.array(ids))
    #保存模型
    recognizer.write(r'face_trainer\trainer.yml')
    print("{0} 张人脸被训练,正在退出训练人脸识别器训练环节......".format(len(np.unique(ids))))
```

```
if __name__ == '__main__':
    train_recognizer()
```

正在训练，稍等片刻······
1 张人脸被训练，正在退出训练人脸识别器训练环节······

图 10-4　训练环节输出的信息

10.1.3　人脸识别实现

训练好人脸分类器就可以进行人脸识别了，人脸识别程序如例 10-3 facerecognition. py 所示，可以看到这一过程其实和人脸数据收集很像，由保存检测到的人脸变为识别检测到的人脸，首先依次加载训练好的人脸识别分类器、人脸检测器和人员身份信息；然后获取摄像头资源，按帧读取视频，使用 haar 人脸检测器检测出人脸，使用人脸分类器识别出人脸对应的 id，从人员信息中查找 id 对应的姓名，使用绿框标记出人脸范围，并标注对应的姓名就完成了人脸识别。人脸识别的效果如图 10-5 所示，成功地检测出了人脸，并标注了姓名。

【例 10-3】人脸识别程序，过程如图 10-5 所示。

```
import cv2
import pandas as pd


def recognise_face():
    recognizer = cv2. face. LBPHFaceRecognizer_create()
    recognizer. read(r'face_trainer/trainer. yml')
    cascadePath = r'C:\Users\llh\Anaconda3\envs\py36\Lib\site-packages'+\
                  '\cv2\data\haarcascade_frontalface_default. xml'
    faceCascade = cv2. CascadeClassifier(cascadePath)
    font = cv2. FONT_HERSHEY_COMPLEX        #设置字体
    people_list = pd. read_pickle('people_list. pkl')

    name_list = people_list. name. tolist()
    id_list = people_list. id. tolist()

    cam = cv2. VideoCapture(0)
    minW = cam. get(3)                       #获取视频流的宽度
    minH = cam. get(4)                       #获取视频流的高度

    while True:
        #按帧读取视频,如果为组,后一帧 ret 为 False,否则 ret 为 True,img 为每一帧的图片
        ret,img = cam. read()
        #将图片转化为灰度
        gray = cv2. cvtColor(img, cv2. COLOR_BGR2GRAY)
        #调用分类器对象
        faces =faceCascade. detectMultiScale(
            gray,                            #要检测的输入图像
            scaleFactor=1. 2,                #表示每次图像尺寸减小的比例
            minNeighbors=5,                  #表示一个目标被检测到多少次才算是真正的人脸
            minSize=(int(0. 1 * minW), int(0. 1 * minH))   #目标的最小尺寸
```

```
        )
        cv2. putText( img, 'Press ESC to exit', (5, 20), font, 0. 6, (0, 0, 255), 1)
        #x、y 代表人脸图像左上角,w、h 代表人脸图像的宽和高
        for (x, y, w, h) in faces:
            #在图像上绘制一个矩形
            cv2. rectangle( img, (x, y), (x + w, y + h), (0, 255, 0), 2)
            #使用识别器识别检测到的人脸,其中 id 代表识别的序号,confidence 代表置信度
            id, confidence = recognizer. predict(
                gray[ y:y + h, x:x + w] )
            name = name_list[ id_list. index( str( id) ) ]
            print( '\b' * 20, end='')
            print( 'This is', name, end='', flush=True)
            cv2. putText( img, 'This is ' + str( name),
                        (x + 5, y - 5), font, 1, (0, 0, 255), 2)

        cv2. imshow( 'recognition', img)
        k = cv2. waitKey( 10)
        if k == 27:
            break

    cam. release( )
    cv2. destroyAllWindows( )


if __name__ == '__main__':
    recognise_face( )
```

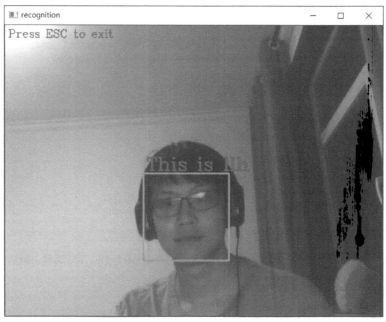

图 10-5　人脸检测

　　将上述的程序整合起来, 增加一些必要的交互, 通过命令调用不同功能, 整理如例 10-4 facerecognition. py 所示, 交互的方式如图 10-6 所示, 输入 1 可以增加人脸, 输入 2 可以开始 人脸识别。

【例 10-4】 增加一些必要的交互，通过命令调用不同功能。

```python
import facecollecter
import facerecognizer
import facerecognition
import os

if __name__ == '__main__':
    command = 0
    while True:
        print(
            '''
            ---------人脸检测系统---------

                输入1  增加新的人脸
                输入2   人脸检测
            '''
        )
        if command ! = 0:
            if command == 1:
                print('新增人脸成功！\n')
        command = int(input('请输入数字>>>'))

        if command == 1:
            facecollecter. collect_face_data()
            facerecognizer. train_recognizer()

        if command == 2:
            facerecognition. recognise_face()
        os. system('cls')
```

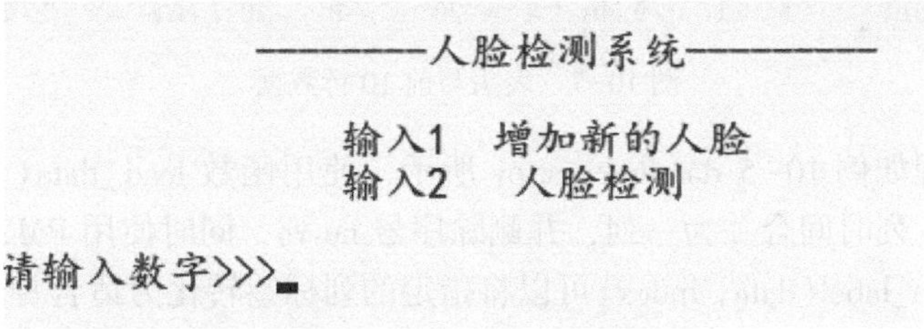

图 10-6　人脸检测的交互

10.2　PM2.5 预测系统

本节将针对 PM2.5 预测问题，设计实现一个从数据处理到 PM2.5 预测的系统。PM2.5 是组成雾霾的一个主要成分，代表直径小于等于 2.5 微米的颗粒物。由于 PM2.5 粒径小，活性强，易附带有毒、有害物质，被吸入人体后可以直接进入支气管，干扰肺部的气体交换，可能引发哮喘、支气管炎和心血管病等疾病，对 PM2.5 监测与预测具有重要意义。环境中 PM2.5 值不仅与污染源有关，也与多种气象因素有关，本节将使用气象因素和历史 PM2.5 值对当前 PM2.5 值进行预测。

长短期记忆网络（LSTM）是一种常见的循环神经网络，解决了梯度消失和梯度爆炸问题，比较适合用于解决机器学习中的复杂序列问题，因此在本节中使用长短期记忆网络进行 PM2.5 预测。预期的效果为，输入一段时间的气象因素和 PM2.5 值，即可预测下一时刻的 PM2.5 值。

由于实时气象数据较难获取，这里采用公开数据集进行模拟，实现 PM2.5 预测的流程为：建立用于训练 LSTM 的数据集，数据集包括训练集和验证集；搭建 LSTM 网络结构，使用训练集训练 LSTM，训练好 LSTM 后使用验证集测试网络的 PM2.5 值预测效果；预测 PM2.5 值。

10.2.1　数据导入

采用的数据集为北京 2010 年至 2014 年共计 5 年的气象因素和 PM2.5 值。数据集可以到 UCI Machine Learning Repository 下载，下载地址为：https://archive.ics.uci.edu/ml/machine-learning-databases/00381/。下载完成后，文件名为：PRSA_data_2010.1.1-2014.12.31.csv，打开后可以看到表头与前 10 行数据，如图 10-7 所示，可以看到这是一个 13 列的数据集，这 13 列分别为序号、年份、月份、日、小时、当前 PM2.5 值、露点温度、温度、压力、风向、风速、积雪的时间、累计的下雨时数，同时有些时刻的 PM2.5 值为 NA 需要填充，例如，第 10 列的数据风向为字符串不适合直接使用，需要转换为数字类型的标签。

No	year	month	day	hour	pm2.5	DEWP	TEMP	PRES	cbwd	lws	ls	lr
1	2010	1	1	0	NA	-21	-11	1021	NW	1.79	0	0
2	2010	1	1	1	NA	-21	-12	1020	NW	4.92	0	0
3	2010	1	1	2	NA	-21	-11	1019	NW	6.71	0	0
4	2010	1	1	3	NA	-21	-14	1019	NW	9.84	0	0
5	2010	1	1	4	NA	-20	-12	1018	NW	12.9	0	0
6	2010	1	1	5	NA	-19	-10	1017	NW	16	0	0
7	2010	1	1	6	NA	-19	-9	1017	NW	19.23	0	0
8	2010	1	1	7	NA	-19	-9	1017	NW	21.02	0	0
9	2010	1	1	8	NA	-19	-9	1017	NW	24.1	0	0
10	2010	1	1	9	NA	-20	-8	1017	NW	27.28	0	0

图 10-7　表头与前 10 行数据

数据导入的过程如例 10-5 dataprocess.py 所示，使用函数 load_data(filename) 导入数据，导入数据时，将前 4 列时间合并为一列，并删除序号 no 列，同时使用 PM2.5 值的中位数补全缺失值。函数 encode_label(data, index) 可以将指定的列标签转化为适合神经网络训练的数字，使用了 sklearn 包中 LabelEncoder 类中的 fit_transform，将东南西北等方向编码为整数。

【例 10-5】数据导入，可视化结果如图 10-8 所示。

```python
import pandas as pd
from sklearn. preprocessing import LabelEncoder
import matplotlib. pyplot as plt

plt. rcParams['font. sans-serif'] = ['SimHei']     #中文显示
plt. rcParams['axes. unicode_minus'] = False       #符号显示


#读取数据,并将前 4 列合并为 1 列,指定第一列为索引
def load_data(filename):
    data = pd. read_csv(filename, parse_dates=[['year', 'month', 'day', 'hour']], index_col=0)
```

```
#删除序号 no 列,并修改内存中存储的数据
data. drop('No', axis=1,inplace=True)
#对数据集中 pm2.5 浓度列中缺失值使用中位数填充
data['pm2.5']. fillna(data['pm2.5']. median(), inplace=True)
return data


#将风向编码为适合训练的标签
defencode_label(data, index):
    encoder =LabelEncoder()
    values = pd. DataFrame(data). values
    #对第 index 列数据制作标签
    values[:, index] = encoder. fit_transform(values[:, index])
    data = pd. DataFrame(values)
    return data


if __name__ == '__main__':
    #导入数据
    data = load_data('PRSA_data_2010. 1. 1-2014. 12. 31. csv')
    #对风向列进行编码,风向为第 5 列,所以这里送入 4
    data = encode_label(data, 4)
    #可视化历史 PM2.5 值和气象因素
    col_names = ['pm2.5', 'DEWP', 'TEMP', 'PRES', 'cbwd', 'Iws', 'Is', 'Ir']
    display_list = [0, 1, 2, 3, 5, 6, 7]
    i = 1
    for index in display_list:
        plt. subplot(7, 1, i)
        plt. plot(data. values[:, index], label=col_names[index])
        plt. legend(loc='lower right')
        i = i + 1
    plt. show()
```

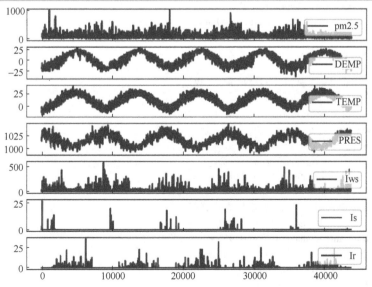

图 10-8　历史 PM2.5 值和气象因素可视化

10.2.2 建立数据集

在 10.2.1 节中对数据进行了预处理和可视化，经过这样的处理后，就可以用这些数据建立数据集，并进行后面的训练模型和测试模型。在建立训练神经网络所需的数据集前，需要明确神经网络的输入数据格式和输出数据格式，这两部分在 PM2.5 预测系统中代表用哪些数据来预测 PM2.5 值和预测多久的 PM2.5 值，在这里使用前 24 小时预测后 1 小时的 PM2.5 值。

构建数据的程序如例 10-6 datasetmake.py 所示，这部分使用了例 10-5 dataprocess.py 中的 load_data 函数和 encode_label 函数，首先将 2014 年 12 月 31 日的数据单独保存，存储为名为 new_data.csv 文件，这部分数据将用于模拟预测，然后将 2014 年 12 月 31 日之外的数据制作为训练和验证所需的样本，训练和验证样本划分比例为 95∶5，最后将这些样本保存在项目下的 train_data 文件夹下以方便管理。

【例 10-6】构建数据集。

```python
import pandas as pd
import numpy as np
from dataprocess import load_data, encode_label

#显示所有的列
pd.set_option('display.max_columns', None)

def make_dataset():
    #导入数据
    data = load_data('PRSA_data_2010.1.1-2014.12.31.csv')

    #对风向列进行编码,风向为第 5 列,所以这里为 4
    data = encode_label(data, 4)
    data.columns = ['pm2.5', 'DEWP', 'TEMP', 'PRES', 'cbwd', 'Iws', 'Is', 'Ir']

    #将 2014 年 12 月 31 日的数据单独保存作为测试
    new_data = data[data.shape[0] - 24:]
    new_data.to_csv('new_data.csv', index=False)

    #将其余数据制作为神经网络训练样本
    X_data = data
    Y_data = data[['pm2.5']]    #提取 pm2.5 数据
    X = np.ones((X_data.shape[0] - 24, 24, X_data.shape[-1]))
    Y = np.ones((Y_data.shape[0] - 24, 1))
    rows = range(0, X_data.shape[0] - 24, 1)
    for i in rows:
        X[i, :, :] = X_data.iloc[i: i + 24]
        Y[i, :] = [Y_data.iloc[i + 24]]

    #将 95%样本作为训练集,5%样本作为测试集
    X_train = X[:int(X.shape[0] * 0.95)]
    Y_train = Y[:int(X.shape[0] * 0.95)]
    np.save('train_data/X_train.npy', X_train)
    np.save('train_data/Y_train.npy', Y_train)
    X_val = X[int(X.shape[0] * 0.95):]
    Y_val = Y[int(X.shape[0] * 0.95):]
```

```
        np. save('train_data/X_val. npy', X_val)
        np. save('train_data/Y_val. npy', Y_val)

if __name__ == '__main__':
        make_dataset()
```

10.2.3 构造预测模型

构建预测模型的过程如例 10-7 datasetmake. py 所示，这里使用的是 Keras 框架实现的深度神经网络模型，构建过程非常简单，使用的是两层的 LSTM 模型，并且在 LSTM 单元和 LSTM 单元间设置了 Dropout，以避免过拟合。模型输出形状和参数量如图 10-9 所示，首先使用 BatchNormalization 批归一化输入特征，第一层 LSTM 输出的形状为（24，50），第二层 LSTM 输出的尺寸为（1 * 50），最后使用一个全连接层进行降维，输出的尺寸为（1 * 1）。

【例 10-7】构建预测模型。

```
from keras import Sequential
from keras import Model
from keras. layers import Input, LSTM, Dense, BatchNormalization

def lstm_model(input_shape):
        model_input = Input(input_shape)
        bn = BatchNormalization()(model_input)
lstm1 = LSTM(units=50, dropout=0. 2, recurrent_dropout=0. 2, return_sequences=True)(bn)
lstm2 = LSTM(units=50, dropout=0. 2, recurrent_dropout=0. 2)(lstm1)
        dense = Dense(units=10, activation='relu')(lstm2)
        model_output = Dense(units=1)(dense)
        return Model(inputs=model_input, outputs=model_output)

if __name__ == '__main__':
        model = lstm_model((24, 8))
        model. summary()
```

```
---------------------------------------------------------------
Layer (type)                    Output Shape          Param #
===============================================================
input_1 (InputLayer)            (None, 24, 8)         0
---------------------------------------------------------------
batch_normalization_1 (Batch    (None, 24, 8)         32
---------------------------------------------------------------
lstm_1 (LSTM)                   (None, 24, 50)        11800
---------------------------------------------------------------
lstm_2 (LSTM)                   (None, 50)            20200
---------------------------------------------------------------
dense_1 (Dense)                 (None, 10)            510
---------------------------------------------------------------
dense_2 (Dense)                 (None, 1)             11
===============================================================
Total params: 32,553
Trainable params: 32,537
Non-trainable params: 16
---------------------------------------------------------------
```

图 10-9 历史 PM2.5 值和气象因素可视化

10.2.4 模型训练与测试

制作数据集并搭建模型后就可以开始训练和测试模型了，训练和测试模型的过程如例 10-8 modeltrain. py 所示，show_train_history( ) 函数的功能为可视化训练过程，将训练过程中的损失以折线图的形式呈现，可以看出训练过程中曲线的下降过程，train_model( ) 函数的功能为训练和测试模型的这部分使用之前保存好的数据集训练模型。在本例中使用的是 mae 损失函数，Adam 优化器在训练过程中优化函数，学习率设置为 0.003，迭代训练 10 次。在这里对训练过程进行可视化，图 10-10 和图 10-11 分别为损失曲线和验证集上的预测效果，可以看到在训练集和验证集上收敛的速度都比较快，并且最后损失值也非常相近，可以看到模型没有过拟合；在验证集上进行预测能力的测试时，可以看到每次预测的下一小时的 PM2.5 值非常接近，因此这个模型是可以实现 PM2.5 预测的。

【例 10-8】 训练和测试模型。

```python
from lstmpredicter import lstm_model
from keras. optimizers import Adam
from keras. models import load_model
import matplotlib. pyplot as plt
import matplotlib. gridspec as gridspec
import numpy as np

plt. rcParams['font. sans-serif'] = ['SimHei']         #中文显示
plt. rcParams['axes. unicode_minus'] = False           #符号显示


#可视化训练过程
def show_train_history(train_history, value1, value2, ylable):
    plt. plot(train_history. history[value1], )
    plt. plot(train_history. history[value2], linewidth=1.0, linestyle='--')
    plt. xticks(fontsize=16)
    plt. yticks(fontsize=16)
    plt. title('Train History', fontsize=16)
    plt. ylabel(ylabel=ylable, fontsize=16)
    plt. xlabel('Epoch', fontsize=16)
    plt. legend([value1, value2], loc='best', fontsize=13.5)
    plt. tight_layout()
    plt. show()


def train_model():
    #加载数据和模型
    X_train = np. load('train_data/X_train. npy')
    Y_train = np. load('train_data/Y_train. npy')
    X_val = np. load('train_data/X_val. npy')
    Y_val = np. load('train_data/Y_val. npy')
    model = lstm_model((24, 8))

    #编译模型并训练
    model. compile(optimizer=Adam(lr=0.003), loss='mae')
    history = model. fit(X_train, Y_train, epochs=10, batch_size=128,
```

```
                    validation_data = (X_val, Y_val), verbose = 2)
        model. save('lstm_model. h5')

        return history


if __name__ == '__main__':
    history = train_model()
    show_train_history(history, value1 = 'loss', value2 = 'val_loss', ylable = 'loss')
    #预测 PM2.5 值并与真实 PM2.5 值对比
    X_val = np. load('train_data/X_val. npy')
    Y_val = np. load('train_data/Y_val. npy')
    model = load_model('lstm_model. h5')
    val_pred = model. predict(X_val)
    plt. plot(range(Y_val. shape[0]), Y_val[:, 0], label = '0 时 PM2.5 实际值')
    plt. plot(range(Y_val. shape[0]), val_pred[:, 0], linewidth = 1.0, linestyle = '--', label = '0 时 PM2.5
预测值')
    plt. legend(loc = 'best')
    plt. show()
```

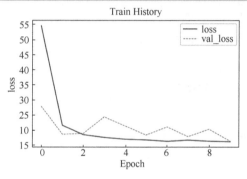

图 10-10 损失曲线

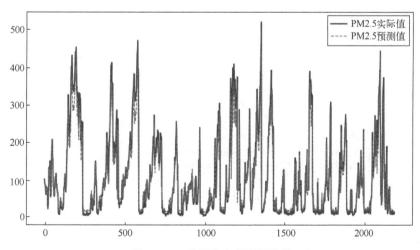

图 10-11 验证集上的预测效果

将从数据导入到模型训练测试的过程整合起来，如例 10-9 main. py 所示。首先为一个操作提示，输入 1 进行初始化，这时将自动进行数据导入，建立数据集，构建模型并训练的流程；输入 2 预测 PM2.5，先判断所需的数据与模型是否准备妥当，如果没有准备好，则提示需要进行初始化，如果准备好，则读取 new_data. csv 文件，根据 new_data. csv 所提供的 2014 年 12 月 31 日的数据，预测 2015 年 1 月 1 日 0 点的 PM2.5 值。操作的方式如图 10-12 所示，如果未初始化，则输入 1 进行初始化，如果已初始化，直接输入 2 进行预测，预测的结果如图 10-13 所示，预测的下一小时 PM2.5 值为 16.401415。如果想要展开新的预测，那么只需替换 new_data. csv 文件即可。

【例 10-9】 数据导入到模型训练测试的过程整合。

```python
import os
from keras. models import load_model
import pandas as pd
import numpy as np
from datasetmake import make_dataset
from modeltrain import train_model


if __name__ == '__main__':
    command = 0
    while True:
        print(
            '''
            --------PM2.5 预测系统---------

            输入 1      初始化
            输入 2      预测 PM2.5
            '''
        )
        command = int(input('请输入数字>>>'))

        if command == 1:
            make_dataset()
            train_model()
        flags = []
        if command == 2:
            if os. path. exists(r'new_data. csv'):
                new_data = pd. read_csv(r'new_data. csv')
                print('读取数据成功')
            else:
                flags. append('no_new_data')

            if os. path. exists(r'lstm_model. h5'):
                lstm_model = load_model('lstm_model. h5')
                print('加载模型成功')
            else:
                flags. append('no_lstm_model')

            if flags:
                for flag in flags:
                    print(flag)
                print('需要初始化！')
            else:
                predict_value = lstm_model. predict(new_data. values. reshape(1,24,8))
```

```
        print('下一时刻 PM2.5 的值为:'predict_value[0][0])
os.system('cls')
```

```
Using TensorFlow backend.

            ---------PM2.5预测系统---------

                 输入1      初始化
                 输入2    预测PM2.5

请输入数字>>>
```

图 10-12　操作选择

```
            ---------PM2.5预测系统---------

                 输入1      初始化
                 输入2    预测PM2.5

下一时刻PM2.5的值为：  16.401415
请输入数字>>>
```

图 10-13　预测值

参 考 文 献

[1] 邢梦来，王硕，孙洋洋．深度学习框架 PyTorch 快速开发与实战 [M]．北京：电子工业出版社，2018.

[2] 吴岸城．深度学习算法实践 [M]．北京：电子工业出版社，2017.

[3] 魏贞原．深度学习基于 Keras 的 Python 实践 [M]．北京：电子工业出版社，2018.

[4] 乐毅，严超．深度学习 Keras 快速开发入门 [M]．北京：电子工业出版社，2017.

[5] ATIENZA R. Keras 高级深度学习 [M]．蔡磊，潘华贤，程国建，译．北京：机械工业出版社，2020.

[6] BAKKER I. Python 深度学习实战 [M]．程国建，周冠武，译．北京：电子工业出版社，2018.

[7] 斋藤康毅．深度学习入门基于 Python 的理论与实现 [M]．陆宇杰，译．北京：人民邮电出版社，2018.

[8] 张校捷．深入浅出 PyTorch 从模型到源码 [M]．北京：电子工业出版社，2020.

[9] 王学军，胡畅霞，韩艳峰．Python 程序设计 [M]．北京：人民邮电出版社，2018.

[10] 伊德里斯．Python 数据分析 [M]．韩波，译．北京：人民邮电出版社，2016.

[11] 刘浪，郭江涛，于晓强，等．Python 基础教程 [M]．北京：人民邮电出版社，2015.

[12] 考奇斯-劳卡斯．精通 Python 爬虫框架 Scrapy [M]．李斌，译．北京：人民邮电出版社，2018.

[13] 王娟，华东，罗建平．Python 编程基础与数据分析 [M]．南京：南京大学出版社，2019.

[14] 闫俊伢，夏玉萍，陈实，等．Python 编程基础 [M]．北京：人民邮电出版社，2016.

[15] 赵英良，卫颜俊，仇国巍，等．Python 程序设计 [M]．北京：人民邮电出版社，2016.

[16] 明日科技．Python 数据分析从入门到实践 [M]．长春：吉林大学出版社，2020.

[17] LUTZ M. Python 学习手册 [M]．5 版．秦鹤，林明，译．北京：机械工业出版社，2011.

[18] RAMALHO L. 流畅的 Python [M]．安道，吴珂，译．北京：人民邮电出版社，2017.

[19] 尹永学，黄海涛．Python 程序设计与科学计算 [M]．北京：人民邮电出版社，2019.

[20] 张若愚．Python 科学计算 [M]．北京：清华大学出版社，2012.

[21] MATTHES E. Python 编程：从入门到实践 [M]．2 版．袁国忠，译．北京：人民邮电出版社，2020.

[22] CHOLLET F. Python 深度学习 [M]．北京：人民邮电出版社，2018.

[23] MCKINNEY W. 利用 Python 进行数据分析 [M]．徐敬一，译．北京：机械工业出版社，2018.

[24] 丹尼尔．Python 数据分析：活用 Pandas 库 [M]．武传海，译．北京：人民邮电出版社，2020.

[25] 高博，刘冰，李力．Python 数据分析与可视化从入门到精通 [M]．北京：北京大学出版社，2020.

[26] 张杰．Python 数据可视化之美 [M]．北京：电子工业出版社，2020.

[27] 张威．机器学习从入门到入职：用 Sklearn 与 Keras 搭建人工智能模型 [M]．北京：电子工业出版社，2020.

[28] 王大伟．ECharts 数据可视化：入门、实战与进阶 [M]．北京：机械工业出版社，2020.

[29] 许向武．Python 高手修炼之道：数据处理与机器学习实战 [M]．北京：人民邮电出版社，2020.

[30] 肖冠宇，杨捷，等．Python 3 快速入门与实战 [M]．北京：机械工业出版社，2019.

[31] 明日科技．Python 从入门到精通 [M]．北京：清华大学出版社，2018.

[32] 明日科技．Python 网络爬虫从入门到实践 [M]．长春：吉林大学出版社，2020.

[33] CHUN W. Python 核心编程 [M]．3 版．孙波翔，李斌，李晗，译．北京：人民邮电出版社，2016.

[34] PLAS J. Python 数据科学手册 [M]．陶俊杰，陈小莉，译．北京：人民邮电出版社，2018.

[35] 多布勒，高博曼．Python 数据可视化 [M]．李瀛宇，译．北京：清华大学出版社，2020.

[36] 刘大成．Python 数据可视化之 matplotlib 实践 [M]．北京：电子工业出版社，2018.

[37] 李玉鑑，张婷，单传辉，等．深度学习：卷积神经网络从入门到精通 [M]．北京：机械工业出版

社, 2018.

[38] MICHELUCCI U. 深度学习进阶：卷积神经网络和对象检测 [M]. 陶阳, 李亚楠, 译. 北京：机械工业出版社, 2020.

[39] 高敬鹏. 深度学习：卷积神经网络技术与实践 [M]. 北京：机械工业出版社, 2020.

[40] SEWAK M. 实用卷积神经网络：运用 Python 实现高级深度学习模型 [M]. 北京：机械工业出版社, 2019.

[41] JOSHI P. Python 机器学习经典案例 [M]. 陶俊杰, 陈小莉, 译. 北京：人民邮电出版社, 2017.

[42] 金兑映. Keras 深度学习：基于 Python [M]. 颜延连, 译. 北京：人民邮电出版社, 2020.

[43] GERON A. 机器学习实战：基于 Scikit-Learn、Keras 和 TensorFlow [M]. 宋能辉, 李娴, 译. 北京：机械工业出版社, 2020.

[44] LECUN Y, BOTTOU L. Gradient-based learning applied to document recognition [J]. Proceedings of the IEEE, 1998, 86 (11)：2278-2324.

[45] KRIZHEVSKY A, SUTSKEVER I, HINTON G. ImageNet Classification with Deep Convolutional Neural Networks [J]. Advances in neural information processing systems, 2012, 25 (2)：1097-1105.

[46] SIMONYAN, KAREN, ZISSERMAN A. Very deep convolutional networks for large-scale image recognition [OL]. arXiv preprint arXiv：1409.1556 (2014)：1-14.

[47] HE K, ZHANG X, REN S, et al. Deep Residual Learning for Image Recognition [C] // 2016 IEEE Conference on Computer Vision and Pattern Recognition (CVPR), IEEE, 2016：770-778.

[48] 明日科技, 赵宁, 赛奎春. Python OpenCV 从入门到实践 [M]. 长春：吉林大学出版社, 2021.

[49] 冯振, 郭延宁, 吕跃勇. OpenCV 4 快速入门 [M]. 北京：人民邮电出版社, 2020.

[50] GIRSHICK, R, DONAHUE, J, DARRELL, T, MALIK J. Rich Feature Hierarchies for Accurate Object Detection and Semantic Segmentation [OL]. Conference on Computer Vision and Pattern Recognition, Columbus, 23-28 June 2014, 580-587.

[51] REN S, HE K, GIRSHICK R, et al. Faster R-CNN：Towards Real-Time Object Detection with Region Proposal Networks [J]. IEEE Transactions on Pattern Analysis & Machine Intelligence, 2017, 39 (6)：1137-1149.

[52] REDMON J, DIVVALA S, GIRSHICK R, et al. You Only Look Once：Unified, Real-Time Object Detection [C]. Computer Vision & Pattern Recognition. IEEE, 2016：779-788.

[53] GRE F K, SRIVASTAVA R K, JKoutník, et al. LSTM：A Search Space Odyssey [J]. IEEE Transactions on Neural Networks & Learning Systems, 2016, 28 (10)：2222-2232.

[54] CHO K, MERRIENBOER B V, GULCEHRE C, et al. Learning Phrase Representations using RNN Encoder-Decoder for Statistical Machine Translation [J]. Computer Science, 2014：1724-1734.